수학영재 핵심 용어 해설 2

도형 영역

류성림 · 이종학 · 이학로 · 김민정 지음

KM 경문사

머리말

저자들은 2002년 영재교육진흥법이 제정된 이후에 많게는 17년, 적게는 10년 이상 영재교육을 하면서 수학영재들과 지도교사에게 필요한 것이 무엇인가를 고민하게 되었습니다. 장고 끝에, 수학영재 프로그램과 관련된 기본적인 용어를 필요하면 언제든지 찾아볼 수 있는 사전과 같은 서적이 필요하지 않을까 하는 생각에 이 책을 출간하게 되었습니다.

책을 출간하면서 구성에 대해 많은 고민을 하였습니다. 분량이 적절하면서 쉽게 읽고 이해할 수 있는 책으로 방향을 정하고, 용어의 명료한 정의, 필요성 또는 역사적 배경, 용어와 관련한 예제 중심의 내용 탐구를 다루면서, 마지막에는 도전 문제로 마무리할 수 있도록 하였습니다. 다시 말하면 사전식 설명에 학습서의 성격을 갖춘 책이라 볼 수 있습니다.

예를 들면, '넓이와 픽(Pick)의 정리'의 구성을 살펴보겠습니다.

'넓이란?'에서는 넓이의 개념과 넓이의 단위에 대해 예를 들어 간단명료하게 설명하였습니다. 용어의 경우 필요하면 영어와 한자를 병용하여 나타내기도 하였습니다. '지오보드(Geoboard)로 넓이를 구할 수 있을까?'에서는 지오보드를 이용하여 단위 넓이를 이용한 넓이 구하기에 대해 소개하였습니다. '픽(Pick)의 정리 탐구'에서는 수학자 픽(Pick)이 지오보드 위의 핀(격자점)의 개수만을 이용하여 넓이 구하는 공식을 어떻게 찾았는지에 대한 탐구 활동으로 구성하였습니다. 탐구 활동에는 '❶ 지오보드 속의 다양한 도형의 넓이 탐구', '❷ 핀의 개수를 이용한 도형의 넓이 탐구', '❸ 픽의 정리'의 내용이 소개되어 있습니다.

'Challenge'에서는 앞의 탐구 활동을 통해 배운 원리를 이용하여 도전 문제로 확인해봅니다. 탐구 활동 내용을 이해했다면 누구나 쉽게 해결할 수 있는 수준의 문제와 창의성이 요구되는 고난도의 문제를 적절히 안배하여 영재들의 호기심과 도전 정신을 일깨우려고 하였습니다. 물론 '답안지'는 바로 다음 쪽에서 제시하여 틀린 문제는 즉석에서 바로 검토할 수 있도록 배려하였습니다.

수학영재의 특성 중에 뛰어난 암기력이 있기는 하지만 수학 내용을 무조건 암기하기보다는 이해를 바탕으로 하여 새로운 문제에 적용하는 습관을 갖지 않으면 장기적으로 수학을 잘할 수 없다는 것은 널리 알려진 사실입니다. 이 책과 같이 개념과 원리에 대해 예를 중심으로 정의와 방법을 학습하고 확인하는 습관을 갖는다면 수학영재로서 창의적이고 좋은 문제해결자가 되리라 생각합니다.

영재교육원이나 영재학급에 다니는 학생이든 혼자서 독학을 하는 영재이든 이 책을 옆에 두고 언제든지 필요할 때 활용한다면 성공적인 학습자가 되리라 믿습니다.

물론 이 책은 영재 학생들만을 위한 것은 아닙니다. 영재를 지도하는 교사도 이 책을 활용한다면 보다 좋은 영재지도교사가 될 것이라 확신합니다. 이 책은 수학영재 핵심용어 해설의 시리즈로서 이미 발간된 ❶권의 '수와 연산 영역'에 이은 ❷권으로 '도형 영역'에 대한 내용을 정리해 놓은 것입니다. 이어서 발간될 ❸권의 '논리·자료와 가능성 영역'과 함께 시리즈 세 권을 모두 탐독한다면 여러분들의 성장에 밑거름이 되리라 확신합니다.

끝으로 이 책을 출간하는 데 도움을 주신 경문사 가족 여러분들에게 감사의 말을 전합니다.

2019년 4월

저자 일동

차례

주제별

차례

■ 평면도형

■ 합동과 대칭

작도

입체도형

■ 뫼비우스

01 넓이와 픽(Pick)의 정리

■ 수학영재 핵심 용어 해설 2 : 도형 영역

넓이란?

넓이는 평면이나 곡면 등이 일정하게 차지하는 자리의 크기로, 땅의 넓이는 면적이라고도 합니다. 면적은 실제로 쓰는 목적에 따라 몇 가지로 구분되었는데, 큰 성곽은 성 둘레의 길이로 넓이를 나타냈으며, 주택은 집 둘레의 길이를 보폭 수로, 건물은 칸 수로 나타냈습니다. 예를 들어, 세종 때 대군의 주택은 60칸 이내로, 삼품 이하는 30칸 이내로, 일반 서인은 10칸 이내로 집을 지으라고 했습니다.

넓이를 재려면 기준 단위를 정하여 그것의 몇 배인지로 나타내는데, 보통 가로와 세로가 1cm인 정사각형의 넓이는 $1cm^2$(제곱센티미터)로 이를 기준 단위로 합니다. 즉, 직사각형, 평행사변형 등의 도형은 일정한 공식에 의해 그 넓이를 구할 수 있는데, 이때, 가로와 세로가 1cm인 정사각형의 넓이를 단위 넓이로 사용합니다. 다시 말해 도형은 $1cm^2$가 몇 개 모여서 이루어지는지에 의해서 그 넓이가 결정됩니다. $1cm^2$ 보다 큰 넓이 단위는 a(아르), ha(헥타르), m^2(제곱미터), km^2(제곱킬로미터)가 있습니다.

지오보드(Geoboard)로 넓이를 구할 수 있을까?

지오보드(Geoboard)는 기하판이라고도 부르며 판 위에 일정한 간격으로 격자점에 핀을 박아놓은 것을 말합니다. 가로와 세로의 한 칸의 길이를 1cm 간격으로 핀을 박고, 가로, 세로에 5개의 핀을 사용한 지오보드에서 정사각형과 직사각형의 넓이를 구해봅시다.

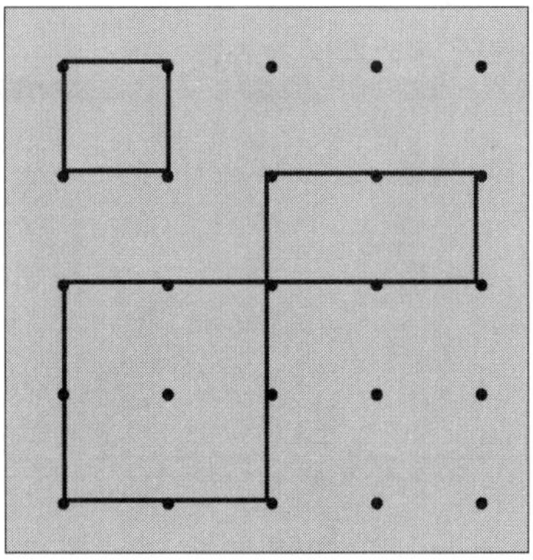

지오보드에 구성된 정사각형과 직사각형의 넓이를 위에서부터 차례대로 살펴보면, 맨 위에 있는 정사각형은 가로, 세로 1cm로 1cm² 이며, 그 다음에 있는 직사각형은 가로 2cm, 세로 1cm로 2cm²입니다. 마지막으로 큰 정사각형은 가로, 세로 2cm로 4cm²입니다. 이렇게 (한 변의 길이)×(한 변의 길이), (가로)×(세로)와 같은 공식으로 넓이를 구할 수 있으며, 1cm인 정사각형의 넓이 1cm²를 단위 넓이로 세어 넓이를 구할 수도 있습니다. 단위 넓이를 세어 cm²라는 단위를 사용하지 않고 넓이를 표현하면, 위에 있는 정사각형은 단위 넓이 한 칸으로 이루어져 있으므로 1, 직사각형은 단위 넓이 두 칸으로 이뤄져 있으므로 2, 큰 정사각형은 단위 넓이 네 칸으로 이뤄져 있으므로 4입니다. 이렇게 지오보드의 칸을 세어 넓이를 구할 수도 있습니다.

픽(Pick)의 정리 탐구

1 지오보드 속의 다양한 도형의 넓이 탐구

다음과 같은 직각삼각형, 평행사변형, 사다리꼴, 마름모의 넓이를 구해봅시다.

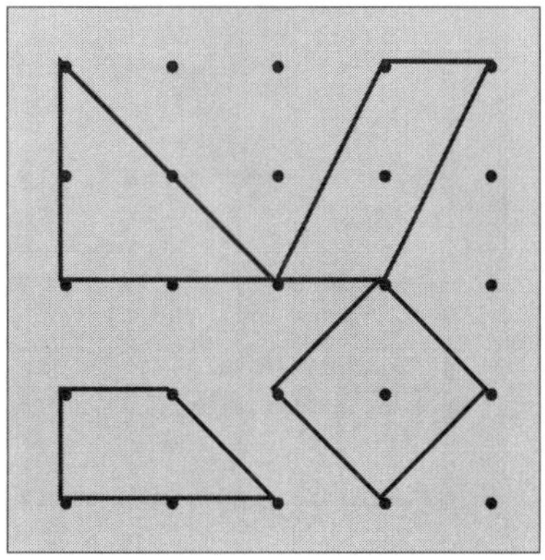

핀 4개로 이루어진, 즉 가로와 세로 1칸을 단위 넓이로 하여 살펴보면, 직각삼각형은 ◺와 □로 분할하여 이동시켜 살펴보면 넓이가 2인 것을 알 수 있습니다.

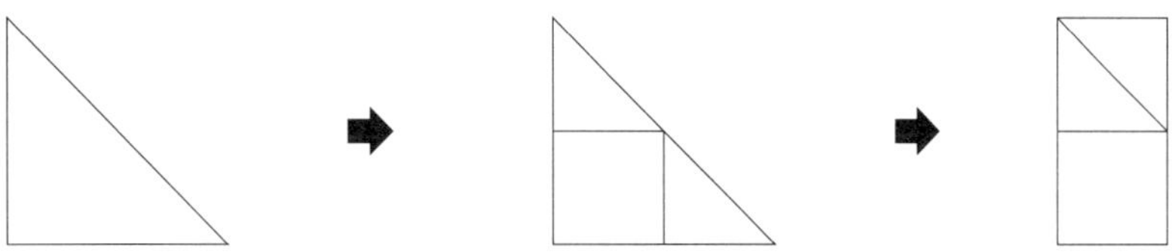

또는, □는 1이고 ◺는 0.5로 세면 직각삼각형의 넓이는 2임을 쉽게 알 수 있습니다.

다른 도형들도 분할하여 이동시켜 단위 넓이를 살펴보거나 직각삼각형과 정사각형으로 분할하여 살펴보면, 평행사변형의 넓이는 2, 사다리꼴의 넓이는 1.5, 마름모의 넓이는 2가 되는 것을 알 수 있습니다.

2 핀의 개수를 이용한 도형의 넓이 탐구

지오보드의 핀을 이용하여 도형을 만들면, 도형의 변에 있는 핀의 수와 도형 내부에 있는 핀의 수를 살펴볼 수 있습니다. 다음의 지오보드 속에 있는 도형을 살펴보고, 변에 있는 핀의 수와 내부에 있는 핀의 수의 관계를 탐구하여 도형의 넓이를 구하는 공식을 찾아봅시다.

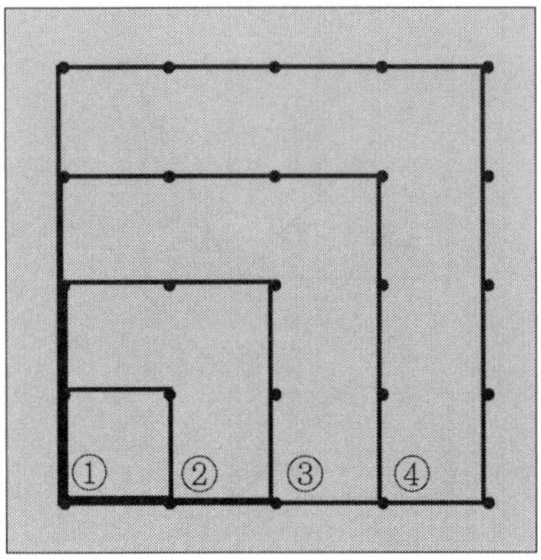

작은 정사각형부터 단계별로 커지는 정사각형의 넓이를 살펴봅시다. 우선 각각의 넓이는 얼마일까요?

도형	①	②	③	④
넓이	1	4	9	16

이제 변에 있는 핀의 수와 내부에 있는 핀의 수를 세어 넓이와 비교해봅시다.

도형	①	②	③	④
넓이	1	4	9	16
변에 있는 핀의 수	4	8	12	16
내부에 있는 핀의 수	0	1	4	9

변에 있는 핀의 수와 내부에 있는 핀의 수의 관계를 탐구해봅시다. 우선, 넓이가 변에 있는 핀의 수보다 작다는 점을 고려하고, 내부에 있는 핀의 수보다는 크다는 점을 생각해봅시다. 핀의 수의 관계를 통해 도형의 넓이를 살펴보면 다음과 같은 관계식을 찾을 수 있습니다.

$$(\text{도형의 넓이})=(\text{변에 있는 핀의 수}\div 2)+(\text{내부에 있는 핀의 수})-1$$

위의 식에 핀의 수를 넣어 확인해보면, ①부터 ④까지 도형의 넓이를 확인할 수 있습니다. 이것이 '픽(Pick)의 정리'입니다. 픽의 정리에 대해 더 알아봅시다.

3 픽의 정리

픽의 정리는 1859년 오스트리아 비엔나에서 출생한 수학자 조지 알렉산더 픽(George Alexander Pick)에 의하여 1900년에 격자 다각형의 넓이를 구하는 정리입니다. 격자 평면 위에 있는 단순격자 다각형의 넓이 S는 다음과 같습니다.

$$S = B \div 2 + I - 1$$

여기서 B는 다각형 경계의 격자점 개수이고, I는 다각형 내부의 격자점 개수입니다. 지오보드에서 살펴보면, B는 도형의 변 위에 있는 핀의 수이고, I는 도형 내부에 있는 핀의 수를 말합니다. 픽의 정리를 다음의 지오보드에서 살펴봅시다.

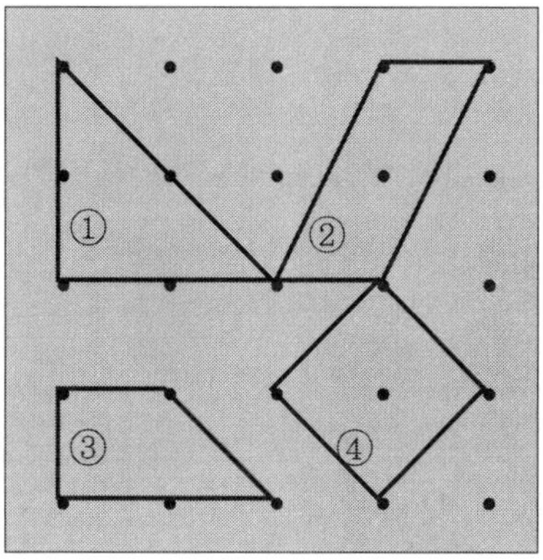

이제 다각형 경계의 격자점 개수와 다각형 내부의 격자점 개수를 세어 픽의 정리를 확인해봅시다.

도형	①	②	③	④
다각형 경계의 격자점 개수	6	4	5	4
다각형 내부의 격자점 개수	0	1	0	1
넓이	2	2	1.5	2

이제 다음 다각형의 넓이를 픽의 정리를 이용하여 풀어봅시다.

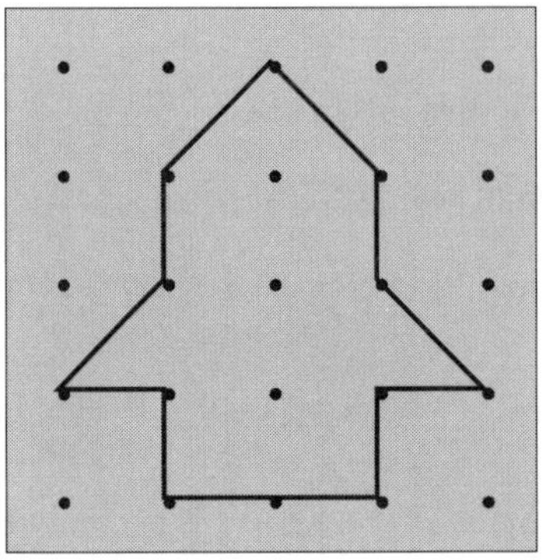

다각형 경계의 격자점 개수가 12개이고, 다각형 내부의 격자점 개수가 3개이므로 픽의 정리를 이용하여 식을 세워 넓이를 구하면 다음과 같습니다.

$$(12 \div 2) + 3 - 1 = 8$$

지금까지 격자점을 이용한 다각형의 넓이 구하는 방법을 배웠습니다.

그렇다면, 다각형 내부에 또 다각형이 있는 경우는 어떻게 되는지 알아봅시다.

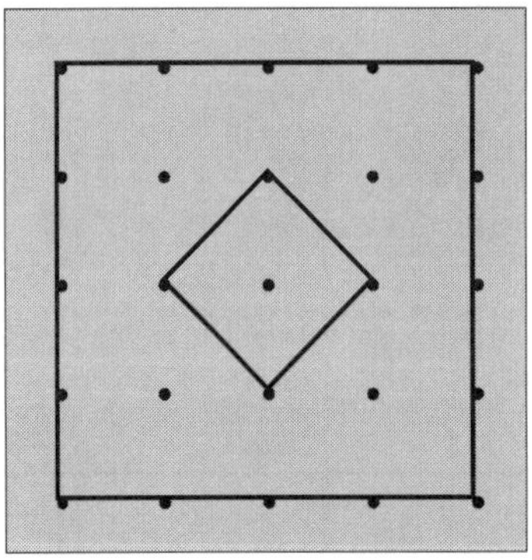

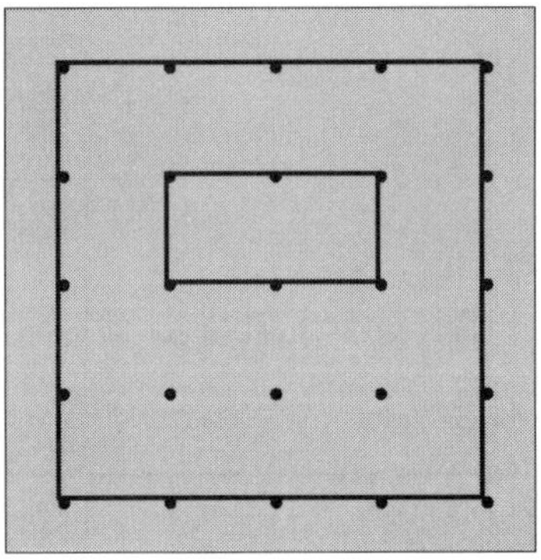

픽의 정리처럼 격자점을 고려해봅니다. 다각형의 외부와 내부의 경계에 있는 격자점의 개수를 B, 내부 다각형을 제외한 격자점의 개수를 I, 내부 다각형의 개수를 H라고 하면 다각형의 넓이 S는 다음과 같습니다.

$$S = B \div 2 + I + H - 1$$

위의 두 도형들의 넓이를 구하며 확인해 봅시다.

왼쪽의 도형의 B는 20개, I는 4, H는 1로 대입하면 다음과 같습니다.

$$20 \div 2 + 4 + 1 - 1 = 14$$

왼쪽 도형의 넓이는 14입니다. 이처럼 오른쪽 도형의 넓이를 픽의 정리로 계산하면 얼마일까요? 바로 14입니다.

Challenge

■ 수학영재 핵심 용어 해설 2 : 도형 영역

1) 다음 다각형의 넓이를 픽(Pick)의 정리를 이용하여 구해봅시다.

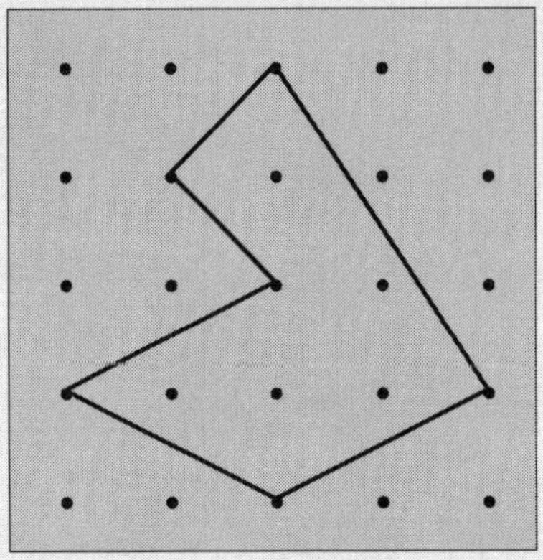

2) 다음 다각형의 넓이를 구해봅시다.

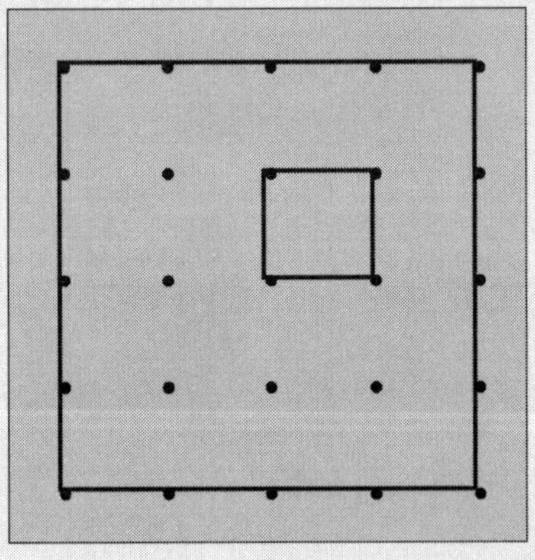

답안지

■ 수학영재 핵심 용어 해설 2 : 도형 영역

1) $6 \div 2 + 5 - 1 = 7$

2) $20 \div 2 + 5 + 1 - 1 = 15$

02 닮음

■ 수학영재 핵심 용어 해설 2 : 도형 영역

닮음이란?

어떤 도형을 일정한 비율로 확대하거나 축소한 도형은 처음 도형과 닮음인 도형입니다. 닮음인 도형은 변의 길이는 일정한 비율로 변하지만 각의 크기는 각각 서로 같습니다.

도형의 닮음을 학습해야 하는 이유

어쩌면 사회현상이나 자연현상과 가장 근접한 기하 내용이 도형의 닮음이지만, 학습 과정에서 학생들이 수학과 세계와의 연관성을 쉽게 파악하지 못하는 내용이기도 합니다. 일반적으로 일상에서 우리는 전체를 축소하여 사고할 때 유용한 상황이 많습니다. 예를 들어 내부에 선을 그을 수 없는 토지를 측량하는 경우는 현실에서 종종 마주치는 상황입니다. 이때, 직접 거리를 측정하거나 선을 긋는 방법은 종종 실행상의 큰 어려움을 초래하고, 또 측정하고자 하는 토지를 적당한 삼각형 모양으로 분할하여 이 삼각형과 합동인 삼각형을 그릴 수 있을 만큼 충분히 큰 평면을 발견하기도 어렵습니다. 그리고 그러한 평면을 찾았다 할지라도 그려진 삼각형의 변이 너무 길어 조작이 어려울 수 있습니다. 예를 들어 삼각형의 한 변에서 불과 몇 미터만 떨어져도 그 지점에서 변에 수선을 내리는 것은 지극히 어려운, 아마도 실행 불가능한 조작일 것입니다. 따라서 현실에서는 엄청난 이 조작을 보완할 수학적 방법을 찾는 것이 중요합니다. 이것은 닮음을 통해 해결할 수 있습니다.

클레로(Clairaut)의 기하학 원론

1 도형의 닮음에 대한 의미

측정하려는 어떤 도형 ABCDE를 생각해 봅시다. 예컨대 변 AB가 100m라면 변 ab는 100mm로, 변 BC가 45m라면 변 bc는 45mm로 하여 보다 작은 닮은 도형 abcde로 표현합니다. 이때, 축소된 도형 abcde의 넓이가 60000mm^{2}라면 측정하려는 원래의 도형 ABCDE의 넓이는 60000km^{2}라고 할 수 있습니다.

2 도형의 닮음에 대한 조건

두 도형 ABCDE, 도형 abcde가 닮음이려면 큰 쪽의 각 A, B, C, D, E가 작은 쪽의 각 a, b, c, d, e와 같아야 하고, 작은 쪽의 변 ab, bc cd 등은 큰 쪽의 변 AB, BC, CD 등이 부분 P를 포함하는 만큼 부분 p를 포함해야 한다는 것을 알 수 있습니다. 이 두 조건 중에서 변에 대한 조건에 대해서 기하학자들은 다음과 같이 표현합니다.

변 AB, BC, CD 등은 변 ab, bc cd 등에 비례해야 합니다.
또는, 변 AB는 ab에 대해, BC가 bc에 대해 큰 만큼 커야 합니다.
또는, AB와 ab의 비는 BC와 bc의 비와 같아야 합니다.
또는, AB : ab는 BC : bc이어야 합니다.

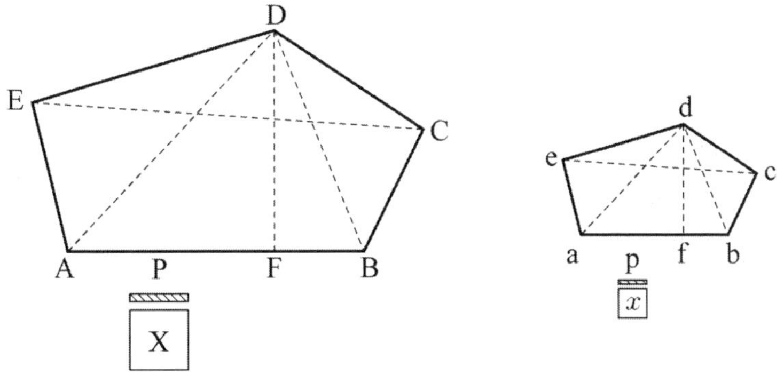

❸ 닮은 도형을 그리는 방법

두 닮은 도형을 그리기 위해 어떤 도형을 축소하여 똑같이 그리고자 하는 제도공을 떠올려 봅시다.

우선 제도공은 원래 도형 ABCDE의 밑변 AB를 표현하기 위해 그릴 도형의 ab를 정합니다. 그리고 ae, bc, ab의 길이가 AE, BC, AB의 길이와 비례하는지 살펴봅니다. 점 e와 c가 위치에 따라 결정되면 원래 도형이 기울어진 정도와 같이 그릴 도형의 변들을 똑같이 기울어지도록 긋습니다.

이제 이 작도에 대해 생각해봅시다. 두 도형이 각 A, B, C, D, E와 각 a, b, c, d, e 사이의 상등과 변 EA, AB, BC와 변 ea, ab, bc 등의 비례 관계에만 의존한다는 것을 알 수 있습니다.

❹ 삼각형의 닮음조건(AA닮음)

클레로는 두 각의 크기가 같은 삼각형은 닮음이라는 삼각형의 닮음조건을 설명하기 위해 직관을 적절히 이용하고 있습니다. 이에 대한 원문의 사례는 다음과 같습니다.

> 삼각형의 두 각이 다른 삼각형의 두 각과 같다면 나머지 각도 서로 같습니다.

밑변 ab 위에 삼각형 ABC의 각 CAB, CBA와 같은 각 cab, cba만을 정해서 삼각형 abc를 그린다고 가정합시다. 이때, 나머지 각 acb가 각 ACB와 같다고 확신할 수 있을까요.

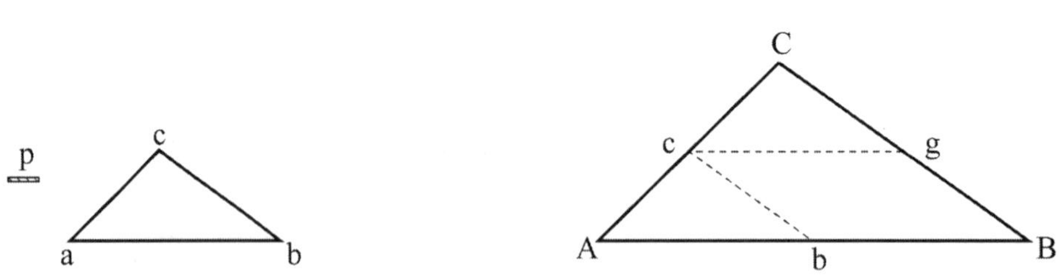

위의 그림과 같이 삼각형 abc가 삼각형 ABC 위에 점 a가 점 A 위에, ab가 AB 위에, ac가 AC 위에 위치하는 방식으로 놓인다면, cb는 CB에 평행할 것이 분명합니다. 왜냐하면 변 cb의 연장선이 변 CB와 만난다면, 즉 두 직선이 AB에 대해 같지 않게 기운다면, 결과적

으로 각 cba와 각 CBA는 같지 않게 되고, 이는 가정에 모순되기 때문입니다.

각 cba와 CBA가 같다는 사실로부터 직선 cb와 CB가 평행이라는 것이 뒤따르듯이 이 두 직선이 평행이라는 사실로부터 각 Acb와 각 ACB가 같다는 것 역시 뒤따릅니다.

세 각의 크기가 각각 같은 두 삼각형은 그 대응변이 비례합니다.

이를 보이기 위해서 세 각의 크기가 각각 같은 두 삼각형 ABC와 abc에서 대응변이 비례함을 보이도록 합시다. 우선 ab가 AB의 절반이라고 가정한다면, 이때 우리는 ac 역시 AC의 $\frac{1}{2}$이고 bc 역시 BC의 $\frac{1}{2}$임을 증명해야 합니다. 위의 그림에서와 같이 acb를 Acb의 위치에 놓고, AB에 평행하게 cg를 긋는다면, 이 선분 cg는 bB 또는 Ab와 같고, 마찬가지로 gB는 cb와 같음이 분명합니다. 그런데 각 cgC와 Ccg는 분명히 각 cbA, cAb와 같으므로 삼각형 Ccg는 삼각형 cAb와 합동입니다. 그러므로 Cc는 Ac와 같고 Cg는 cb 또는 gB와 같게 됩니다. 따라서 Ac, 즉 ac는 AC의 $\frac{1}{2}$이고 cb는 CB의 $\frac{1}{2}$입니다.

이와 같은 방식으로 ab가 AB에 세 번 또는 네 번, 아니면 다른 임의의 횟수만큼 포함된다고 해도 ac는 AC에, cb는 CB에 같은 횟수만큼 포함된다는 것을 증명하는 것은 어렵지 않은 일입니다. 왜냐하면 다음 그림과 같이 밑변 AB의 분할점 b, f로부터 BC에 평행인 bc, fh를 그음으로써, 삼각형 acb(또는 Acb)와 합동인 세 개, 네 개의 삼각형 Acb, chg, hCi 등을 AC를 따라 놓을 수 있기 때문입니다

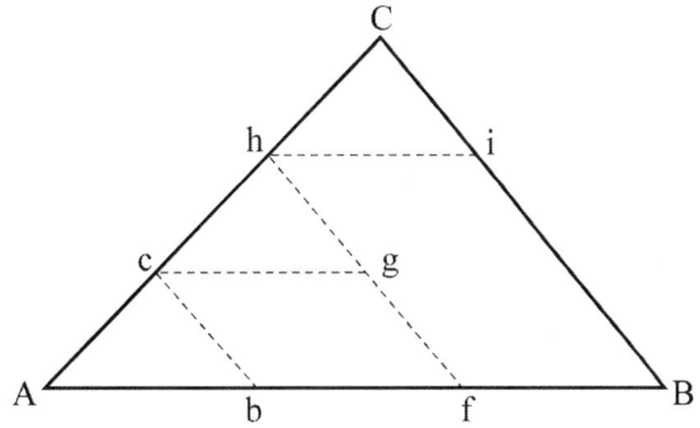

또한 ab가 AB에 정확히 정수 번 포함되는 대신에 분수가 있는 수만큼, 즉 예컨대 두 번 반만큼만 포함된다면, ac 역시 AC에 두 번 반, bc 역시 BC에 두 번 반만큼 포함된다는 것을 보이면 됩니다.

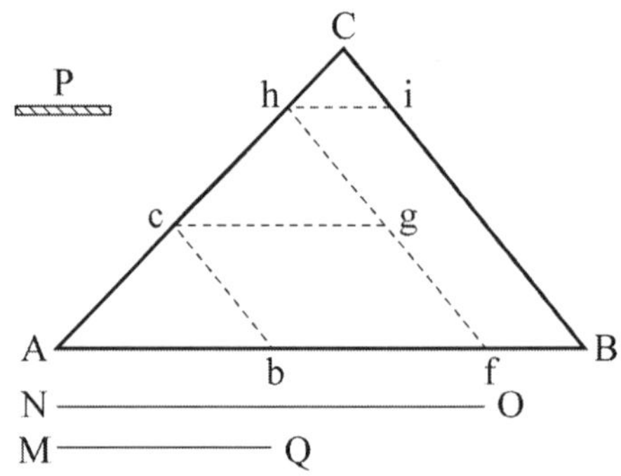

이를 위해 평행선 bc, fh를 이용하여 acb와 합동인 두 삼각형 Acb, chg를 AC를 따라 놓을 때, 두 평행선 hf와 CB 사이에 있는 어떤 변이 삼각형 cAb의 어느 한 변의 반인 삼각형 Chi를 놓을 만한 여지가 남게 될 것입니다. 왜냐하면 가정에 의해 fB는 Ab의 반이고, hf와 CB로 인해서 삼각형 Chi의 밑변 hi는 fB와 같기 때문입니다.

따라서, 일반적으로 두 삼각형 ABC와 abc가 같은 각을 가질 때, 닮은 삼각형이라 불리는 이들 삼각형의 대응변은 비례합니다. 또는 그중 한 삼각형 ABC의 변 AB, BC, CA는 다른 삼각형 abc의 변 ab, bc, ca가 부분 p를 포함하는 만큼 같은 수의 부분 P를 포함합니다.

이때, P는 센티미터, 미터 등과 같이 삼각형 ABC를 측정할 때 사용한 척도이고, p는 삼각형 abc를 그리면서 사용한 척도입니다.

5 닮음비를 이용한 닮은 도형의 넓이

닮음비를 이용한 닮은 도형의 넓이에서는 닮은 도형의 넓이를 알아보고 닮음비와의 관계를 추측해 봅시다. 다음 그림에서 알 수 있듯이 두 닮은 삼각형 ABC, abc는 그 변이 비례할 뿐만 아니라, 꼭짓점 C, c로부터 밑변 AB, ab에 내린 수선 CF, cf 역시 변의 비를 따를 것이 분명합니다.

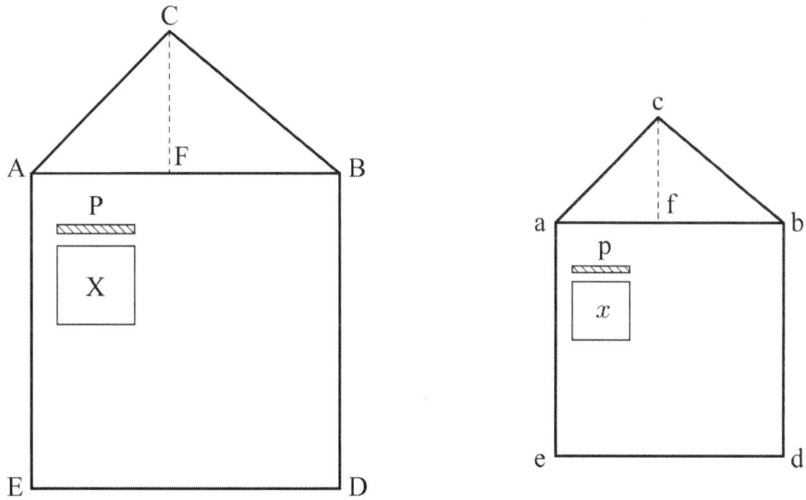

즉, 닮은 삼각형 ABC, abc의 넓이에 대해서 삼각형 ABC의 넓이는 삼각형 abc의 넓이의 척도 p 위에 만들어진 정사각형 x를 포함하는 만큼, 척도 P 위에 만들어진 정사각형 X를 포함한다는 것을 알 수 있습니다.

참고문헌

- 이경아(2011). 클레로의 역사발생적 원리를 이용한 수업 지도안의 개발. 계명대학교 교육대학원 석사학위 논문.
- 최지선(2008). 닮음 개념에 대한 교수학적 분석. 서울대학교 대학원 석사학위 논문.

1) 삼각형 ABC에 직사각형 PQRS가 내접하고 있습니다. 변 PQ : 변 PS = 1 : 2일 때, 변 QR의 길이를 구해봅시다.(밑변 16cm, 높이 8cm)

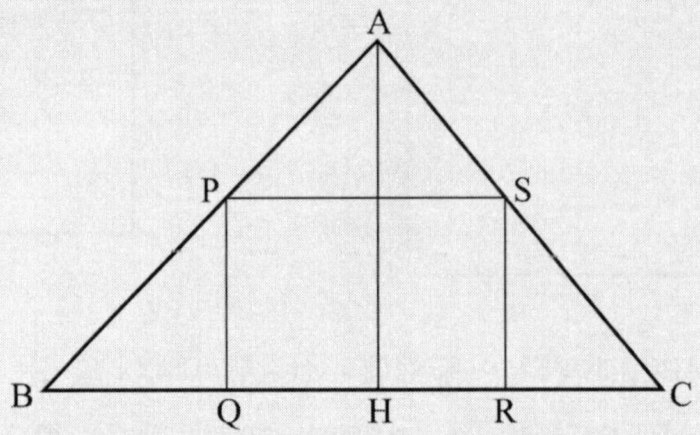

2) 두 삼각형은 닮음이고, 변 AB = 7, 변 AD = 3입니다. 변 AD : 변 DB의 비를 구해봅시다.

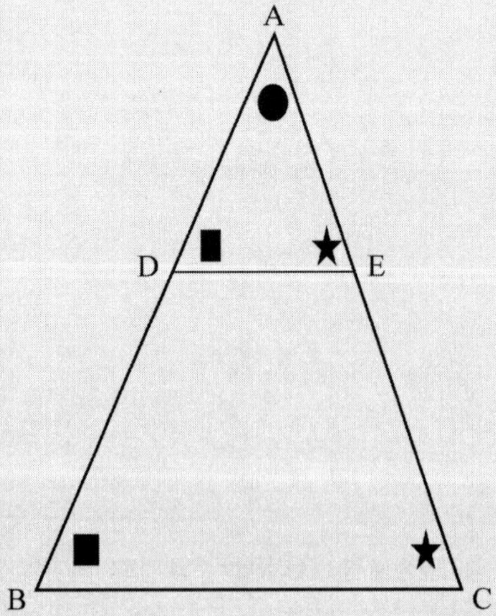

1) 8cm

$\overline{PQ} : \overline{PS} = 1 : 2$이므로, $\overline{PQ} = x$라 하면, $\overline{PS} = 2x$

$\overline{AH}$와 $\overline{PS}$의 교점을 D라 하면, $\overline{AD} = 8 - x$

$\triangle APS \backsim \triangle ABC$(AA닮음)이므로, $\overline{AD} : \overline{AH} = \overline{PS} : \overline{BC}$

$8 - x : 8 = 2x : 16$, $16x = 128 - 16x$, $32x = 128$, $x = 4$

$\overline{QR} = \overline{PS} = 2x = 8$cm

2) 3:4

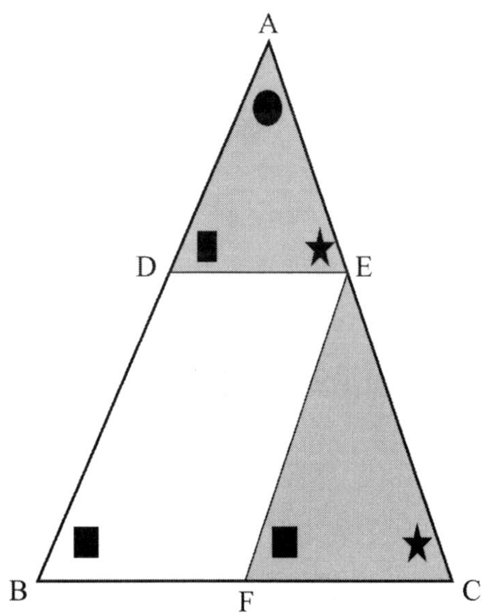

03 대칭으로 만들어진 앰비그램(Ambigram)

앰비그램(Ambigram)이란?

위에 소개된 글자가 무슨 글자로 보이나요? 첫 번째는 'Fire'로 보이지요? 두 번째는 'WATER'가 보입니다. 이 글자들은 영화 〈천사와 악마〉에 소개된 글자입니다. 이 글자를 자세히 보세요. 어떤 성질을 가지고 있나요? 글자의 중간에 점을 찍어서 180° 회전하면 점대칭도형이 됩니다. 이렇게 양방향으로 읽을 수 있는 글자를 앰비그램(Ambigram)이라고 합니다. '양방향'을 뜻하는 'ambi－'와 '그림'을 뜻하는 '－gram'이 합쳐진 단어이지요. 이제 더 많은 앰비그램을 알아봅시다.

앰비그램(Ambigram)의 성질

위에 소개된 앰비그램은 대칭의 중심을 기준으로 180° 회전하였을 때 겹쳐지는 점대칭도형의 성질을 가지고 있습니다. 하지만 모든 앰비그램이 다 그런 성질을 가지고 있는 것은 아닙니다. 대칭축을 기준으로 접었을 때 포개어지는 선대칭도형의 성질을 가진 앰비그램도 있습니다. 이러한 성질들을 가진 다양한 앰비그램을 자세히 탐구해봅시다.

다양한 앰비그램 탐구

1 회전형

영화 〈천사와 악마〉에 나온 글자처럼 점대칭도형의 성질을 가진 앰비그램을 회전형 앰비그램이라고 합니다. 우선 영어로 된 앰비그램을 살펴봅시다. 대칭의 중심을 콕 찍어서 180° 돌려보세요.

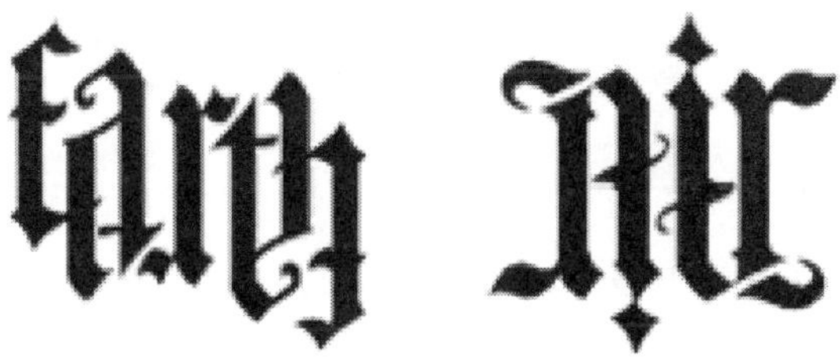

바로 'Earth, Air와 energy, Gifted'인 것을 알 수 있습니다. 점대칭의 원리만 이해하면 쉽게 그릴 수 있습니다. 여러분도 회전형 앰비그램을 그려보세요.

2 거울상형

대칭축에 거울을 두고 비춰 보았을 때 좌우가 똑같은 앰비그램을 거울상형 앰비그램이라고 합니다.

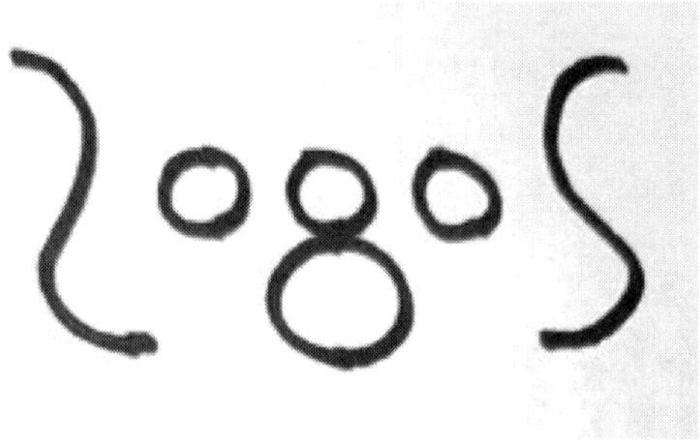

어떤 글자인지 알겠지요? 'Logos'입니다. 그리고, 다음 글자를 자세히 보세요. 어떤 글자들이 대칭을 이루고 있나요?

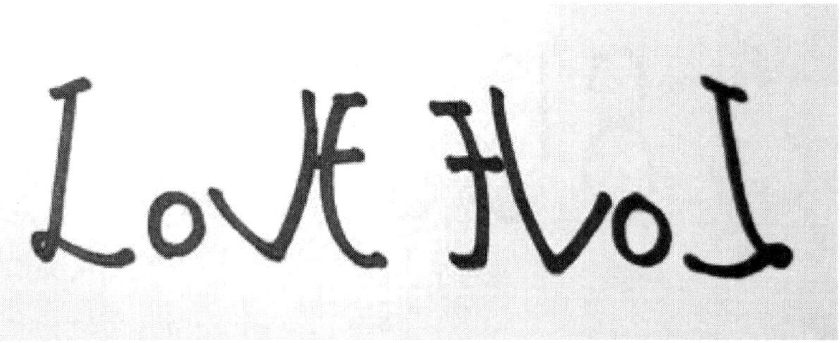

왼쪽에는 'LOVE'인데 오른쪽에는 'Hate'가 있지요? 선대칭의 위치에 있는 도형을 이용한 앰비그램으로 볼 수 있습니다. 거울상형 앰비그램도 그려보세요.

3 여백형, 원형

여백형 앰비그램을 살펴봅시다. 어떤 글자가 보이나요?

진한 글자는 'hate'이고 연한 글자는 'Love'입니다. 이렇게 착시를 이용하여 일반적으로 보는 방법에 따라 서로 다른 단어가 보이게 되는 앰비그램을 여백형 앰비그램이라고 합니다. 여러분도 이제 앰비그램을 만들어 봅시다.

Challenge

■ 수학영재 핵심 용어 해설 2 : 도형 영역

1) 'AnnA'로 'menu'로 재미있는 앰비그램을 그려봅시다.

답안지

■ 수학영재 핵심 용어 해설 2 : 도형 영역

1) 다음은 AnnA와 menu의 앰비그램 예시입니다.

04 라인 디자인(Line designs)

■ 수학영재 핵심 용어 해설 2 : 도형 영역

라인 디자인(Line designs)이란?

사진 속에 있는 다리는 송도 제1교입니다. 원 속에 있는 직선들이 송도 제1교의 아름다움을 더 빛나게 합니다. 직선들이 모여서 무엇으로 보이나요? 이처럼 직선들이 모여서 곡선으로 보이는 모든 디자인을 라인 디자인(Line designs)이라고 합니다. 라인 디자인은 자와 연필을 가지고 두 선분을 그어 각 선분에 점을 찍고 그 점을 이어서 곡선으로 다양한 모양을 만들어 색칠하여 디자인하는 것입니다.

라인 디자인(Line designs)은 왜 필요할까?

그리스의 대표적인 수학자 피타고라스는 평면도형 중 원이 가장 아름답고 입체도형 중 구가 가장 아름다운 것이라고 강조하였습니다. 자와 연필로 원을 만들 수 있는 방법 중 하나가 라인 디자인이며 만들고 싶은 모양을 예상하고 계획하며 이것을 실행하여 확인하고 반성하는 과정을 통해 반성적 사고를 하고 문제해결 능력을 키울 수 있습니다. 또한,

과제를 해결하기 위한 의지와 집중력이 발달하고 무늬의 규칙을 찾으면서 수학적 의사소통 능력을 기를 수 있으며 다양한 라인 디자인 활동을 통해 수학에 대한 태도 및 실천 능력을 높일 수 있습니다. 더욱이, 미술 분야와 연계한 창작품 발표 등 새로운 학문으로까지 발전되어 학생들의 창의·융합 능력을 향상시킬 수 있습니다.

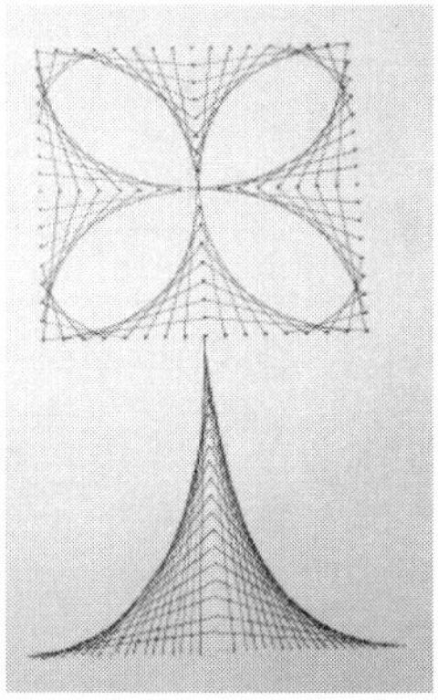

라인 디자인은 생활에서 학생들이 쉽게 할 수 있는 것이라 제시된 것과 같은 작품을 만들 수 있습니다. 이제 자기만의 라인 디자인을 만들기 위해 탐구해봅시다.

라인 디자인 탐구

1 라인 디자인 기초다지기

라인 디자인을 하기 위해서는 각 변에 똑같은 개수의 점이 찍혀 있어야 합니다. 우선 두 선분이 필요하고 각 변을 같은 수의 점으로 등분합니다. 예를 들어 다음과 같이 두 선분이 만나도록 그리고 각 선분을 3등분하여 3개의 점을 찍을 수 있습니다.

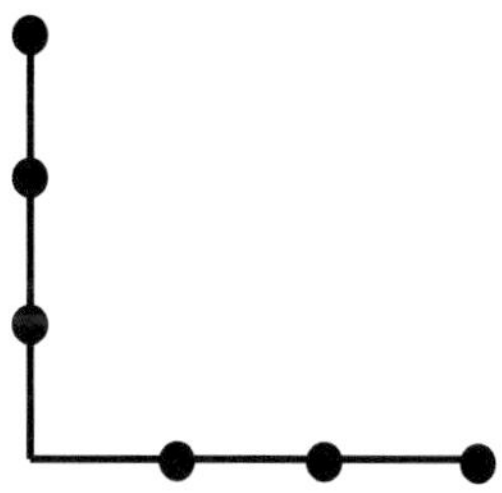

한 변의 첫 번째 점과 다른 변의 가장 인접한 점을 잇는 것을 규칙으로 하여 계속해서 선분을 긋는 것입니다. 다음과 같은 순서로 선분을 그릴 수 있습니다.

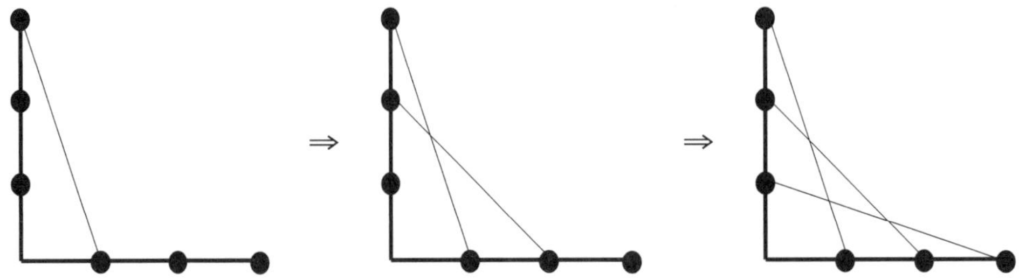

선들이 모여 부드러운 곡선이 되는 것을 알 수 있습니다. 각 변의 점의 수가 더 많을 때 차이점이 있는지 알아보기 위해 두 선분의 길이는 같지만 점의 수가 많은 다음의 도안에 라인 디자인을 완성해봅시다.

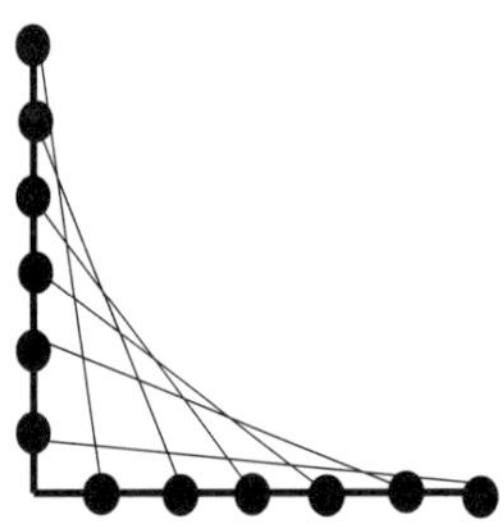

어떤 차이점이 있나요? 더 정교하고 부드러운 곡선이 만들어집니다. 다음 활동부터 더 부드러운 곡선을 그려봅시다.

2 수직이등분선과 각의 이등분선을 이용한 라인 디자인

수직이등분선을 이용하여 라인 디자인를 그려봅시다. 우선 긴 선분에 수직선을 긋고 각 선분을 6등분하여 6개의 점을 찍어봅시다. 점을 연결할 때 고려해야 할 점은 점들을 연결할 두 선분을 선택하는 것입니다. 우선 오른쪽에 있는 선분과 가운데 있는 선분을 이용하여 라인 디자인을 그려봅시다.

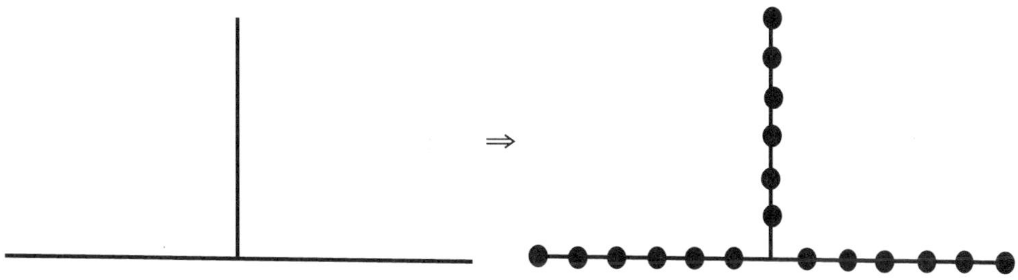

이제 점들을 이어 볼까요? 오른쪽 부분이 완성되었습니다. 왼쪽 부분은 여러분이 직접 그어보세요.

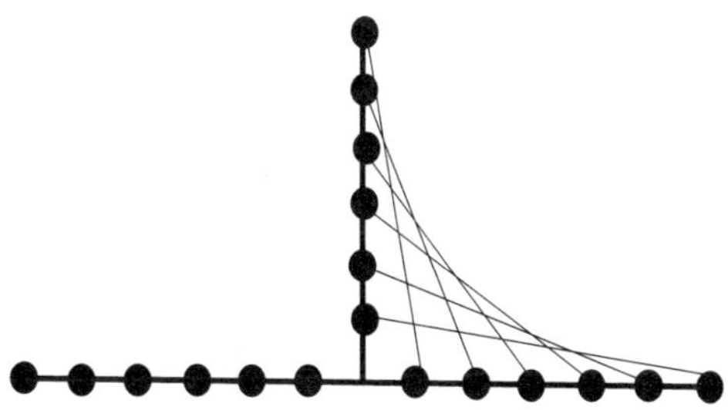

2개의 곡선이 그려졌다면, 이제 다음에 제시된 수직이등분선에서 각 선분에 같은 수의 점을 찍어 라인 디자인을 그려봅시다. 몇 개의 곡선이 나올 수 있을까요? 바로 4개의 곡선이 나옵니다. 선분의 수에 따라 만들어지는 곡선의 수가 다르다는 것을 알 수 있습니다.

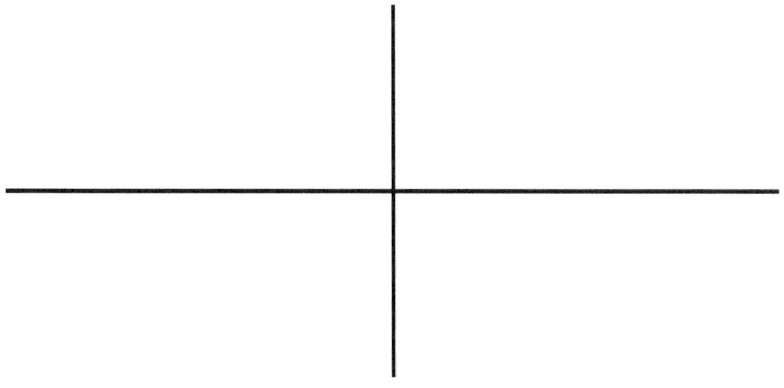

각의 이등분선을 이용하여 라인 디자인을 그려봅시다. 우선 다음 두 선분의 각의 이등분선을 긋습니다.

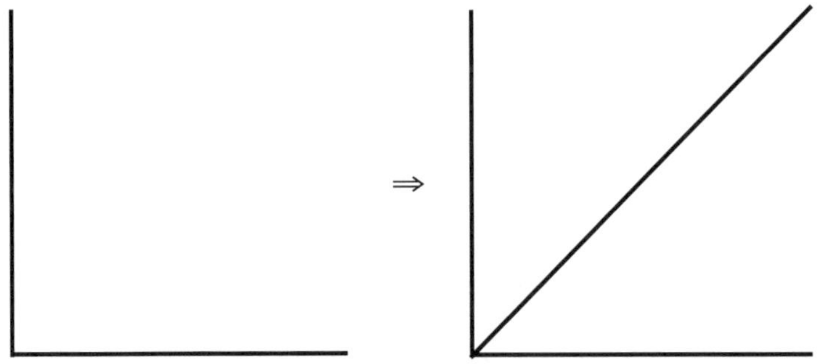

그리고 각 선분을 같은 수의 점으로 등분한 후 라인 디자인을 그립니다. 남은 부분은 각자 직접 그려봅시다.

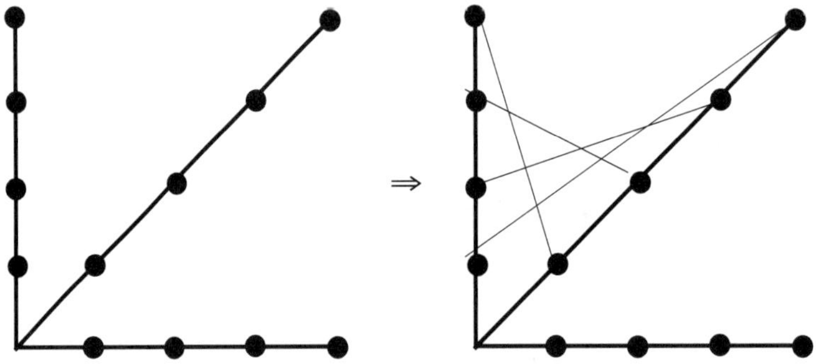

두 선분 사이의 각도는 그리고 싶은 모양에 따라 자유자재로 정할 수 있습니다. 이제 도형을 이용하여 라인 디자인을 그려봅시다.

3 도형을 이용한 라인 디자인

정삼각형의 각 선분을 등분하려고 합니다. 정삼각형의 각 선분을 똑같은 점의 수로 등분하여 라인 디자인을 그리는 것과 정삼각형의 각 선분을 이등분한 선분을 똑같은 점의 수로 등분하여 라인 디자인을 그리는 것은 다릅니다. 다음 그림에서 전자는 ①, 후자는 ②입니다.

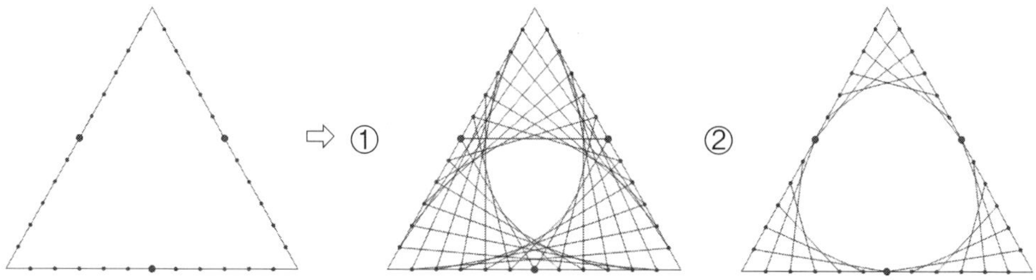

이런 방식으로 선분을 등분하지 않거나 이등분하여 라인 디자인을 그리는 것은 다른 그림이 될 수 있습니다. 또한, 정삼각형을 다음과 같이 내부에 선분을 더 그려서 라인 디자인을 그릴 수 있습니다. 이때는 다음과 같이 아름다운 모양이 나올 수 있습니다.

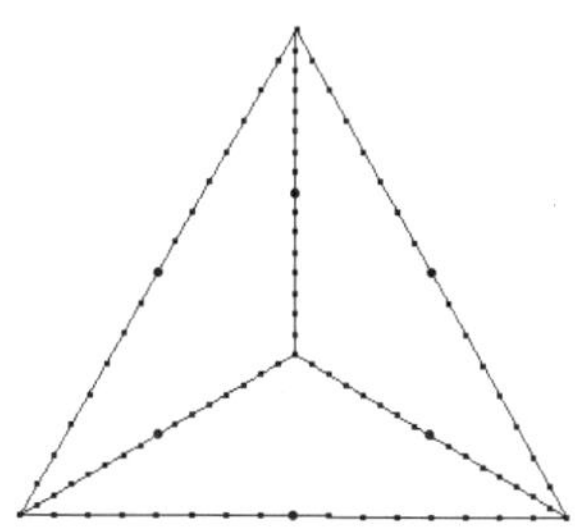

↓

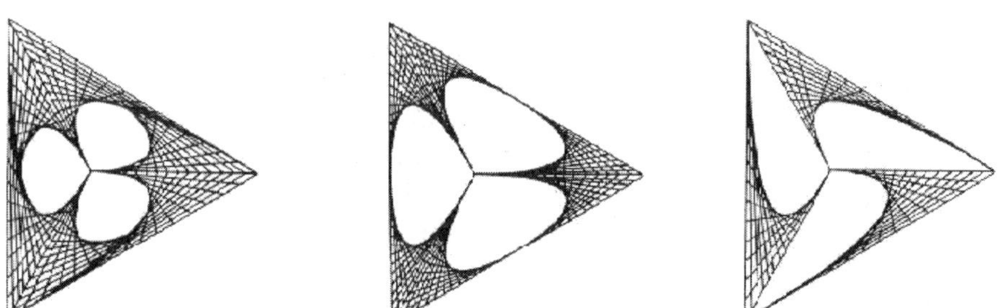

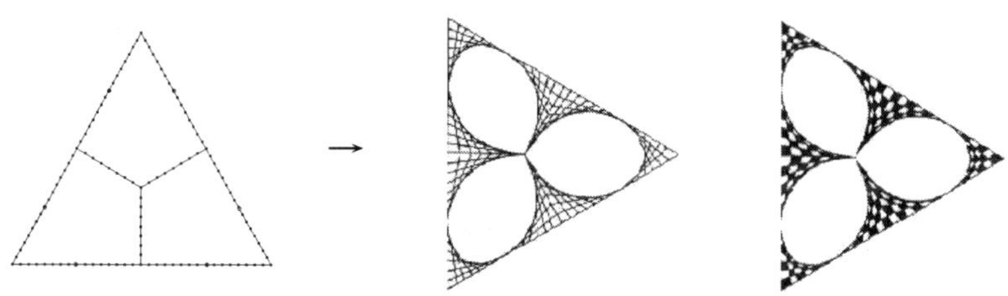

어떤 선분을 사용할지에 따라 라인 디자인 작품이 달라지겠지요? 다른 도형도 정삼각형처럼 라인 디자인을 그릴 수 있습니다. 정사각형의 경우도 선분의 등분 유무에 따라 오른쪽과 같은 라인 디자인 작품이 나올 수 있습니다.

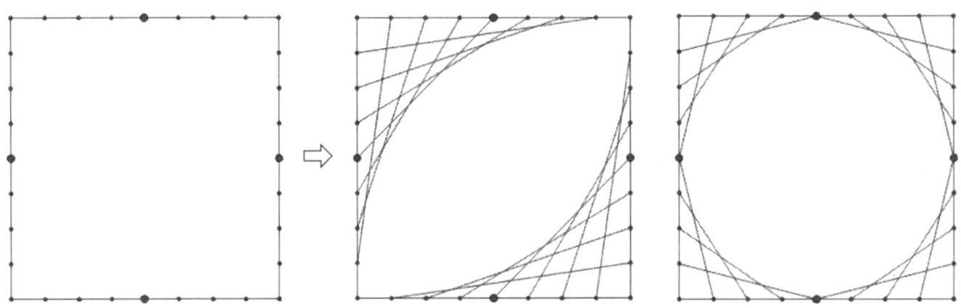

또한 정사각형 내부에 선분을 더 그려서 다음과 같은 도형에 라인 디자인을 그리면 또 다른 라인 디자인 작품이 나오겠지요. 한 번 살펴봅시다.

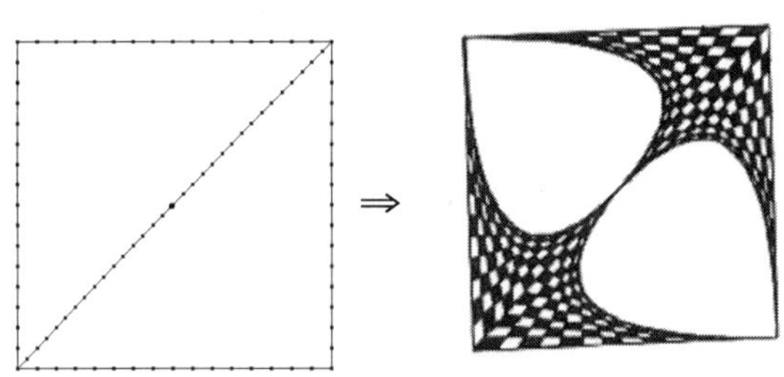

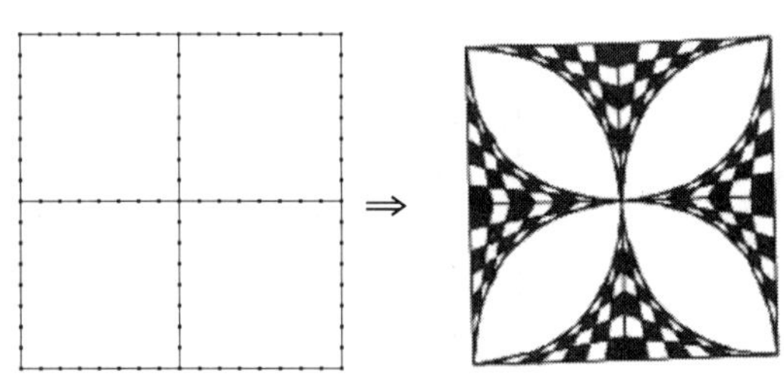

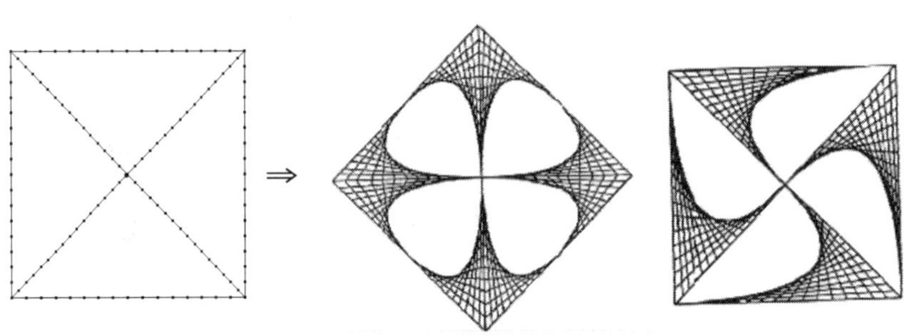

선분을 긋기 전에 어떤 모양이 나올지 예상하여 선분을 긋고 등분을 해야 그리고 싶은 라인 디자인 작품을 만들 수 있습니다. 정오각형에서 라인 디자인 작품은 다음과 같이 나올 수 있습니다.

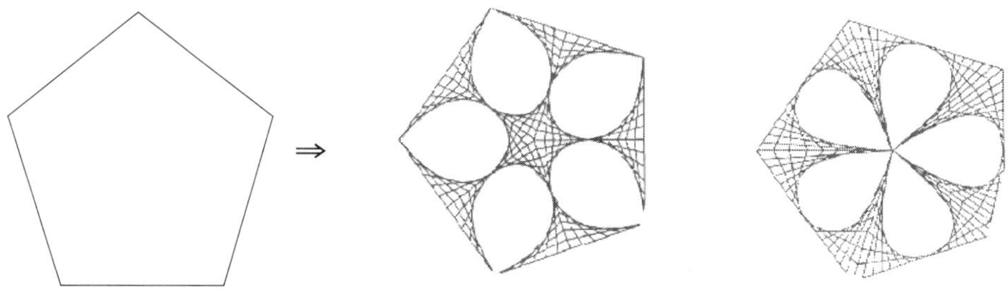

4 원을 이용한 라인 디자인

두 선분 중 한 선분이 곡선이라면 어떻게 될까요? 앞에서 본 송도 제1교처럼 곡선인 원 하나와 직선 하나를 이용하여 원과 직선에 똑같은 수의 점을 찍어 직선을 겹쳐 그리며 라인 디자인을 완성할 수 있습니다. 송도 제1교를 보며 라인 디자인을 완성하면 다음 그림과 같겠지요? 이런 방식으로도 그릴 수 있습니다.

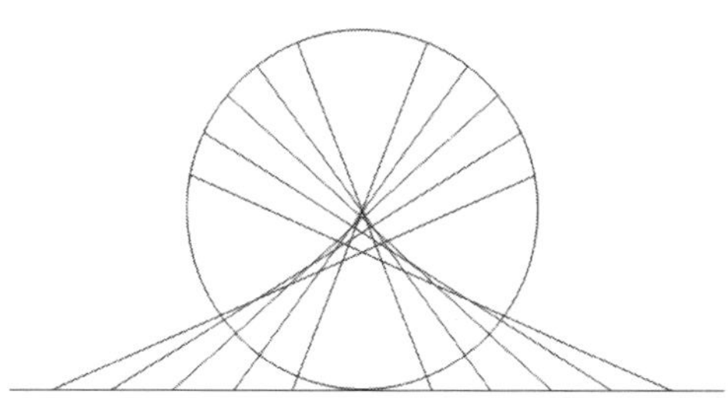

또한, 원 모양 라인 디자인을 살펴보겠습니다. 하나의 원 안에서 직선들을 겹쳐 그림으로써 또 다른 원을 그리는 것으로 원 위의 점을 일정한 간격으로 등분하고 일정한 규칙으로 두 점 사이를 직선으로 표현하면 다음과 같이 원 속의 원을 그릴 수 있습니다. 다음 원 모양 라인 디자인은 두 점 사이에 점이 몇 개나 있을까요?

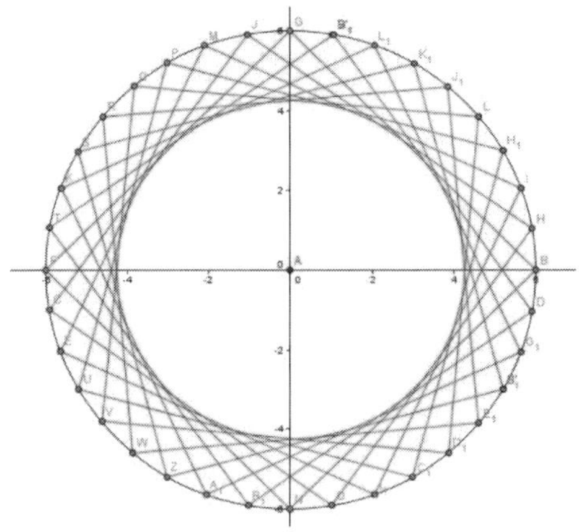

바로 8개의 점을 일정하게 두며 서로 옆에 있는 점들을 이어 원을 만들었습니다. 그렇다면, 다음 원 모양 라인 디자인을 살펴봅시다. 두 개의 원이 만들어졌습니다. 하나는 큰 원, 다른 하나는 작은 원입니다. 어느 원이 두 점 사이에 둔 점의 개수가 많을까요?

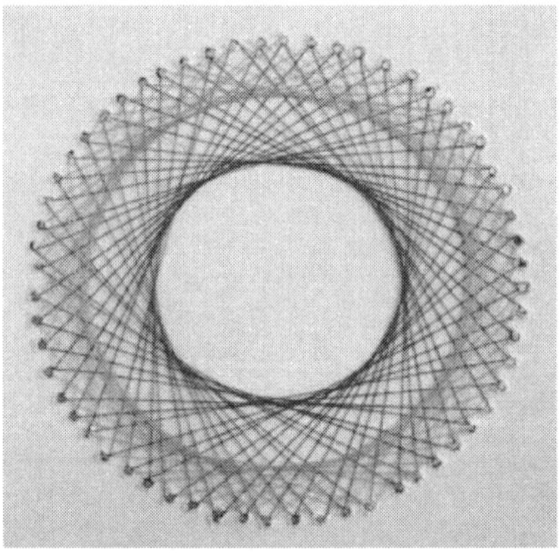

바로 작은 원이 두 점 사이에 둔 점의 개수가 많습니다. 그러니 원 모양 라인 디자인을 만들 때 두 점 사이에 있는 점의 개수를 고려하여 크고 작은 원을 만들어봅시다. 또한, 원 모양을 가지고 다음과 같이 창의적인 라인 디자인도 만들 수 있습니다.

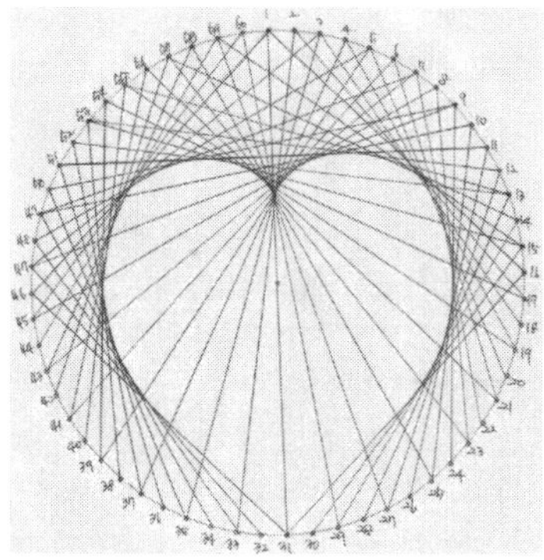

5 창의적인 라인 디자인 만들기

알파벳을 이용하여 라인 디자인을 할 수 있을까요? 만나는 두 선분이 있으면 가능하겠지요? 다음과 같이 그릴 수 있습니다. 이뿐만 아니라 다른 모양들도 라인 디자인으로 만들 수 있으니 한 번 도전해봅시다.

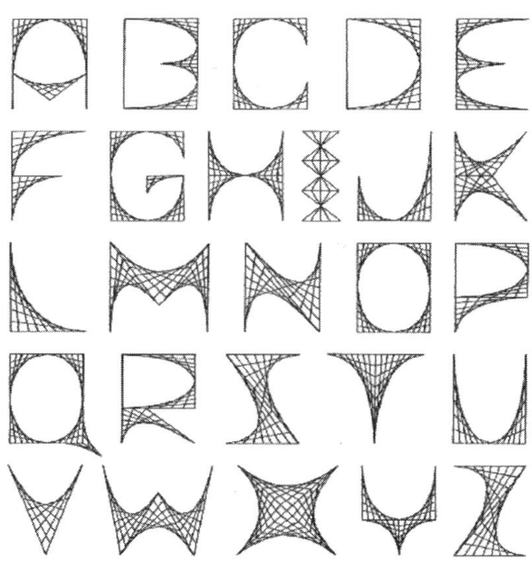

참고문헌

• 한국교육개발원 영재교육자료(2007). 눈금없는 자와 컴퍼스로 디자인하기. 서울:한국교육개발원.

Challenge

■ 수학영재 핵심 용어 해설 2 : 도형 영역

1) 다음 도안에서 라인 디자인을 그려봅시다.

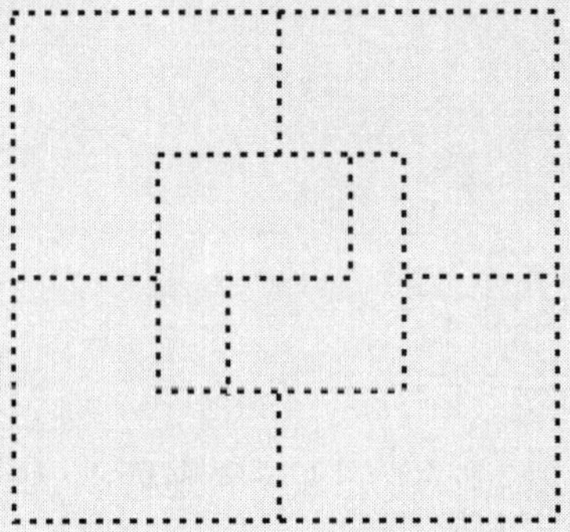

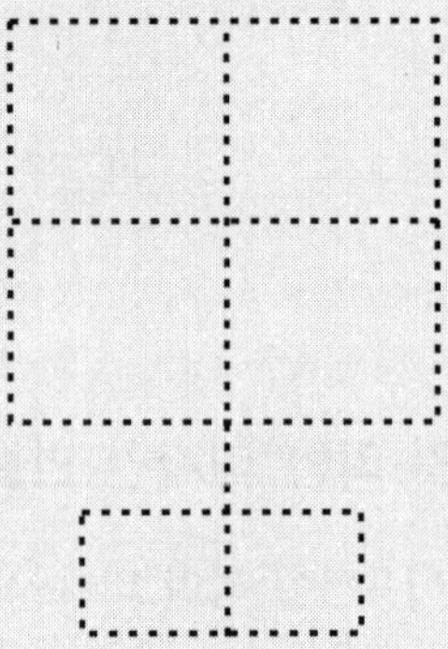

2) K-pop 스타 중 가장 좋아하는 가수나 팀이 있나요? 그 연예인의 이름으로 개성 있는 라인 디자인을 그려봅시다.

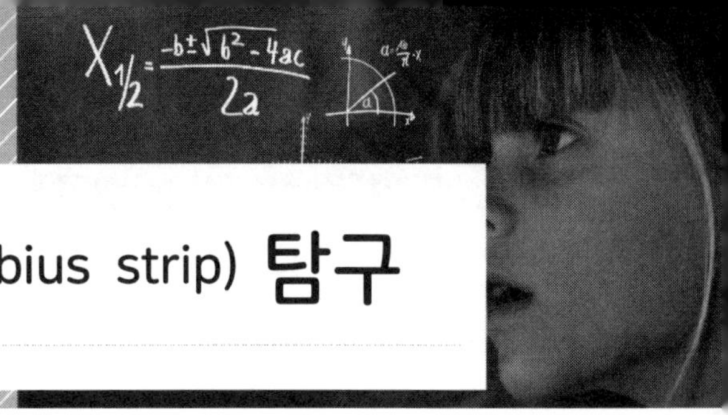

05 뫼비우스 띠(Möbius strip) 탐구

■ 수학영재 핵심 용어 해설 2 : 도형 영역

뫼비우스 띠(Möbius strip)란?

'뫼비우스 띠'란 기하학에 대하여 많은 연구를 한 독일 수학자인 뫼비우스의 이름을 딴 것입니다. 뫼비우스 띠는 종이 띠의 한쪽 끝을 반 바퀴(180°) 돌린 다음 양끝을 서로 붙여서 만든 띠를 일컫습니다. 뫼비우스 띠는 어떤 성질을 가지고 있을까요? 지금부터 탐구해봅시다.

뫼비우스는 누구인가요?

뫼비우스(August Ferdinand Möbius, 1790～1868)는 독일의 수학자이며 천문학자로 프로이센 출생입니다. 가우스(Gauss)에게 천문학을 배웠으며 1815년 라이프치히 대학 천문학교수로 자리 잡으며 천문학 이외에도 기하학, 역학 등을 연구하여 업적을 남겼습니다.

동차 좌표 개념의 도입, 도형의 기하학적 천연성의 계통성 연구, 쌍대 원리의 고찰 등 수학분야의 연구도 활발했는데 위상에서, 특히 한쪽 면만을 가진 2차원 곡면인 뫼비우스 띠로 유명합니다. 무한을 상징하는 것으로 잘 알려진 뫼비우스 띠는 1858년 파리의 과학협회에서 수학을 주제로 가장 우수한 논문을 공모했는데 독일의 수학자 뫼비우스가 이 대회에 제시할 논문을 생각하던 중 한 개의 면으로만 이루어진 도형을 발견했습니다. 그는 순수수학적인 관점에서 이 띠를 발견했고 그의 이름을 따 오늘날 뫼비우스 띠라고 알려져 있습니다.

뫼비우스 띠의 발견으로 전문가들뿐만 아니라 일반인들에게도 기하학이 매력적인 관심사가 되었고 이것은 위상수학이라는 완전히 새로운 수학분야의 시작점이 되었습니다. 또한 뫼비우스 띠에서 영감을 얻어 미술작품으로 승화시킨 화가 에셔는 'Mobius Stripe

Ⅱ'와 같은 그림뿐만 아니라 다양한 작품을 선보였습니다.

뫼비우스 띠 탐구

1 뫼비우스 띠 만들기

뫼비우스의 띠를 탐구하기 위해서는 우선 뫼비우스의 띠를 만들어야 합니다. 가로 30cm, 세로 4cm인 긴 띠를 먼저 준비해봅시다. 그리고 다음과 같이 180°로 한 번 꼬아서 풀이나 테이프로 고정해봅시다.

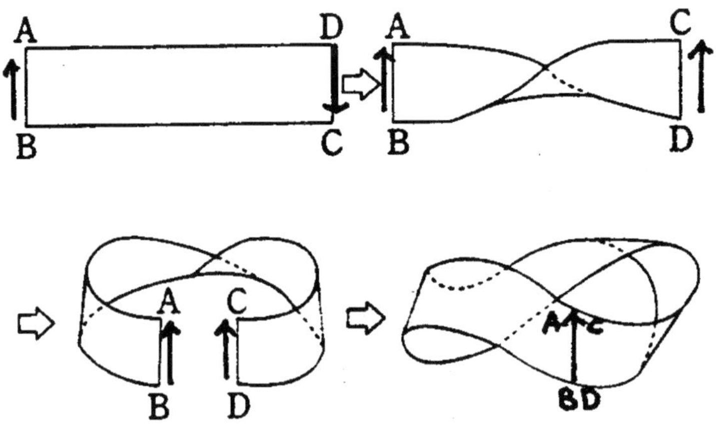

뫼비우스 띠는 안과 밖이 구분될까요? 구분되지 않을까요? 다음 단계에서 탐구해봅시다.

2 뫼비우스 띠의 안과 밖 구분하기

위의 두 띠를 살펴보고 차이점을 찾아봅시다. 왼쪽의 띠는 꼬지 않고 붙인 띠이고 오른쪽의 띠는 한 번 꼬아 붙인 뫼비우스 띠입니다. 각 띠의 폭에서 가운데 지점에 연필로 점 하나를 찍어 선을 그어봅시다.

우선 꼬지 않고 붙인 띠의 폭 가운데에 점을 찍어 선을 쭉 그으면 처음의 점과 만납니다. 그런데 띠의 안쪽에는 선이 있나요? 선이 없는 것을 살펴보니 안과 밖이 구분되는 것을 알 수 있습니다.

그렇다면 뫼비우스 띠는 어떠한가요? 폭 가운데 점 하나를 찍어 선을 그어봅시다.

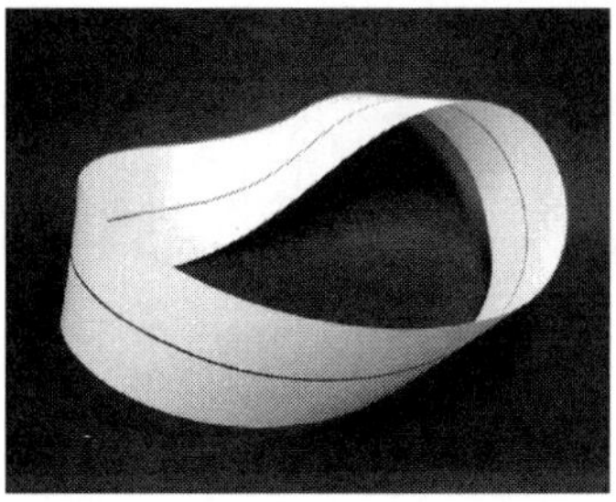

선을 쭉 그으니 처음의 점과 만나게 됩니다. 꼬지 않고 붙인 띠처럼 안과 밖의 구분이 있나요? 뫼비우스 띠는 안과 밖의 구분이 없다는 것을 알 수 있습니다.

❸ 뫼비우스 띠의 폭을 이등분하여 탐구하기

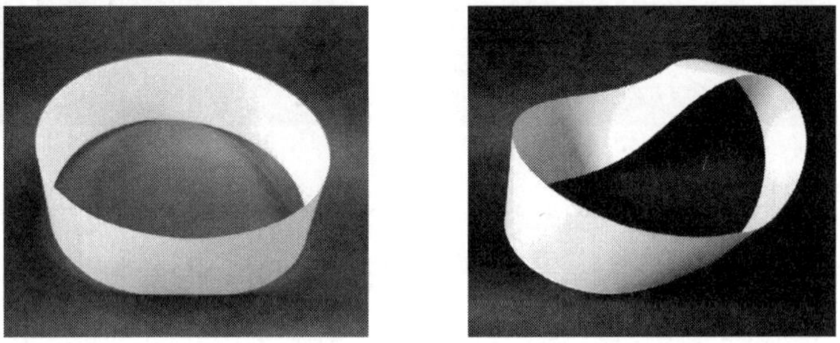

위의 두 띠의 폭을 이등분하려고 합니다. 먼저 꼬지 않고 붙인 띠의 폭을 이등분했을 때의 모양, 띠의 폭, 길이를 알아봅시다.

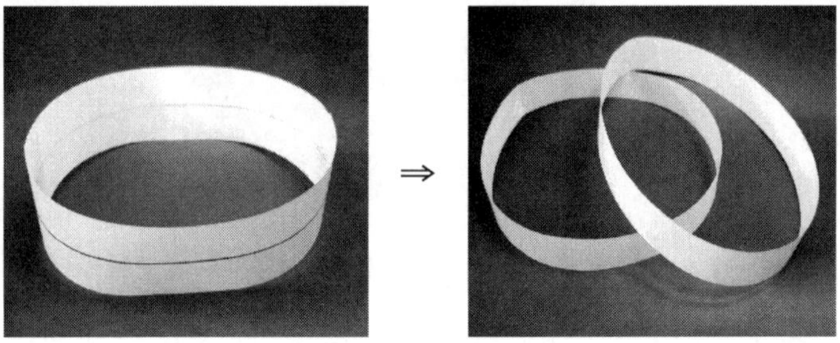

꼬지 않고 붙인 띠의 폭을 이등분하니 꼬지 않고 붙인 띠가 두 개 나왔습니다. 살펴보니 길이는 처음의 꼬지 않고 붙인 띠와 같지만, 폭은 처음의 꼬지 않고 붙인 띠의 반이 되었습니다.

그렇다면 뫼비우스 띠의 폭을 이등분하였을 때도 뫼비우스 띠가 두 개 생기고 길이는 그대로, 폭은 처음의 반인 띠들이 생길지 직접 잘라서 확인해봅시다.

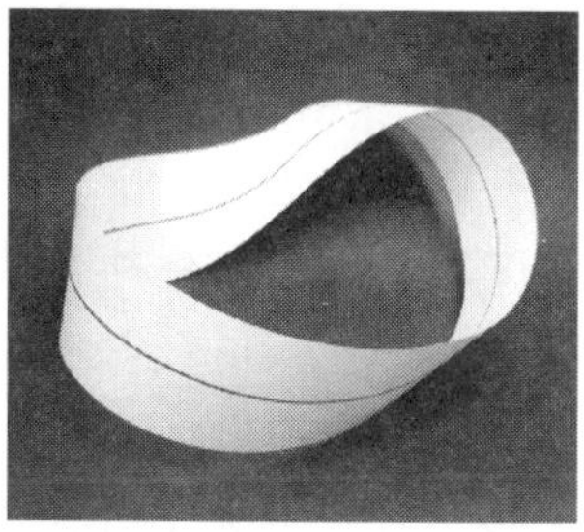 ⇒ 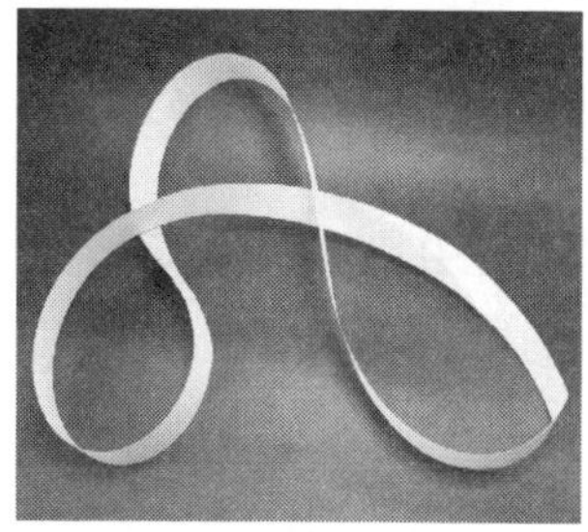

잘라보니 위의 그림과 같이 2개의 뫼비우스 띠가 아닌 1개의 긴 띠가 나오는데 여러 번 꼬인 것처럼 보입니다. 길이는 처음 길이의 두 배이고, 폭은 처음 폭의 절반이 되었습니다. 그렇다면, 하나의 뫼비우스 띠일까요? 언뜻 보기에도 한 번 꼬인 것 같지는 않습니다. 폭을 가위로 잘라 꼬인 곳이 없도록 반대로 풀어봅시다. 몇 번을 풀어야 꼬임이 없어질까요? 바로 4번을 풀어야 꼬임이 없어집니다. 뫼비우스 띠의 폭을 이등분하여 자른 띠는 4번 꼬인 1개의 띠입니다. 그렇다면, 잘린 띠의 안과 밖의 구분은 되어 있을까요? 폭의 중간에 점을 찍어 선을 쭉 그어보니 뫼비우스 띠와는 달리 안과 밖의 구분이 있습니다. 이제 폭을 삼등분한 띠도 탐구해봅시다.

4 뫼비우스 띠의 폭 삼등분하여 탐구하기

꼬지 않고 붙인 띠의 폭을 삼등분하여 자르면 어떤 모양이 나올지 예상해봅시다. 폭만 $\frac{1}{3}$로 줄고 길이는 바뀌지 않는 3개의 띠가 생깁니다. 그렇다면 뫼비우스 띠의 폭을 삼등분하여 자른다면 어떤 모양이 나올지 직접 잘라서 확인해봅시다.

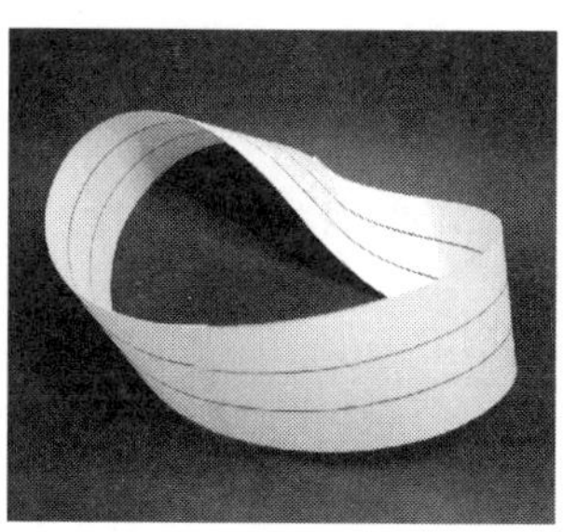 ⇒ 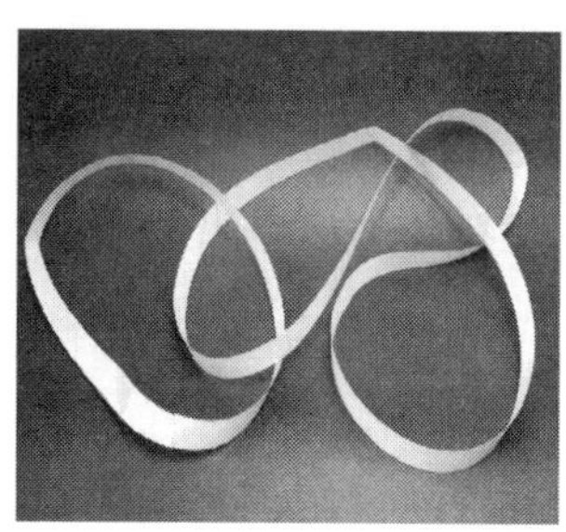

잘라보니 두 개의 꼬인 띠가 서로 맞물린 고리 형태로 나옵니다. 한 개는 뫼비우스 띠와 같은 길이이고 다른 한 개는 뫼비우스 띠의 2배의 길이로 서로 엉켜 있습니다. 자른 두 띠 모두의 폭은 처음 폭의 $\frac{1}{3}$입니다. 그럼 각각 몇 번 꼬인 띠인지 살펴봅시다. 뫼비우스 띠와 같은 길이를 가진 띠는 한 번 꼬아 붙인 띠로 뫼비우스 띠이고 다른 한 개는 4번 꼬인 띠입니다. 결국 뫼비우스 띠의 폭을 삼등분하여 자르니 뫼비우스 띠와 뫼비우스 띠의 폭을 이등분한 띠가 나왔습니다. 무슨 관계가 있어 보입니다. 더 탐구해볼까요?

5 뫼비우스 띠의 폭 사등분하여 탐구하기

뫼비우스 띠의 폭을 이제 사등분하여 잘라봅시다. 우선 사등분의 중점을 기준으로 잘라봅시다. 그러면 어떤 모양이 나올지 예상해봅시다. 뫼비우스 띠의 폭을 이등분하여 자른 결과가 나올 것입니다.

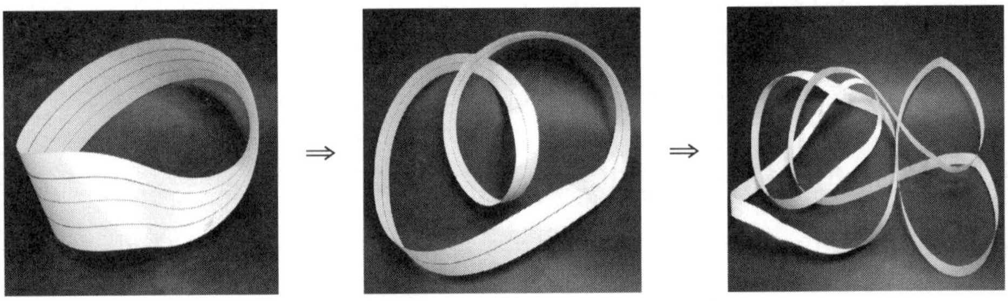

뫼비우스 띠의 폭을 사등분하여 가운데 부분을 자르면 위의 두 번째 그림과 같이 4번 꼬인 띠가 나옵니다. 그리고 나머지 등분한 점을 연결하여 자르면, 길이는 처음의 2배, 폭은 처음 폭의 $\frac{1}{4}$배인 두 개의 꼬인 띠가 엉켜 있는 것이 보입니다. 두 개의 꼬인 띠는 몇 번 꼬인 띠일까요? 둘 다 4번 꼬인 띠입니다. 이제 뫼비우스 띠의 폭을 이등분했을 때와 비교해보면서 공통점과 차이점을 찾아봅시다.

6 뫼비우스 띠의 폭 등분에 관한 규칙 찾기

지금까지 뫼비우스 띠의 폭을 등분하여 잘랐을 때 나오는 띠의 수와 꼬인 수, 폭, 길이를 정리해봅시다.

폭 등분	띠의 수	꼬인 수	폭	길이
등분하지 않았을 때	1	1	1배	1배
이등분	1	4	$\frac{1}{2}$배	2배
삼등분	2	1	$\frac{1}{3}$배	1배
		4	$\frac{1}{3}$배	2배
사등분	2	4	$\frac{1}{4}$배	2배
		4	$\frac{1}{4}$배	2배

위의 과정을 살펴보면서, 뫼비우스 띠를 등분하지 않았을 때와 폭을 삼등분했을 때를 연관지어 봅시다. 뫼비우스 띠는 꼭 1개 나왔네요. 그렇다면 뫼비우스 띠의 폭을 오등분했을 때도 뫼비우스 띠가 1개 나올까요?

⇒

뫼비우스 띠를 위와 같이 오등분하면 뫼비우스 띠 1개와 4번 꼬인 띠 2개가 나옵니다. 총 3개의 띠가 엉켜 있는 것입니다. 폭과 길이는 이제 예상할 수 있지요? 폭은 처음 폭의 $\frac{1}{5}$배, 길이는 뫼비우스 띠는 원래 길이의 1배, 4번 꼬인 띠는 원래 길이의 2배입니다.

이제 뫼비우스 띠의 폭을 육등분할 때 어떤 고리가 엉켜 있는지 예상해봅시다. 위의 표에서 뫼비우스 띠의 폭을 이등분한 결과와 사등분한 결과를 살펴보면 예상할 수 있습니다. 폭은 원래 폭의 $\frac{1}{6}$배, 길이는 2배인 4번 꼬인 띠 3개가 서로 엉켜 있을 것입니다. 이런 규칙을 식으로 적을 수 있을까요? 이에 대한 탐구는 '12. 여러 번 꼬아 붙인 띠 탐구'에서 살펴보겠습니다.

Challenge

■ 수학영재 핵심 용어 해설 2 : 도형 영역

1) 꼬지 않고 붙인 띠와 뫼비우스 띠의 안과 밖 구분에 대해 설명해봅시다.

2) 뫼비우스 띠의 폭을 칠등분했을 때와 팔등분했을 때, 어떤 띠가 생기는지 이야기해봅시다.

답안지

■ 수학영재 핵심 용어 해설 2 : 도형 영역

1) 꼬지 않고 붙인 띠는 안과 밖의 구분이 있고, 뫼비우스 띠는 안과 밖의 구분이 없습니다.

2) 뫼비우스 띠의 폭을 칠등분하면, 1개의 뫼비우스 띠와 3개의 4번 꼬인 띠가 서로 엉켜 있습니다. 팔등분하면 4개의 4번 꼬인 띠가 서로 엉켜 있습니다.

06 뫼비우스 띠와 생활

■ 수학영재 핵심 용어 해설 2 : 도형 영역

우리 생활에서 볼 수 있는 뫼비우스 띠란?

'뫼비우스 띠'는 종이 띠의 한쪽 끝을 반 바퀴 돌린 다음 양 끝을 서로 붙여서 만든 띠로 안과 밖의 구분이 없는 열린 곡면입니다. 이런 뫼비우스 띠를 우리 생활 어디에서 찾아볼 수 있을까요? 우선 테셀레이션에서 이야기한 것처럼 유명한 화가 에셔가 뫼비우스의 띠에서 영감을 얻어 작품으로 많이 표현하였습니다. 이외에 우리 생활에서 볼 수 있는 뫼비우스 띠에 대해 탐구해봅시다.

생활 속의 뫼비우스 띠 탐구

1 미술 작품 속에서의 뫼비우스 띠

에셔(M.C.Escher, 1898~1972)의 작품을 살펴보면, 뫼비우스 띠의 안과 밖의 구분이 없다는 점을 작품 속에 표현하기 위해 노력한 것을 알 수 있습니다. 〈Möbius strip Ⅰ〉과 〈Horseman〉의 두 그림 속 연결 고리는 어느 곳이 안인지 밖인지 구분하기 어렵습니다. 〈Bond of Union〉에서는 뫼비우스 띠의 끝없는 연결성을 표현하고자 했습니다. 또한, 〈Waterfall〉과 〈Knots〉 작품에서도 물의 흐름이 끊기지 않게 계속해서 연결한 그림과 연결된 매듭을 통해 뫼비우스 띠의 특성을 표현하고자 하였습니다.

막스 빌(M. Bill, 1908~)도 뫼비우스 띠를 이용하여 작품을 만들었습니다. 〈끝없는 표현〉이라는 제목으로 뫼비우스 띠를 조각으로 표현하였습니다. 이 외에도 뫼비우스 띠를 소재로 한 미술 작품이 더 있겠지요? 미술관에서 작품을 감상하며 찾아봅시다.

2 과학과 뫼비우스 띠

뫼비우스 띠를 이용한 특허는 100여 가지나 된다고 합니다. 그중 가장 많이 볼 수 있는 것은 컨베이어 벨트로 만든 거대한 뫼비우스 띠라고 볼 수 있습니다. 뫼비우스 띠 모양의 컨베이어 벨트는 한 면으로 이뤄져 있어 동일하게 마모되므로 더 오래 사용할 수 있습니다. 두 개의 바퀴에 둥그런 띠 모양의 벨트를 그대로 걸면 기계에 닿는 한쪽 면만 닳게 되고 또 쉽게 빠지기도 합니다. 하지만 이것을 뫼비우스 띠처럼 한 번 꼬아서 걸게 되면 벨트의 양쪽 면이 골고루 닳을 뿐만 아니라 잘 빠지지도 않게 됩니다. 이런 벨트는 방앗간이나 공장의 기계에서 볼 수 있습니다. 러시아의 발명가는 뫼비우스 띠 모양으로 만든 벨트를 끼운 연마기로 특허를 획득했습니다. 그리고, 놀이공원의 롤러코스터 또한 뫼비우스의 띠를 이용한 것입니다. 이 롤러코스터는 함수의 증가, 감소를 최대한 이용하여 흥미를 배가합니다. 또한, 우리나라 한복에서 간단한 매듭을 만들 때나 전대, 자루를 만들 때 한 번 비틀어 마주 붙였습니다. 이러한 원리는 한복 곳곳에 남아 있다고 합니다.

3 4차원의 뫼비우스 띠

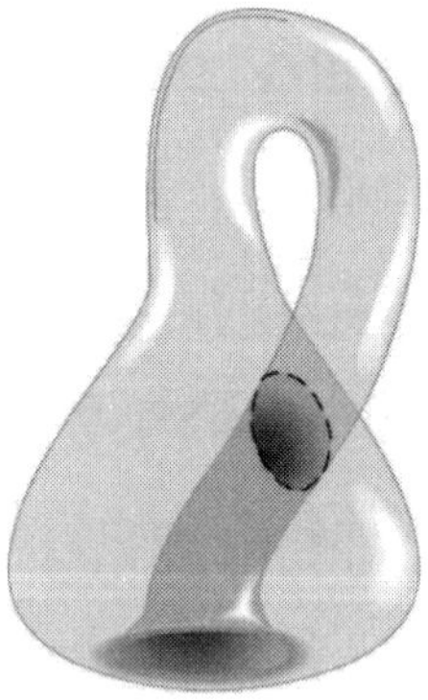

뫼비우스 띠는 2차원 도형인 직사각형 평면으로 만들었어도 3차원 도형이 됩니다. 그렇다면 3차원 도형으로 만들어도 4차원이 되는 도형이 있을 수 있을까요? 독일의 수학자인 클라인(Felix Klein, 1849~1925)은 공처럼 면이 닫혀 있으면서도 물이 자유롭게 드나들 수 있는 병을 위상기하학적 모델로 고안해 내었습니다. 이것이 바로 그 유명한 '클라인 병'입니다. 클라인 병은 밑면과 윗면이 뚫려 있는 원기둥으로 만들었습니다. 옆면을 뚫고 들어가서 밑면에 윗면을 붙이면 클라인 병이 되는데 이때 4차원 도형이 되어야 가능합니다. 우리가 살고 있는 3차원의 세계에서는 옆면을 뚫고 들어가지만 4차원에서는 옆면을 뚫지 않고도 두 면을 붙일 수 있기 때문입니다.

4 뫼비우스 띠를 닮은 상자

수학사랑에서 뫼비우스 띠를 닮은 상자를 수학교구로 표현한 것이 있습니다. 바로 마술통과 마술접시인데, 이 중 마술통에 대해 먼저 알아보도록 하겠습니다. 마술통은 뫼비우스 띠처럼 꼬아서 붙인 것이 아니라 그대로 붙인 것인데, 다시 잘라 붙이지 않고 삼각형의 선을 따라서 접어 안과 밖을 바꿀 수 있는 통을 말합니다. 어떻게 하면 그 통을 잘라 붙이지 않고 다음 그림처럼 안과 밖을 뒤집을 수 있을지 생각해봅시다.

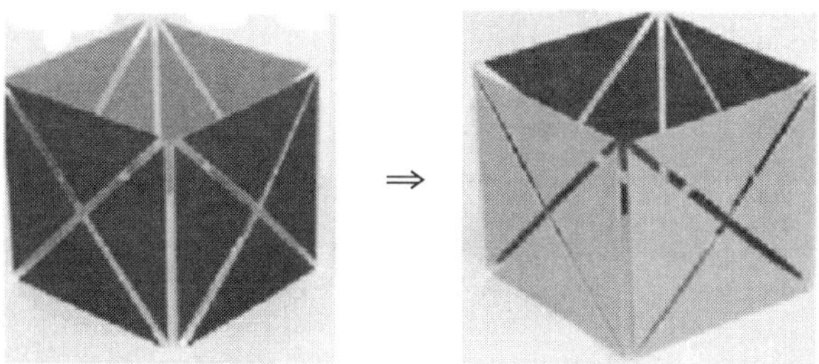

우선, 왼쪽의 상자를 만들어야 가능합니다. 양면의 색이 다른 두꺼운 색지를 준비하여 10cm × 10cm 크기의 정사각형 4개를 그려 칼로 자릅니다. 각각의 정사각형 1개를 4개의 삼각형이 나오도록 대각선으로 자릅니다. 대각선으로 자른 부분을 6mm 정도 공간을 두고 투명테이프로 앞뒤로 다시 붙여 정사각형 4개를 만듭니다. 정사각형 4개를 투명테이프로 앞뒤로 붙여서 통 모양으로 만듭니다.

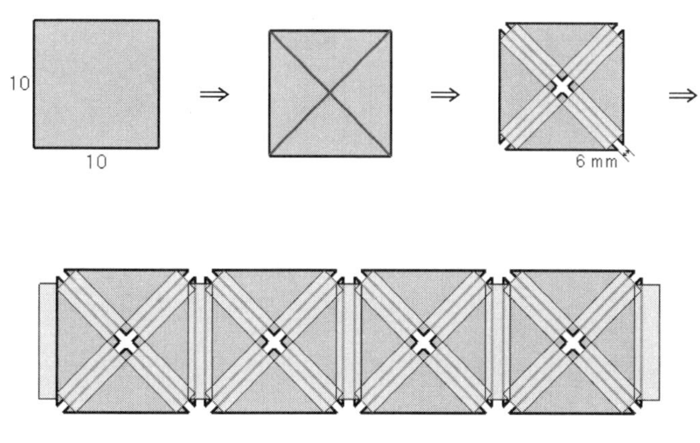

이제 상자를 뒤집어 봅시다. 테이프를 붙인 대각선을 잘 활용하여 뒤집어야 합니다.

여러 번 시도해봅시다.

마술접시를 살펴봅시다. 면이 세 개인 마술접시는 뫼비우스 띠의 성질을 이용하여 하나의 띠를 꼬아 붙임으로써 면이 구분되지 않는 접시를 만든 것입니다. 정삼각형 9개로 세 가지 면을 나타낼 수 있어 여기에 재미있는 그림을 그려 넣으면 원하는 그림을 차례로 볼 수 있습니다. 한 변의 길이가 5cm인 정삼각형을 9개 그린 후 칼로 자릅니다. 그리고, 정삼각형 9개를 이어 붙입니다. 정삼각형이 이어져 있는 띠를 두 번 꼬아서 붙이면 완성이 됩니다. 다 붙인 다음에 오므렸다가 펼치면 한 번 펼칠 때마다 새로운 면이 나타납니다. 이때, 그리고 싶은 그림을 그려 넣으면 됩니다.

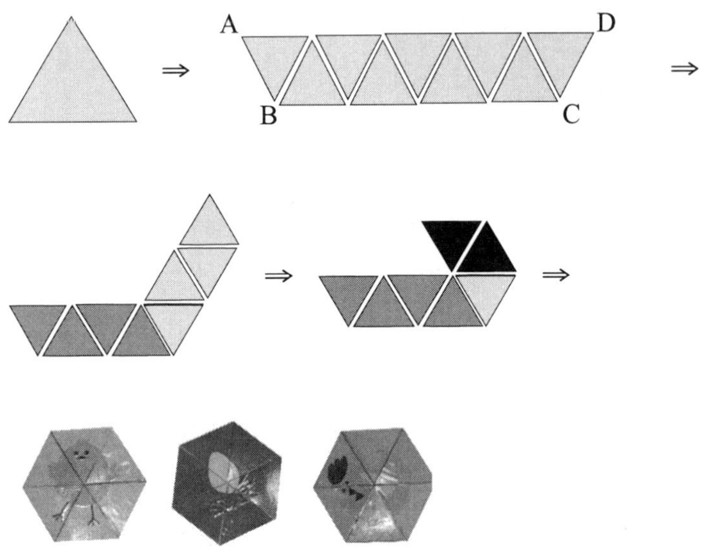

참고문헌 및 사이트

• http://www.mathlove.co.kr/

Challenge

1) 에셔처럼 뫼비우스 띠를 이용하여 미술작품을 그려봅시다.

2) 마술통과 마술접시를 만들어 뒤집어봅시다.

07 보로노이 다이어그램

■ 수학영재 핵심 용어 해설 2 : 도형 영역

보로노이 다이어그램이란?

보로노이 다이어그램은 어떤 시드 점(seed point)들과의 거리에 따라서 평면을 분할한 그림으로서, 평면 위에 주어진 n개의 시드 점 p_1, p_2, $\cdots$, p_n에 대한 평면 위의 각 점들이 어떤 p_i와 가장 가까운지에 따라서 영역을 분할한 그림을 말합니다. 예를 들어 [그림 1]과 같은 사각형 공간에 10개의 시드 점(검은색 점들)을 주면 [그림 2]와 같은 보로노이 다이어그램이 나옵니다. 이때, 다각형 하나하나를 보로노이 다각형이라 부르고, 보로노이 다각형 내부의 영역은 내부의 시드 점에서 가까운 거리에 위치하며, 보로노이 다각형의 경계는 인접한 시드 점에서 같은 거리에 위치합니다.

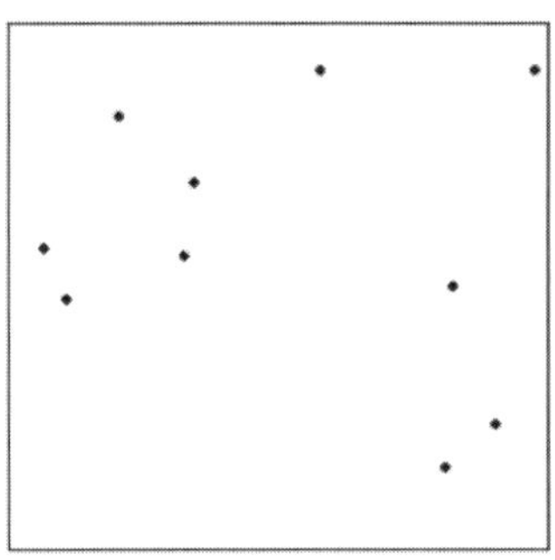

[그림 1]

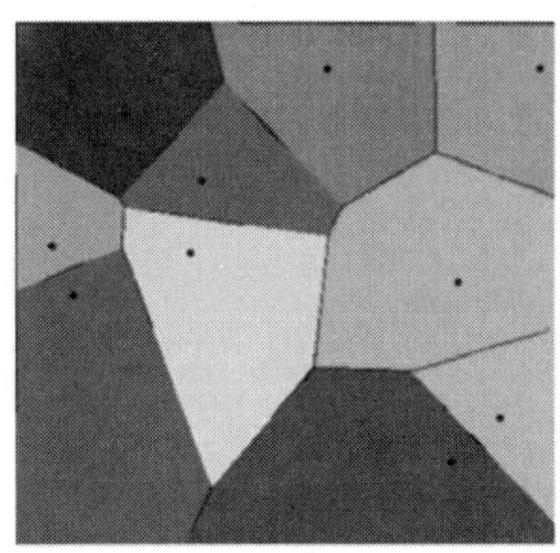

[그림 2]

보로노이 다이어그램

1 보로노이 다이어그램 그리는 순서

① 임의의 두 점을 선택하고, 점을 이어 선분을 그린다.
② 두 점에서 컴퍼스로 반원을 그린다. 이때 반원의 반지름은 선분의 길이보다 커야 한다.
③ 두 점에서 그려진 반원이 겹쳐지는 교점을 선분으로 연결하여 수직이등분선을 그린다.
④ 같은 방법으로 가까이 인접해 있는 다른 점을 연결하여 선분을 그리고 수직이등분선을 그린다.
⑤ 두 수직이등분선이 만나는 교점을 찾아 점을 찍는다. 보로노이 다각형은 이 이등분선들의 교차점에 의해 둘러싸인다.
⑥ 모든 점에 대해서 반복해서 위의 과정을 되풀이한다.

위의 순서에 따라 다음에 주어진 네 개의 시드 점에 대한 보로노이 다이어그램을 그려봅시다.

위의 순서에서 ①, ②, ③에 따라 임의의 두 점을 지나는 선분을 그린 후에 수직이등분선을 작도합니다.

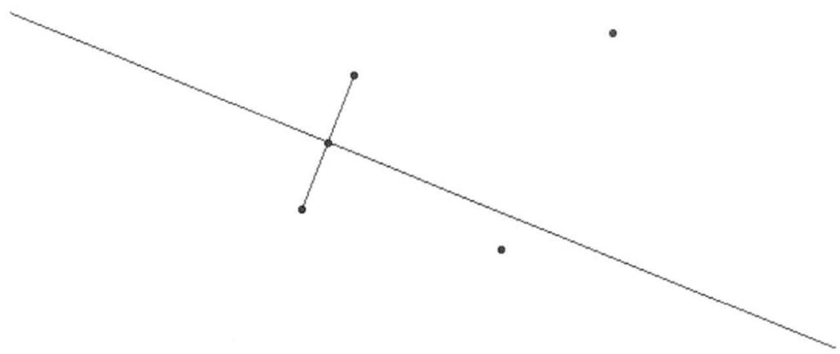

④, ⑤에 따라 위와 같은 방법으로 가까이 인접해 있는 다른 점을 연결한 선분에 대한 수직이등분선을 작도하고, 두 수직이등분선의 교점을 찾습니다.

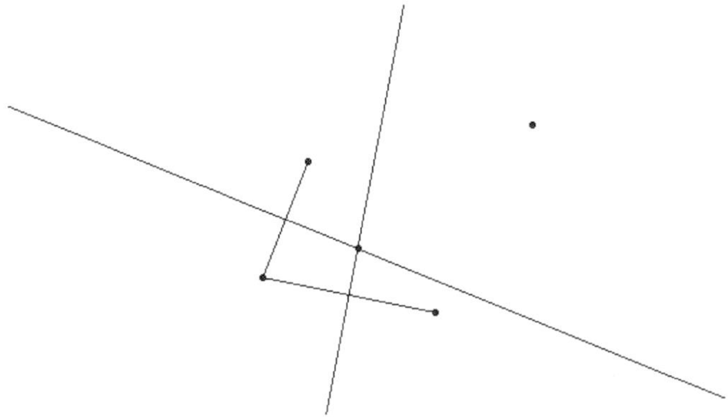

⑥에 따라 인접한 모든 점에 대해서 위의 과정을 되풀이합니다.

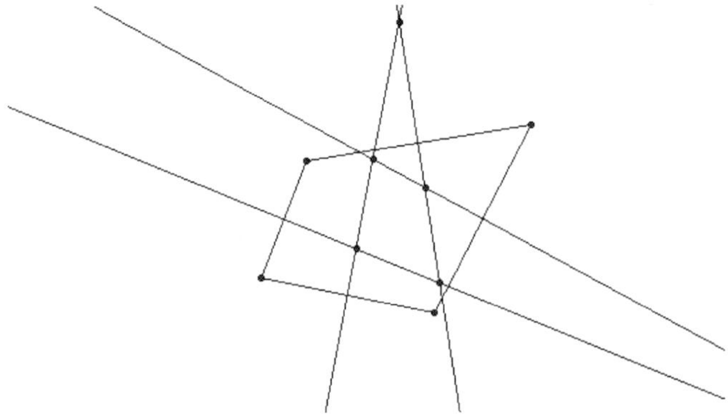

다음과 같은 보로노이 다이어그램을 완성할 수 있습니다.

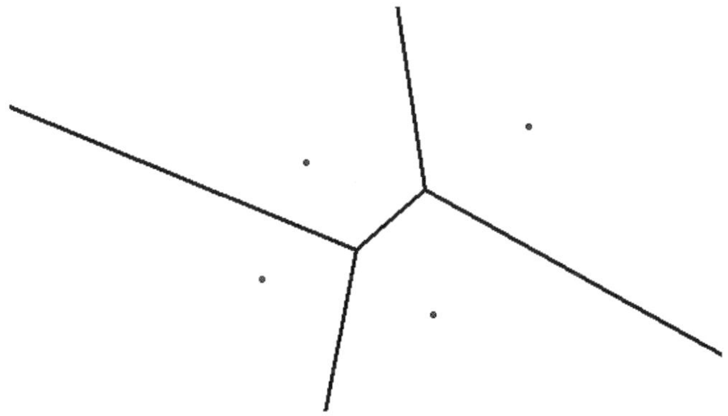

2 델로네 삼각분할

보로노이 다이어그램을 그리는 과정에서 서로 인접한 점을 연결해 그려지는 삼각형을 델로네 삼각형이라고 합니다. 또한, 보로노이 다이어그램과 같이 델로네 삼각형도 역시 평면을 분할하는데, 이러한 분할을 델로네 삼각분할이라고 합니다.

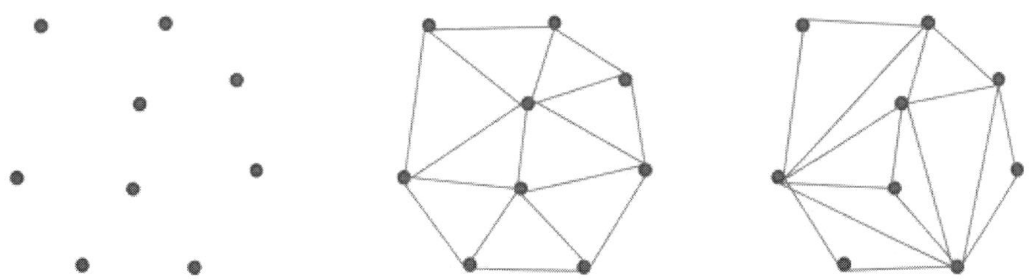

[그림 3] [그림 4] [그림 5]

위의 [그림 3]에서 이 점들을 연결하여 삼각형을 만드는 방법은 예를 들어 [그림 4]나 [그림 5]와 같이 여러 가지입니다. 그렇지만 [그림 4]는 서로 인접한 점들을 연결하여 만든 델로네 삼각분할입니다. 델로네 삼각분할은 각각의 델로네 삼각형들이 최대한 정삼각형에 가까운 특징을 지니며, 따라서 "어떤 삼각형의 외접원도 그 삼각형의 세 꼭짓점을 제외한 다른 어떤 점도 포함하지 않는다."는 성질을 가집니다.

보로노이 다이어그램과 델로네 삼각분할의 관계

1 델로네 삼각분할에서 보로노이 다이어그램 그리기

보로노이 다이어그램의 각 시드 점들을 가지고 델로네 삼각분할을 그린 후에, 그려진 델로네 삼각형들의 외접원들의 중심을 서로 연결하면 보로노이 다이어그램을 그릴 수 있습니다. 예를 들어 [그림 6]과 같은 네 개의 점에서 [그림 7]과 같은 델로네 삼각분할을 그립니다.

[그림 6]

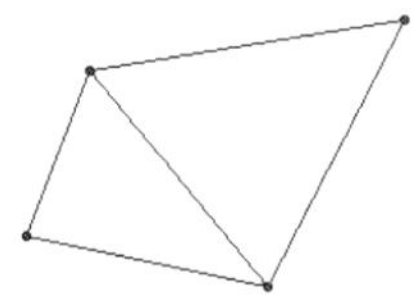

[그림 7]

그리고 [그림 7]의 두 삼각형에 대한 외심을 [그림 8]과 같이 작도한 후에, [그림 9]와 같이 두 외심을 연결하면 보로노이 다이어그램을 그릴 수 있습니다.

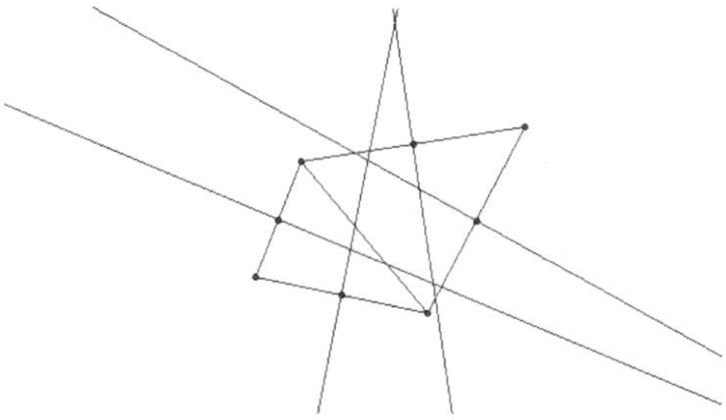

[그림 8]

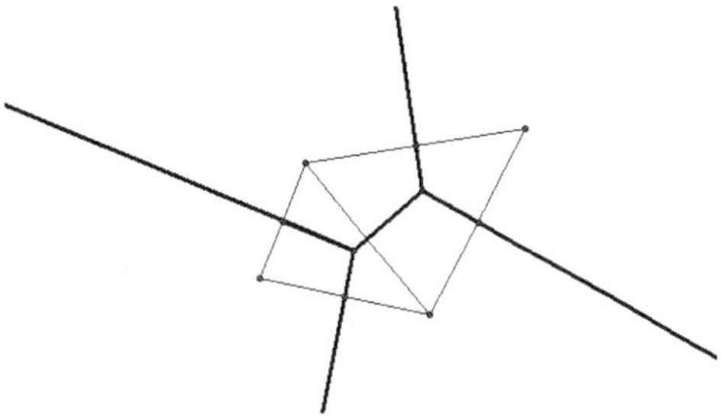

[그림 9]

[그림 9]에서 필요 없는 선분들을 숨기면 [그림 10]과 같은 보로노이 다이어그램을 완성할 수 있습니다.

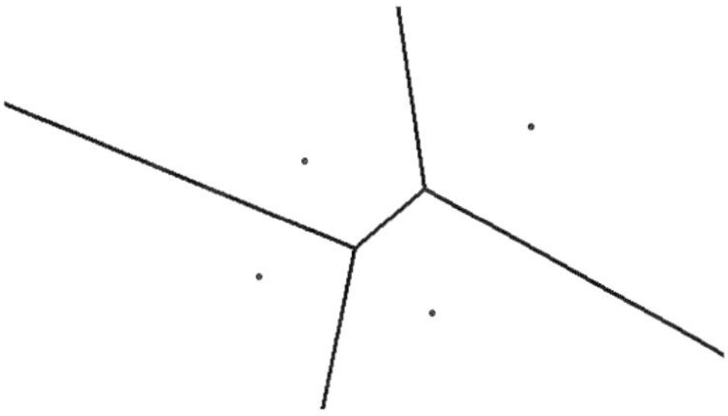

[그림 10]

❷ 보로노이 다이어그램에서 델로네 삼각분할 그리기

델로네 삼각분할을 그리는 방법에 따라 보로노이 다이어그램의 서로 인접한 보로노이 다각형들 내부의 시드 점들을 연결하면 이 시드 점들에 대한 델로네 삼각분할이 얻어집니다. 예를 들어 [그림 11]과 같은 보로노이 다이어그램에서 인접한 시드 점들을 연결하면 [그림 12]와 같은 델로네 삼각분할을 그릴 수 있습니다.

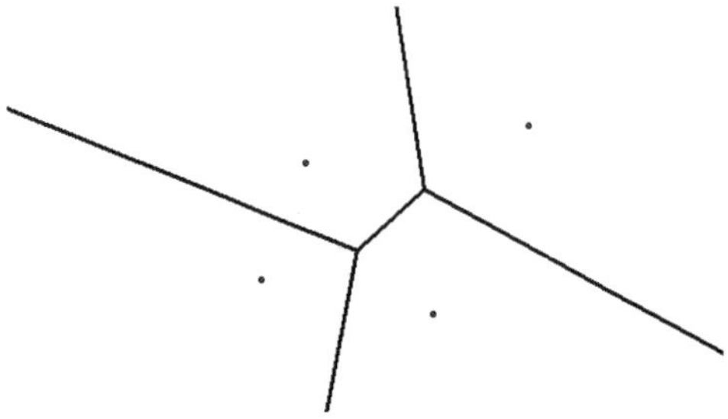

[그림 11]

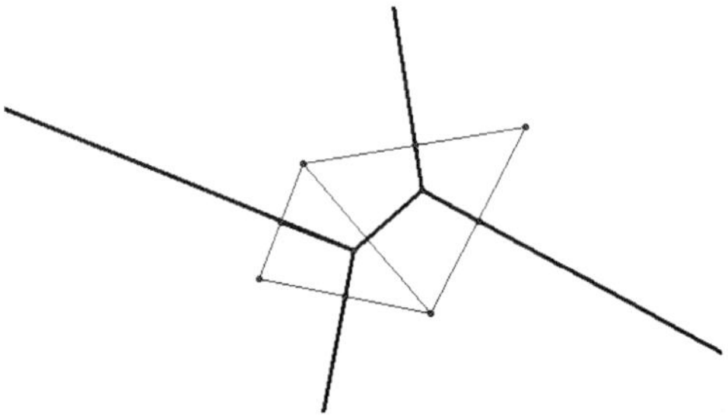

[그림 12]

[그림 12]에서 필요 없는 선분들을 숨기면 [그림 13]과 같은 델로네 삼각분할을 완성할 수 있습니다.

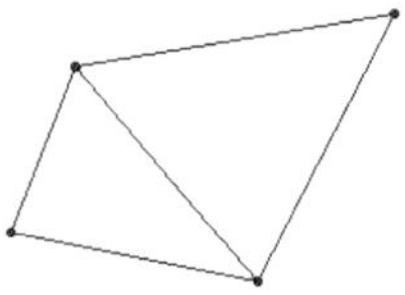

[그림 13]

보로노이 다이어그램의 활용

1 건축 디자인에서의 보로노이 다이어그램의 활용

보로노이 다이어그램은 동물의 무늬, 벌집과 같은 다양한 자연 구조와 닮아 예술적인 가치도 높습니다. 이는 자연의 패턴이나 구조는 완전하며 아름다운 균형미를 가지고 있기 때문입니다. 예술성과 경제성을 두루 갖춘 보로노이 다이어그램은 디자인에서도 자주 활용되는데 보로노이 다이어그램을 활용한 작품에는 다음과 같은 건축물들이 있습니다.

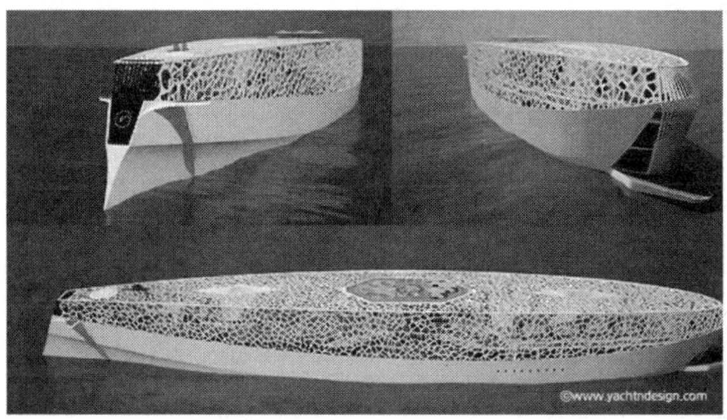
©www.yachtndesign.com

©이재경 스튜디오

2 우리 동네 소방서의 관할구역 찾기

우리가 살고 있는 도시에는 소방서, 경찰서, 구청 등의 공공 기관이 있습니다. 공공 기관들은 시민들의 접근성을 높일 수 있도록 관할 구역을 나누어야만 그 지역의 사람들이 손쉽게 이용할 수 있습니다. 이와 같이 어떤 지역의 공간을 효율적으로 나누는 문제에서 보로노이 다이어그램이 주로 활용되는데, 이는 보로노이 다이어그램이 시드 점에서 가까운 위치의 지점들로 영역을 분할하는 그림이기 때문입니다.

예를 들어 다음 그림과 같이 지도에 9개의 소방서가 있을 때, 소방서의 관할구역을 나누려고 합니다. 어떻게 하면 효율적으로 관할 구역을 나눌 수 있을까요? 각 소방서에서 가까운 지역을 관할 구역으로 정하면 가장 효율적인 방법일 것입니다.

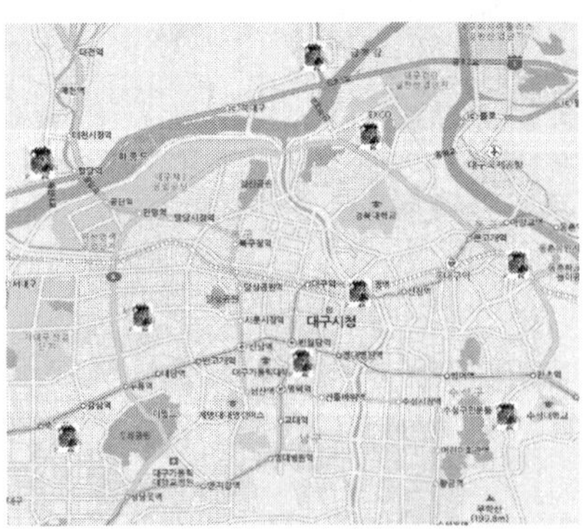

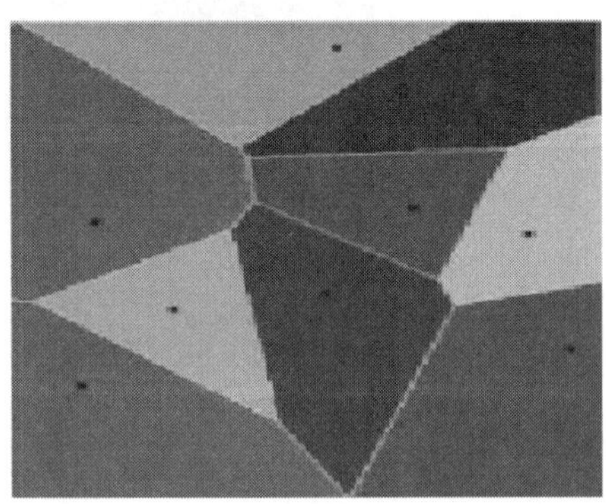

이 문제에 대해서 좀 더 쉽게 생각하면 어떤 지도 위에 있는 소방서 8개의 관할 구역을 나눈다고 했을 때, 각 지역이 어떤 소방서와 가장 가까운지에 따라서 관할 구역을 나눈 것이 보로노이 다이어그램입니다. 이러한 관점에서 보면 각각의 보로노이 다각형의 내부는 각 소방서의 관할 구역을 나타낸다고 볼 수 있으며 그 경계선은 관할 구역의 경계를 나타낸다고 볼 수 있습니다. 따라서 각 소방서를 시드 점으로 하는 보로노이 다이어그램을 그리면 됩니다.

참고문헌

- 사진출처 : http://darkpgmr.tistory.com/96
- http://blog.naver.com/PostView.nhn?blogId=sharpsim17&logNo=220105867662
- http://navercast.naver.com/contents.nhn?rid=22&contents_id=12643

Challenge

■ 수학영재 핵심 용어 해설 2 : 도형 영역

1) 다음 4개의 점에 대한 보로노이 다이어그램을 그려봅시다.

2) 4개의 점에 대한 보로노이 다이어그램을 그릴 때, 경계선이 4개가 있기 위한 조건을 말해봅시다.

답안지

1) 다음과 같은 보로노이 다이어그램을 완성할 수 있습니다.

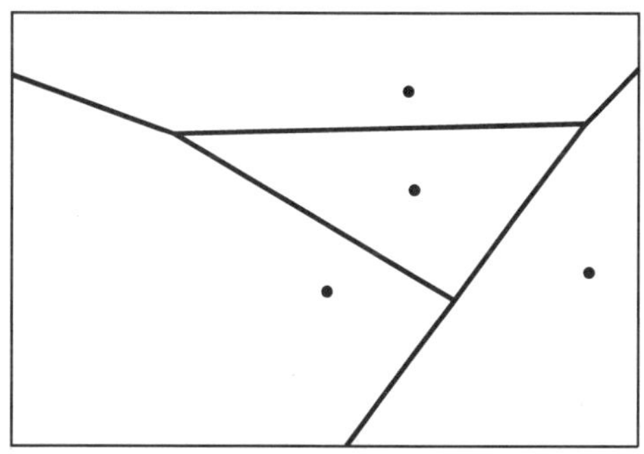

4개의 점으로 보로노이 다이어그램을 그릴 때, 어떤 한 점이 다른 세 점으로 이루어진 삼각형의 내부에 존재하면 경계선의 개수는 6개가 되고, 외부에 존재하면 경계선의 개수는 5개가 됩니다. 이 경우에는 어떤 한 점이 다른 세 점으로 이루어진 삼각형의 내부에 존재하므로 경계선의 개수는 6개가 됩니다.

2) 4개의 점에서 임의의 어느 세 점에 대한 수직이등분선이 항상 한 점에서만 만날 수 있도록 4개의 점이 한 원 위에 존재하면 다음 그림과 같이 경계선이 4개인 보로노이 다이어그램을 그릴 수 있습니다.

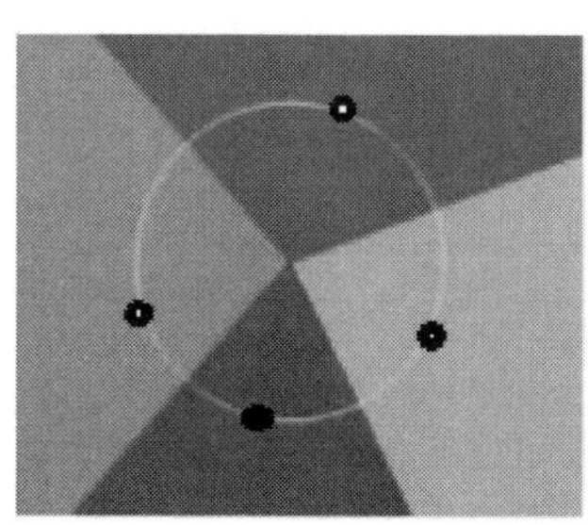

08 선대칭도형 탐구

■ 수학영재 핵심 용어 해설 2 : 도형 영역

선대칭도형이란?

자연 속에서 흔히 찾을 수 있는 나비 사진을 보고 그 속에 숨은 수학적 요소를 찾아봅시다. 나비의 몸통에 직선을 그려 접으면 어떻게 될까요? 왼쪽과 오른쪽의 날개가 겹쳐집니다. 여기에서 찾을 수 있는 수학적 요소가 선대칭도형입니다. 선대칭도형이란 어떤 직선을 중심으로 양쪽의 모양이 똑같아서 접었을 때 완전히 겹쳐지는 도형을 말합니다. 이때 그 직선을 대칭축이라고 말합니다. 위의 사진에서 나비의 대칭축은 몇 개인가요? 1개라는 것을 쉽게 찾을 수 있습니다. 대칭축은 하나만 있을까요? 선대칭도형의 성질에 대해 더 탐구해봅시다.

선대칭도형은 어떤 성질을 가지고 있나요?

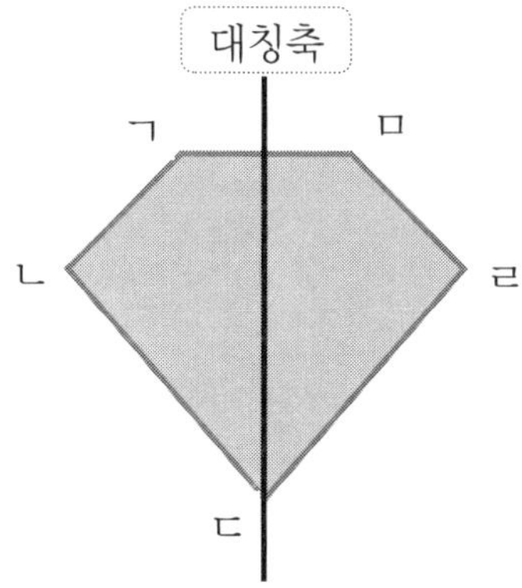

위에 제시된 선대칭도형을 대칭축을 기준으로 접었을 때 겹쳐지는 점인 점 ㄱ과 점 ㅁ, 점 ㄴ과 점 ㄹ을 서로 대응점이라 합니다. 또한, 겹쳐지는 변인 변 ㄱㄴ과 변 ㅁㄹ, 변 ㄴㄷ과 변 ㄹㄷ을 서로 대응변이라 하고, 겹쳐지는 각인 각 ㄱㄴㄷ과 각 ㅁㄹㄷ을 대응각이라고 합니다.

대응변을 살펴봅시다. 어떠한 성질을 찾을 수 있나요? 선대칭도형의 대응변의 길이는 서로 같은 점을 알 수 있습니다. 또한 대응각도 살펴보면 크기가 서로 같은 점을 알 수 있습니다.

대응점끼리 선분으로 이어봅시다.

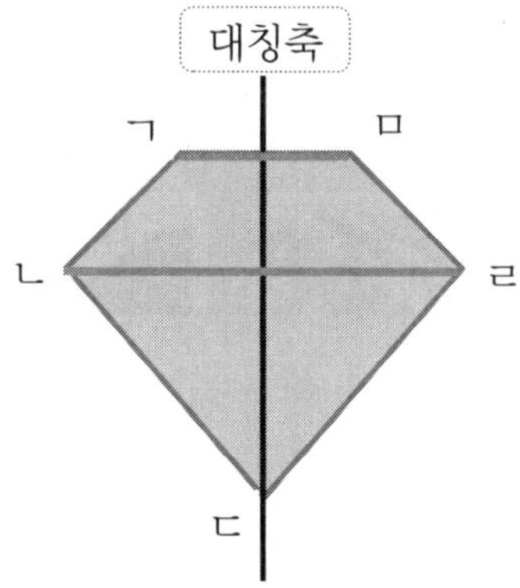

대응점끼리 이은 선분은 대칭축과 수직으로 만나는 것을 알 수 있습니다. 또한, 이 선분은 대칭축에 의해 이등분됩니다. 즉 도형의 한 점과 그 점의 대응점에서 대칭축까지의 거리는 서로 같다는 성질을 선대칭도형에서 찾을 수 있습니다.

선대칭도형 탐구

선대칭도형에서 수학적 아름다움을 느낄 수 있기 때문에 우리 주변에서 선대칭도형을 많이 볼 수 있습니다. 그중 국기에서도 선대칭도형을 찾을 수 있습니다. 다음 국기는 어느 나라 국기일까요?

캐나다 국기입니다. 이 국기에서 대칭축을 그어 접어봅시다. 가운데 사탕단풍나무의 잎이 선대칭도형이 됩니다. 이 국기에서 대칭축은 1개인 것을 알 수 있습니다. 다음 국기를 살펴봅시다.

이 국기는 영국 국기입니다. 이 국기 역시 선대칭도형이 됩니다. 대칭축이 몇 개인지 찾아봅시다. 가로 중심, 세로 중심으로 접어도 선대칭도형이 됩니다. 영국 국기의 대칭축은 2개입니다. 이렇게 세계 국기에서 대칭축을 찾아봅시다.

❷ 숫자와 선대칭도형

이 세상에서 숫자는 꼭 필요한 존재입니다. 숫자는 선대칭도형이 될까요? 숫자를 반듯하게 써서 선대칭도형이 되는지 살펴봅시다. 다음의 숫자들 중 선대칭도형이 되는 숫자는 무엇일까요?

우선 1을 살펴보면 선대칭도형인 것을 쉽게 찾을 수 있습니다. 대칭축이 몇 개인지 찾아봅시다. 가로 중심, 세로 중심으로 접으면 겹쳐집니다. 그래서 대칭축이 2개인 선대칭도형이 되는 것을 알 수 있습니다.

또 어떤 숫자가 선대칭도형이 되나요? 바로 3입니다. 3은 대칭축이 1개인 선대칭도형입니다.

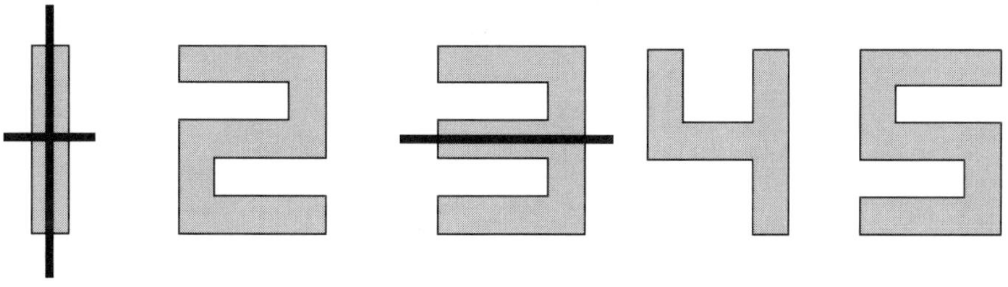

❸ 알파벳과 선대칭도형

이제 다음의 알파벳 속에서 선대칭도형과 대칭축을 찾아봅시다.

A B C D E F G

H I J K L M

순서대로 살펴봅시다. 우선 A는 가운데 선을 그어 접으면 겹쳐집니다. 대칭축이 1개인 선대칭도형입니다. B도 대칭축이 1개인 선대칭도형입니다. C, D, E 역시 대칭축이 한 개인 선대칭도형인 것을 살펴볼 수 있습니다.

그 다음 F와 G는 선대칭도형이 되지 않습니다. 그 다음 H와 I는 대칭축이 2개인 선대칭도형입니다. 그리고 J, L은 선대칭도형이 아니며 K와 M은 대칭축이 1개인 선대칭도형인 것을 쉽게 알 수 있습니다. M 다음에 남아 있는 알파벳 중 어느 것이 선대칭도형인지도 살펴봅시다.

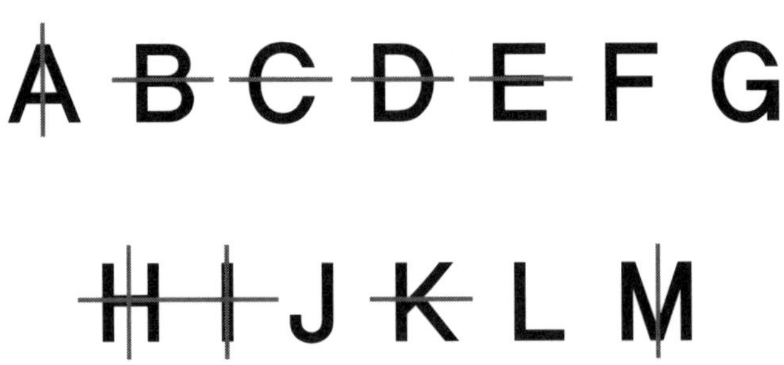

4 한글과 선대칭도형

한글 중 자음에서 선대칭도형을 살펴봅시다.

ㄱ ㄴ ㄷ ㄹ ㅁ ㅂ ㅅ ㅇ

ㅈ ㅊ ㅋ ㅌ ㅍ ㅎ

ㄱ과 ㄴ은 선대칭도형일까요? 대칭축을 어떻게 그리면 될까요? 비스듬하게 그리면 됩니다. 대칭축은 1개만 찾을 수 있습니다. ㄷ은 대칭축이 1개인 선대칭도형입니다. ㅇ은 대칭축이 무수히 많습니다. 이제 스스로 대칭축을 그어 선대칭도형과 대칭축의 개수를 찾아보고 다음의 해답과 비교해봅시다.

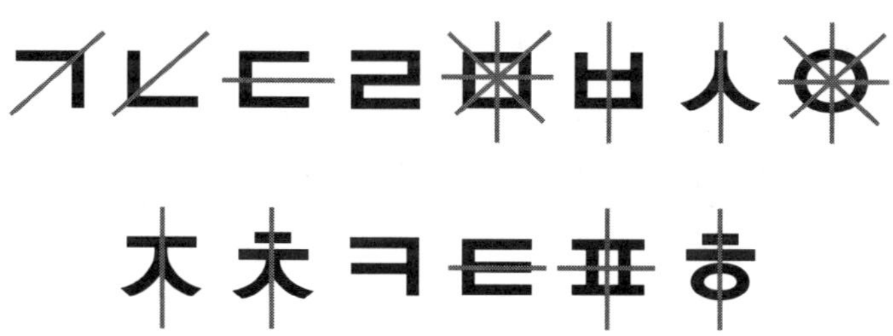

한글 중 모음에서 선대칭도형을 살펴봅시다.

ㅏ ㅑ ㅓ ㅕ ㅗ ㅛ ㅜ ㅠ ㅡ ㅣ

ㅡ와 ㅣ만 대칭축이 2개인 선대칭도형이고 남은 모음들은 모두 대칭축이 1개인 선대칭도형입니다. '9. 선대칭의 위치에 있는 도형 탐구'와 '16. 정다면체를 통한 입체도형 탐구'에서 수학교구를 활용하여 선대칭도형을 완성해봅시다.

참고문헌

• 대구교육대학교(2010). 수학영재학급 프로그램 5학년.

Challenge

■ 수학영재 핵심 용어 해설 2 : 도형 영역

1) 다음 숫자 중에서 선대칭도형을 찾아봅시다. 대칭축도 몇 개인지 찾아봅시다.

2) 다음 알파벳 중에서 선대칭도형을 찾아봅시다. 대칭축도 몇 개인지 찾아봅시다.

N O P Q R S T

U V W X Y Z

답안지

■ 수학영재 핵심 용어 해설 2 : 도형 영역

1)

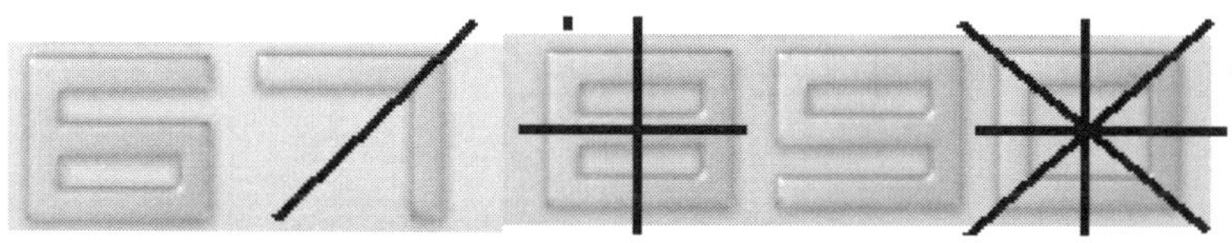

2) 대칭축이 한 개－T, U, V, W, Y / 대칭축이 여러 개－O

09 선대칭의 위치에 있는 도형 탐구

■ 수학영재 핵심 용어 해설 2 : 도형 영역

선대칭의 위치에 있는 도형이란?

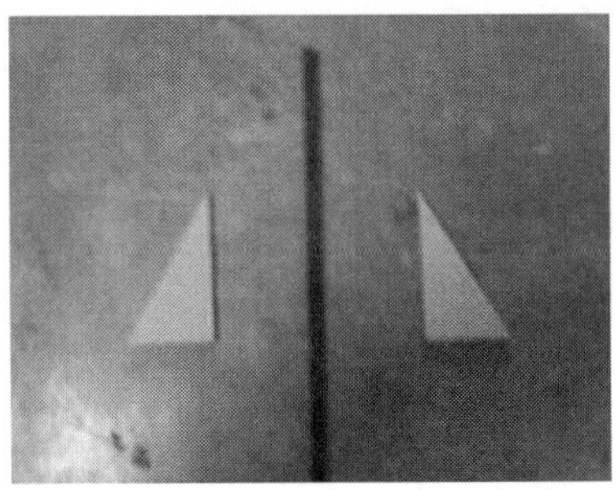

한 직선을 따라 접었을 때, 완전히 겹쳐지는 두 도형을 그 직선에 대하여 선대칭의 위치에 있다고 하고, 두 도형을 선대칭의 위치에 있는 도형이라고 합니다. 이때 그 직선을 대칭축이라고 합니다. 이는 한 도형 속에서 대칭축을 찾아 접어서 완전히 겹쳐지는 선대칭도형과 조금 다릅니다. 두 도형 사이에 대칭축을 잡아 접었을 때 겹쳐지는 두 도형을 말합니다.

선대칭의 위치에 있는 도형의 성질

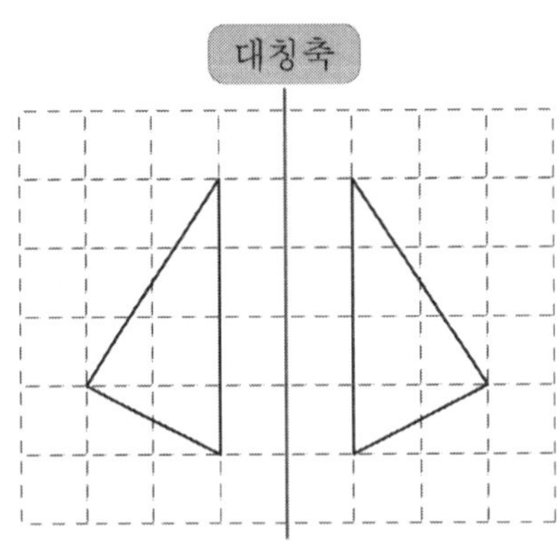

위에 제시된 선대칭의 위치에 있는 도형을 대칭축을 기준으로 접었을 때 겹쳐지는 점을 대응점이라 하고 겹쳐지는 변을 대응변이라 하고, 겹쳐지는 각을 대응각이라고 합니다.

대응변을 살펴봅시다. 어떠한 성질을 찾을 수 있나요? 선대칭의 위치에 있는 도형의 대응변의 길이는 서로 같은 점을 알 수 있으며 대응각도 살펴보면 크기가 서로 같은 점을 알 수 있습니다.

대응점끼리 선분으로 이어봅시다.

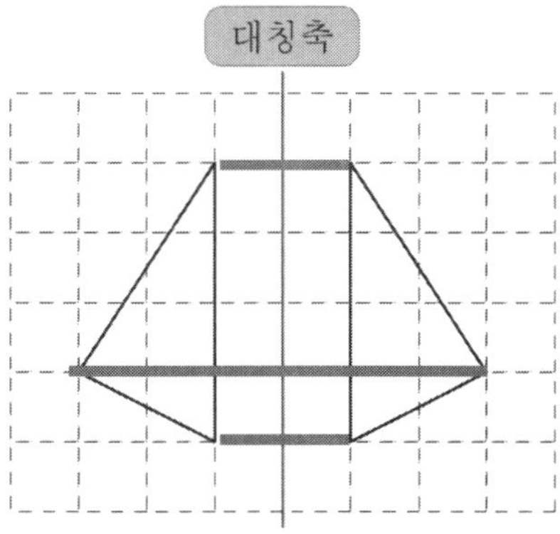

대응점끼리 이은 선분은 대칭축과 수직으로 만나는 것을 알 수 있습니다. 또한, 이 선분은 대칭축에 의해 이등분됩니다. 즉 도형의 한 점과 그 점의 대응점에서 대칭축까지의 거리는 서로 같다는 성질을 선대칭의 위치에 있는 도형에서 찾을 수 있습니다.

선대칭의 위치에 있는 도형 탐구

1 평면거울을 활용한 선대칭의 위치에 있는 도형

다음의 그림에서 거울의 위치에 평면거울을 세우면 거울 속에 어떻게 비치는지 그려봅시다.

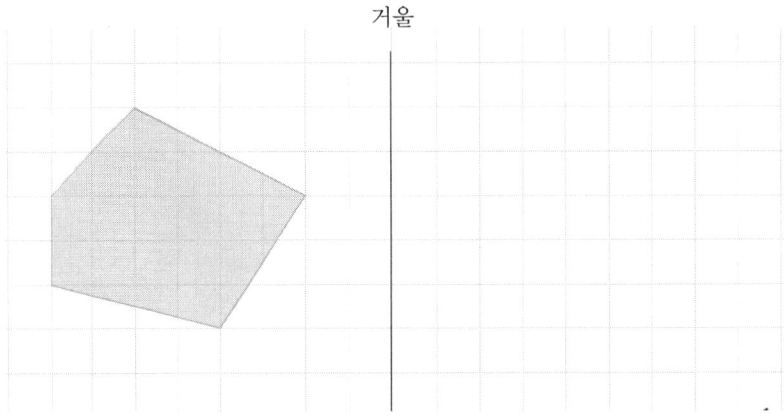

그려지는 도형은 선대칭의 위치에 있는 도형입니다. 그 도형의 성질을 이용하여 거울이 있는 위치가 대칭축이 되고 대응점을 찍어 대응점 사이에 선분을 이어 그리면 왼쪽의 도형과 합동이면서 뒤집힌 도형, 즉 선대칭의 위치에 있는 도형이 완성됩니다.

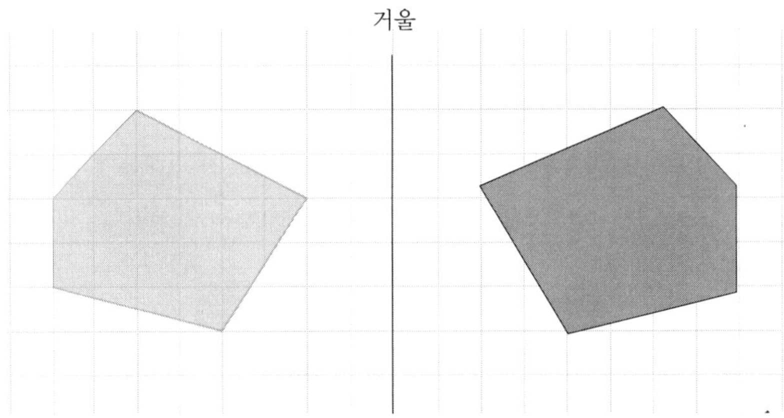

이렇듯 거울이 선대칭의 위치에 있는 도형과 관계가 있다는 사실을 알 수 있습니다. 이제 경첩용 거울을 활용하여 더 살펴봅시다.

❷ 경첩용 거울을 활용한 선대칭의 위치에 있는 도형

경첩용 각도 거울의 각도를 조절하여 거울 속에 비치는 물체의 상을 예상하여 선대칭의 위치에 있는 도형과 관련지어봅시다. 우선 경첩용 각도 거울을 180°로 두면 거울에 비치는 상의 개수는 앞에서 살펴본 평면거울과 같이 1개입니다. 이 거울을 120°로 둔다면 거울에 비치는 상은 몇 개가 될까요?

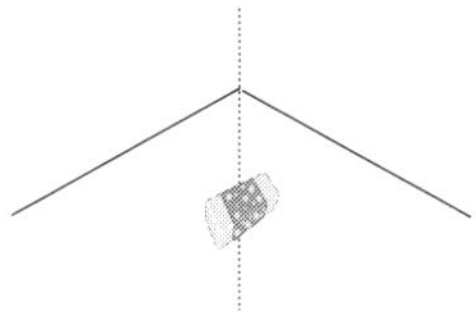

2개가 됩니다. 실제로 경첩용 각도 거울을 들여다보면 다음과 같은 선이 생기면서 상이 두 개가 보입니다.

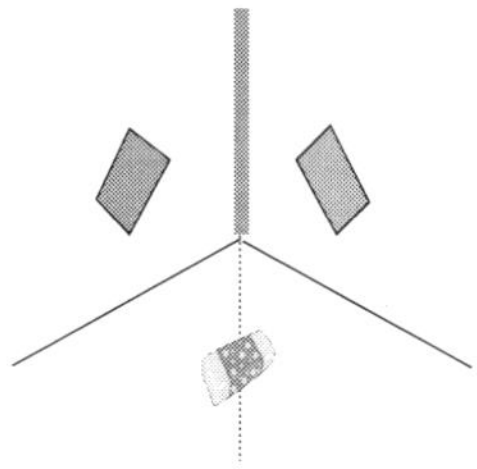

이제 90°일 때 물체의 상의 개수가 몇 개가 되는지 살펴봅시다.

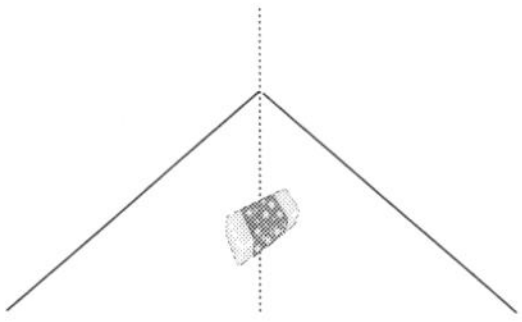

2개일까요? 3개일까요? 4개일까요? 실제로 경첩용 각도 거울을 살펴보면 3개가 보입니다. 다음과 같은 선이 생기면서 물체의 상이 3개 비칩니다.

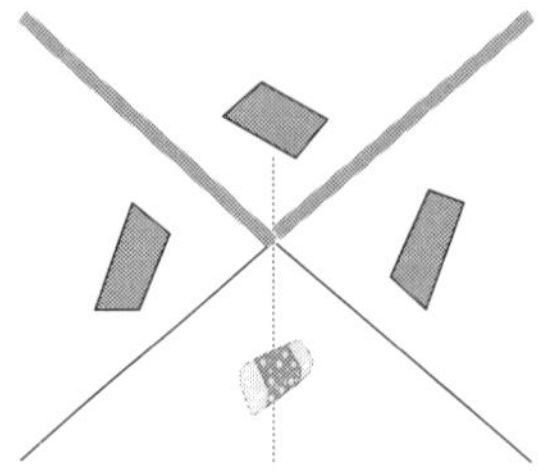

60°일 때도 살펴봅시다.

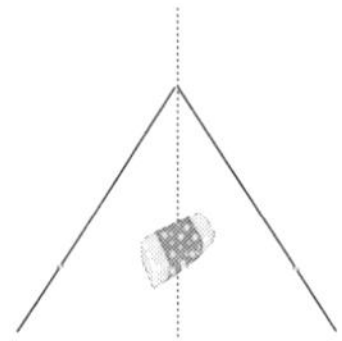

앞에서의 규칙을 살펴보면 거울 속에 몇 개의 칸이 나눠질까요? 180°에서는 물체가 있는 칸을 포함하여 두 칸, 120°에서는 물체가 있는 칸을 포함하여 3칸, 90°에서는 물체가 있는 칸을 포함하여 4칸……. 바로 360° 나누기 경첩용 각도입니다. 그렇다면 60°일 때는 물체가 있는 칸을 포함하여 6칸이 나오게 됩니다. 여기서 1칸은 물체가 차지하니 물체의 상은 5칸에만 비치게 됩니다. 이제 규칙을 찾아봅시다. {(360°÷경첩용 각도)－1}의 개수만큼 물체의 상이 생기게 됩니다. 거울에 비치는 상은 모두 선대칭의 위치에 있는 도형의 성질을 이용하여 만들어진 것입니다.

3 만화경을 활용한 선대칭의 위치에 있는 도형

만화경은 다음과 같이 직사각형의 유리판을 삼각형 모양으로 짜 넣은 것이며 그 속을 들여다보면 앞에서 익힌 선대칭의 위치에 있는 도형을 살펴볼 수 있는 것입니다.

만화경은 유리판 세 개가 모인 것으로 보이는 곳을 살펴보면 정삼각형 모양이 됩니다. 세 각이 60°인 정삼각형에서 물체가 들어가는 칸의 모습은 다음과 같습니다.

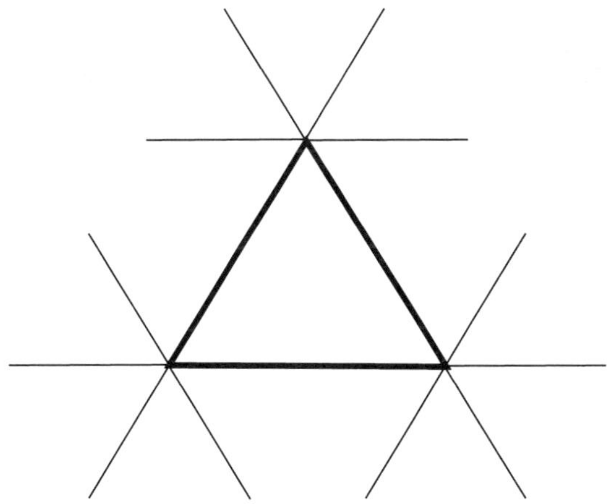

만화경 가운데 물체를 넣으면 어떤 상이 보일지 예상해봅시다. 선대칭의 위치에 있는 도형의 성질을 떠올리면 다음과 같은 상을 예상할 수 있습니다. 거울처럼 반사되는 재료를 활용하여 만화경을 만들어 확인해봅시다.

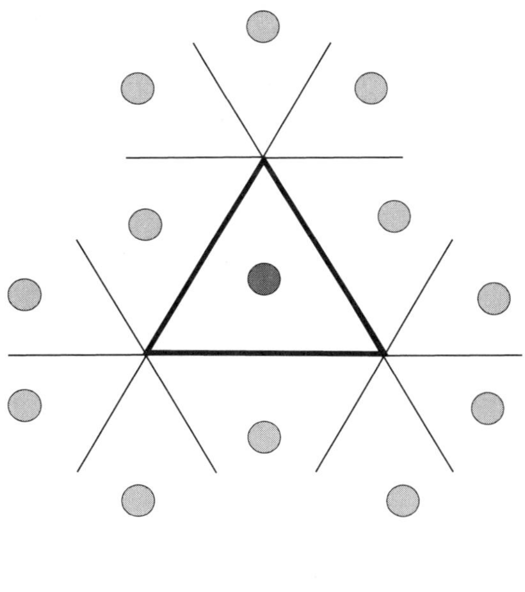

참고문헌

• 대구교육대학교(2013). 영재교육원 수학 가우스반 영재캠프 프로그램.

Challenge

■ 수학영재 핵심 용어 해설 2 : 도형 영역

1) 경첩용 각도 거울이 30° 일 때 거울 속에 비치는 칸과 상을 그려봅시다. 상은 모두 몇 개가 나오는지 적어봅시다.

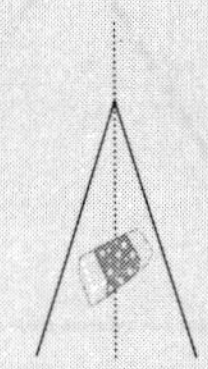

2) 만화경 속의 선대칭의 위치에 있는 도형을 떠올려 거울에 비치는 모습을 그려봅시다.

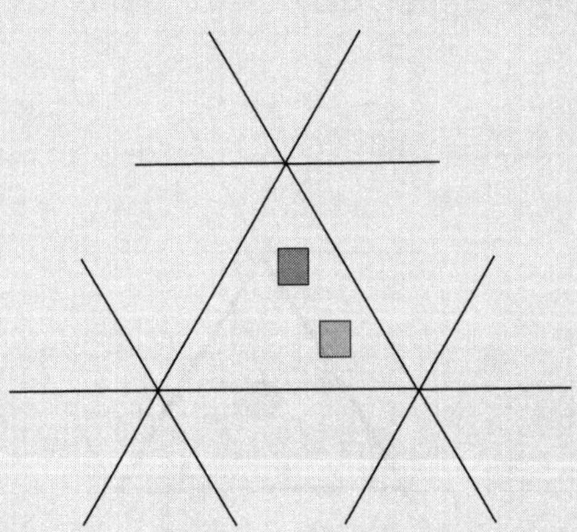

답안지

1) 11개

2)

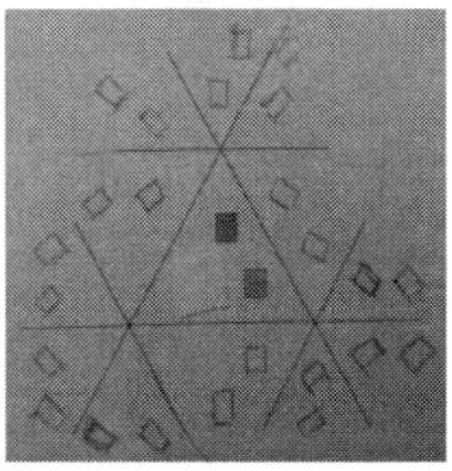

10 소마큐브(Soma Cube)를 활용한 도형 학습

■ 수학영재 핵심 용어 해설 2 : 도형 영역

소마큐브(Soma Cube)란?

소마큐브는 덴마크의 시인이자 물리학자이며 수학자인 피에트헤인(Piet Hein, 1905~1996)이 1936년에 발표한 것입니다. 그는 양자 물리학 강의를 듣는 동안에 이를 생각해 냈다고 합니다. 그 강의는 공간이 어떻게 정육면체들로 잘게 잘라질 수 있는가에 관한 것이었는데, "크기가 서로 같고 면이 서로 접하는 큐브 4개 이하로 조합된 불규칙한 모양들로 조금 더 커다란 정육면체를 만들 수 있다."라는 생각으로 소마큐브를 이루는 7개의 조각을 만들게 되었습니다.

소마큐브는 정육면체를 여러 개 붙인 다면입체(Polycube) 중 4개 이하의 정육면체로 이루어진 것으로 모두 7개의 조각으로 구성되어 있습니다. 이를 이용하여 우리가 익히 알고 있는 칠교판처럼 다양한 모양을 만들어 볼 수 있는데, 칠교판에서는 평면의 공간에서 이루어지지만 이 소마큐브는 3차원상의 입체에서 이루어진다고 말할 수 있습니다. 7개의 소마조각을 배열하여 3×3×3의 형태의 정육면체를 만드는 데에도 무려 240가지의 다른 방법이 있다고 합니다. 7개의 단순한 소마조각을 가지고 수천 가지의 기하학적인 모양을 만들 수도 있다고 합니다.

소마큐브의 구성과 제작

1 소마큐브의 구성

소마큐브는 모두 다음과 같이 7개의 입체 조각으로 이루어져 있습니다. 하나의 작은 조각은 정육면체의 모양으로 정육면체 3~4개로 한 조각을 만들고 있습니다. 즉 3개의 정육면체로 이루어진 1조각과 4개의 정육면체로 이루어진 6개의 조각으로 이루어져 있습니다.

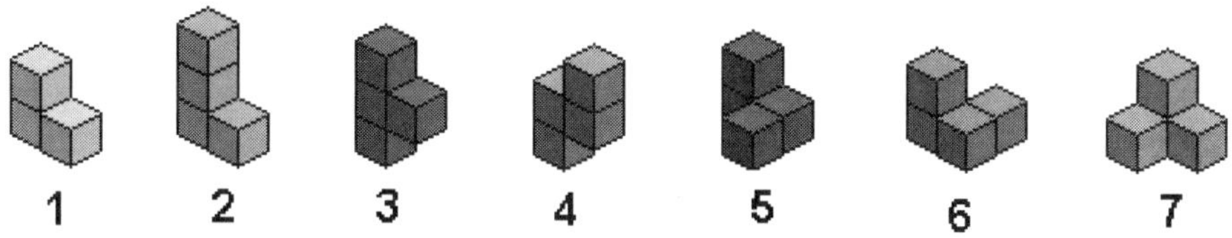

7개의 소마 조각

2 소마큐브 제작

소마큐브는 총 27개의 정육면체로 이루어져 있으므로 27개의 정육면체로 소마조각을 만들며 제작할 수 있습니다. 우유곽이나 주사위 등으로 만들 수도 있으나 가장 간편하게 만들 수 있고 만지고 활동하기 적당한 크기인 쌓기나무를 이용한 제작방법을 알아봅시다. 간편하게 쌓기나무 27개를 목공용 풀을 이용하여 소마 조각 7개와 같은 모양으로 붙이면 됩니다. 여기에 7개의 조각을 7가지 서로 다른 색의 포스터 칼라로 칠하고 니스 칠을 하면 됩니다. 마지막으로 소마큐브를 보관할 수 있는 곽을 1L짜리 우유곽 2개를 이용하여 만들 수 있습니다.

소마큐브 활용의 실제

1 소마조각 관찰하기

소마큐브를 이용하여 주어진 모양을 만드는 활동에 앞서, 소마큐브 그 자체를 구성하는 7개의 조각을 분석하는 활동을 먼저 해볼 수 있습니다. 7개 조각은 3개의 정육면체로 구성된 1개 조각과 4개의 정육면체로 구성된 6개 조각들로 이루어져 있는데, 3개의 정육면체를 붙여서 만들 수 있는 것은 모두 몇 개이고, 4개의 정육면체를 붙여서 만들 수 있는 것은 모두 몇 개일지 예상해봅시다. 이 중에 소마큐브를 구성하는 7개의 조각을 찾아보는 활동도 해봄으로써 소마조각의 특징들을 알 수 있습니다.

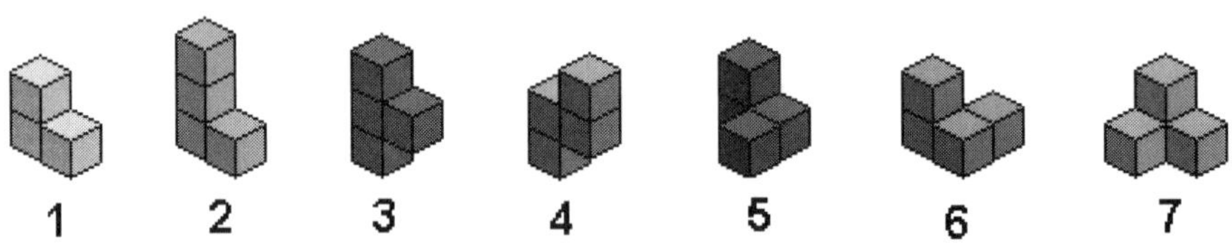

7개의 소마조각들을 앞과 위, 그리고 옆에서 바라본 모양을 다음의 표에 각각 색칠해 봅시다.

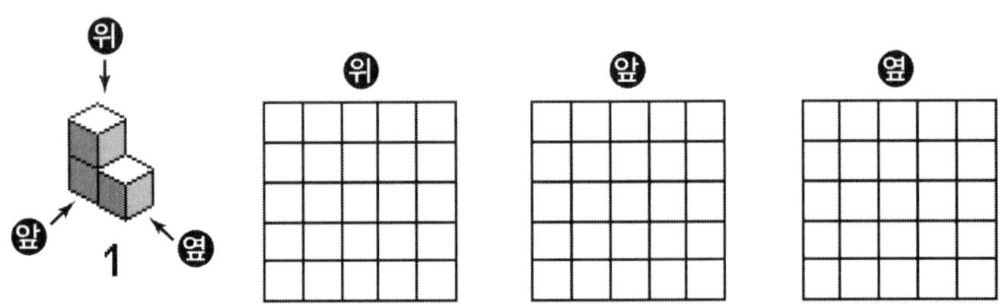

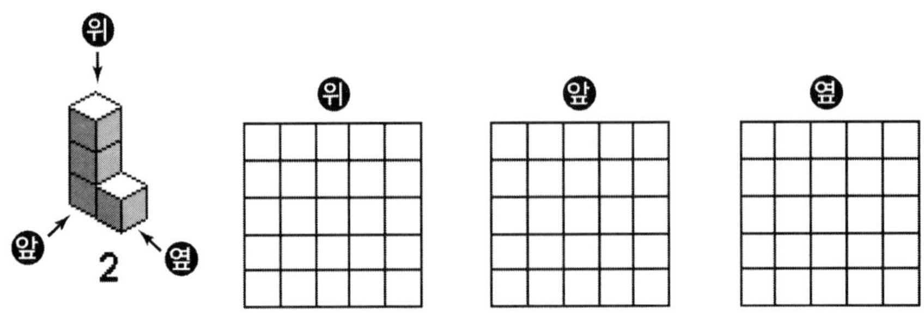

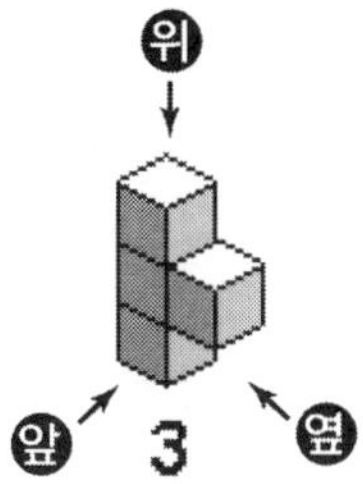

3

위 앞 옆

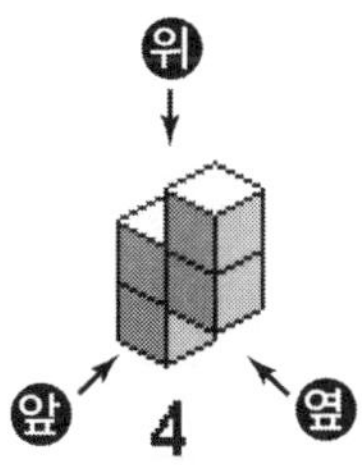

4

위 앞 옆

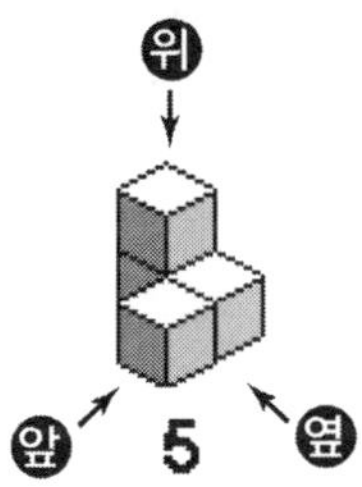

5

위 앞 옆

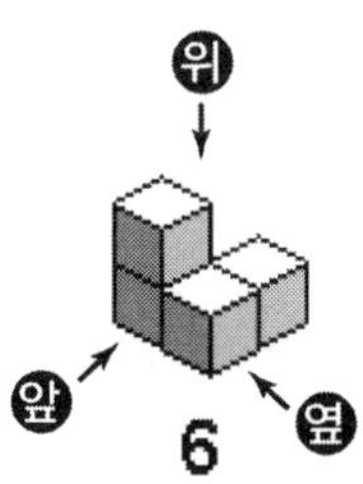

6

위 앞 옆

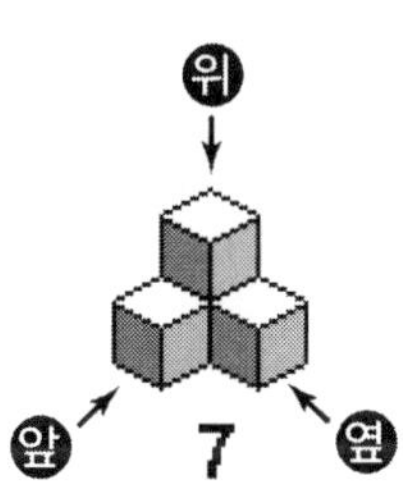

7

위 앞 옆

❷ 소마큐브 조각의 겉넓이와 부피 구하기

소마큐브 각 조각들의 겉넓이와 부피를 구해봅시다. (단, 소마큐브의 각 조각은 한 변의 길이가 1cm인 정육면체로 구성되어 있습니다)

7개의 소마조각에 대한 위의 그림에서 2번 소마조각과 4번 소마조각으로 여러 가지 입체도형을 만들어봅시다. 2번 소마 조각과 4번 소마조각이 한(두, 세, 네) 면만 닿게 입체도형을 만들어보고, 만든 입체도형의 부피와 겉넓이를 구하면 다음과 같은 결과를 얻을 수 있습니다.

	두 면이 닿는 경우	세 면이 닿는 경우	네 면이 닿는 경우
겉넓이(cm^2)	32	30	28
부피(cm^3)	8	8	8

2번 소마조각과 4번 소마조각으로 여러 가지 입체도형을 만들 때 입체도형의 겉넓이가 가장 큰 경우는 두 면이 닿을 때이고, 입체도형의 겉넓이가 가장 작은 경우는 네 면이 닿을 때입니다.

1번 소마조각과 7번 소마조각으로 겉넓이가 24cm^2인 입체도형을 만들고, 그 겨냥도를 나타내면 다음과 같습니다.

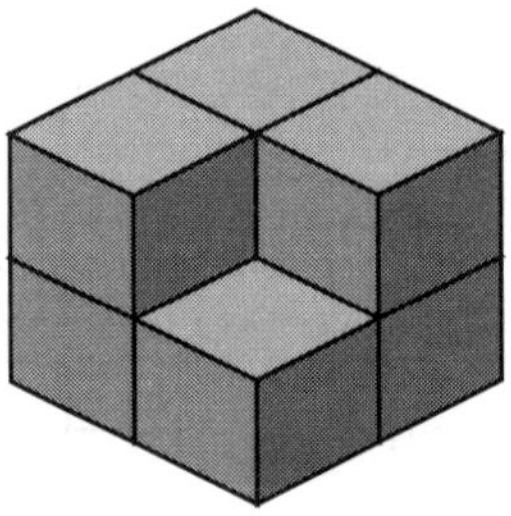

❸ 소마조각을 이용하여 다양한 모양 만들기

7개의 소마조각 중에서 2~3개를 골라 다음의 입체도형을 만들어 봅시다. 어떤 조각을 사용하면 되는지 알아봅시다.

위의 입체도형을 만들기 위해서는 다음과 같이 2번과 5번 조각을 이용하여 만들 수 있습니다.

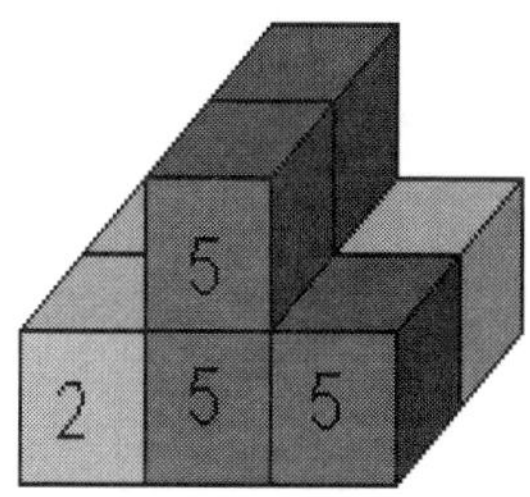

다음의 입체 도형을 만들기 위해서는 어떤 조각을 사용한 것인지 예상해 보고 실제로 만들어 확인해봅시다.

(2)번과 (6)번　　(2)번과 (4)번　　(4)번과 (7)번

다음은 7개의 소마조각 중 3개를 골라 만든 모양입니다. 어떤 조각을 사용한 것인지 예상해 보고 실제로 만들어 확인해봅시다.

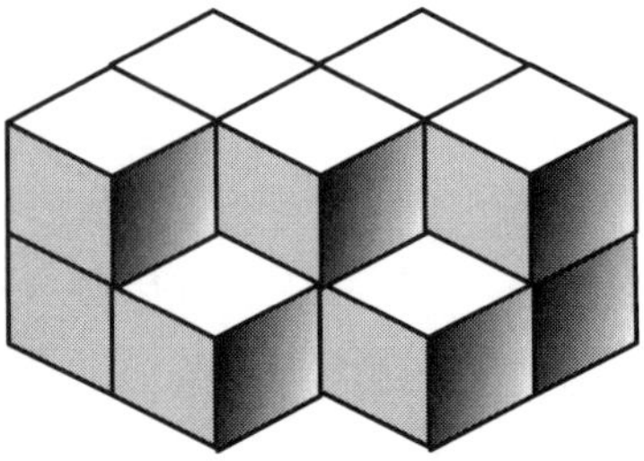

(3)번과 (5)번, (7)번

( )번과 ( )번, ( )번

(5)번과 (6)번, (7)번

( )번과 ( )번, ( )번

참고문헌

• 한국교육개발원(1998). 영재교육자료: 초등학교 수학.

Challenge

1) 3개의 소마조각을 사용하여 다음의 도형을 만들어봅시다.

(　　　　)번, (　　　　)번, (　　　　)번

2) 7개의 소마조각을 사용하여 다음의 도형을 만들어봅시다.

답안지

1) 1번, 3번, 4번

2) 

11 쌓기나무의 개수 탐구

■ 수학영재 핵심 용어 해설 2 : 도형 영역

쌓기나무란?

쌓기나무는 제시된 대상물을 직접 만들어보고 공간을 느끼며 회전시키거나 재배열 혹은 조합하는 활동으로 공간지각력과 공간시각화에 도움이 되는 입체도형입니다. 기하학적 관계성, 도형과 사물의 상대적인 모양, 크기 등 논리적 사고에 의한 공간감각을 개발해 나갈 수 있습니다. 이러한 감각개발이 초등수학교육에서 중요한 목표가 되어 학생들은 창조적인 능력을 향상시킬 수 있습니다.

사용된 쌓기나무의 개수

1 층별로 알아보는 쌓기나무의 개수

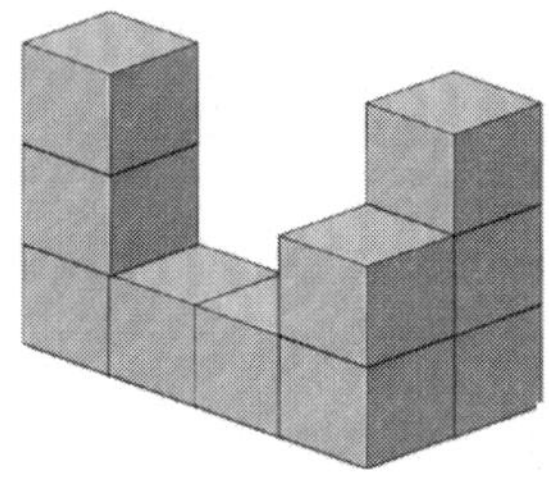

오른쪽의 그림과 같이 쌓기나무를 이용하여 입체도형을 만든다면 사용한 쌓기나무의 개수는 어떻게 구할 수 있을까요? 여러 가지 방법이 있지만 쉽게 해결할 수 있는 방법 중 각 층에 몇 개가 있는지를 알아보는 방법을 생각해봅시다.

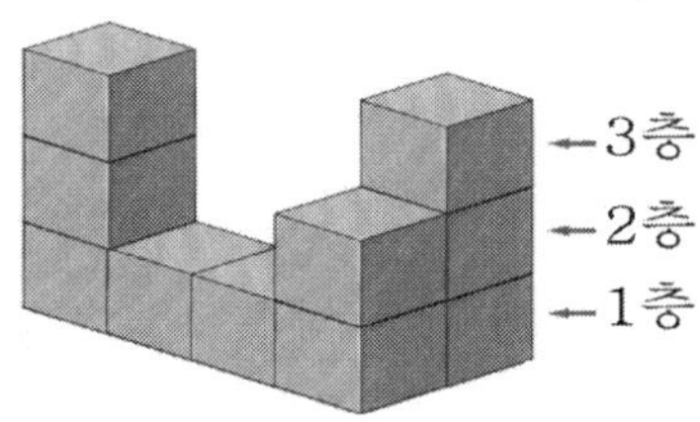

먼저 위의 입체도형을 각 층으로 구별해봅시다. 오른쪽 그림에서와 같이 1층에서 3층까지 층을 나누어 생각할 수 있습니다. 그 후 각 층에는 몇 개의 쌓기나무가 사용되었는지를 구해봅시다. 1층에는 5개, 2층에는 3개, 3층에는 2개가 사용됨을 알 수 있습니다. 따라서 문제의 입체도형은 모두 10개의 쌓기나무가 쓰였음을 구할 수 있습니다.

다음의 입체도형에서 각 층에 사용된 쌓기나무의 개수를 구하여 전체 사용된 쌓기나무의 개수를 구해봅시다.

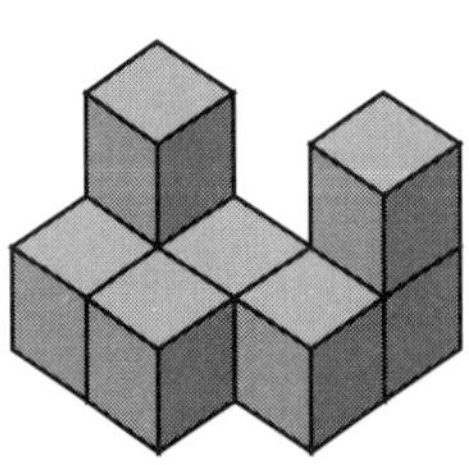

<가>

<나>

<다>

입체도형 <가>는 1층 6개, 2층 2개로 모두 8개의 쌓기나무가 사용되었으며, 입체도형 <나>는 1층 6개, 2층 3개로 모두 9개의 쌓기나무가 사용되었습니다. 그리고, 입체도형 <다>는 1층 6개, 2층 3개, 3층 2개로 모두 11개의 쌓기나무가 사용되었음을 알 수 있습니다.

2 칸별로 알아보는 쌓기나무의 개수

이번에는 각 칸에 몇 개의 쌓기나무가 쓰였는지 알아봅시다.

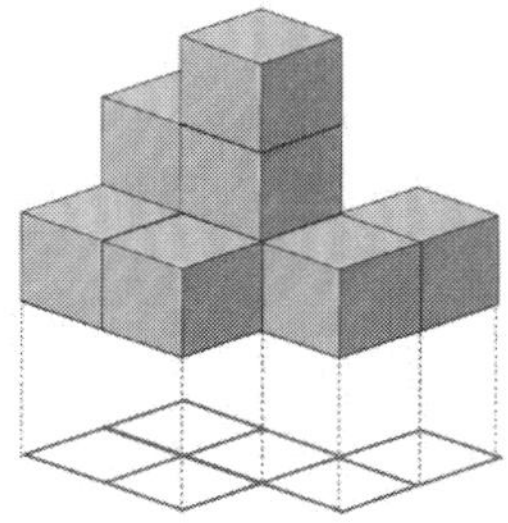

위의 그림과 같이 3층으로 만들어진 입체도형을 위에서 본 모양으로 나타내면 다음의 왼쪽 그림과 같습니다. 각각의 빈칸에 그 줄에 사용된 쌓기나무의 개수를 구하면 다음의 오른쪽 그림과 같습니다. 따라서 각 줄에 사용된 쌓기나무의 개수를 합하면 모두 9개가 됩니다.

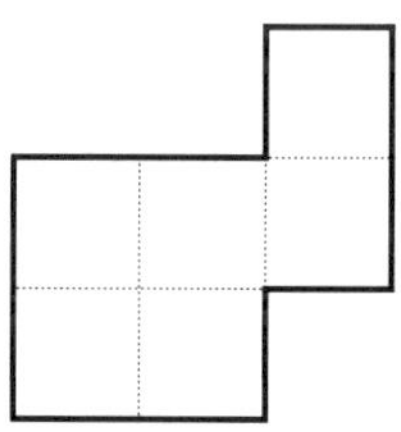

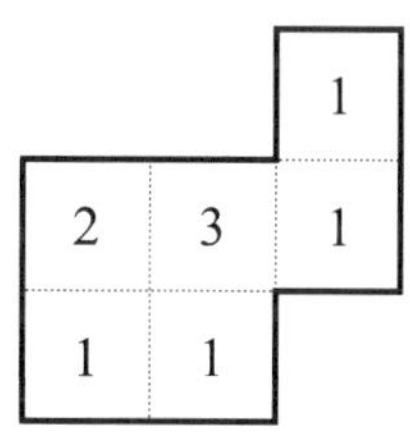

쌓기나무를 이용한 입체도형에서 개수를 구할 때 대부분 위의 2가지 방법을 같이 사용하여 구하면 보다 정확하게 문제를 해결할 수 있습니다. 2가지 방법을 같이 사용하여 다음의 문제를 해결해봅시다.

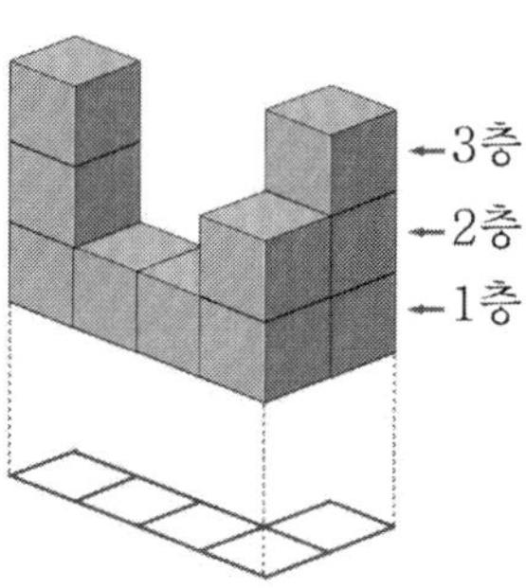

< 가 >

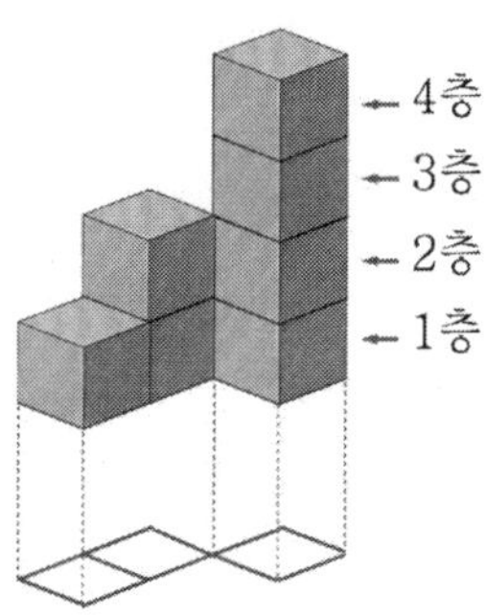

< 나 >

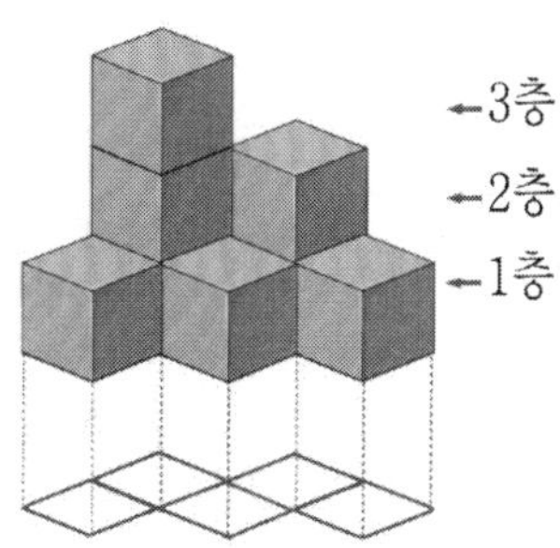

< 다 >

입체도형 <가>는 1층 5개, 2층 3개, 3층 2개이며 위에서 본 모양은 <가－1>이 되어 모두 10개의 쌓기나무가 사용되었고, 입체도형 <나>는 1층 3개, 2층 2개, 3층 1개, 4층 1개이며 위에서 본 모양은 <나－1>이 되어 모두 7개의 쌓기나무가 사용되었습니다. 그리고, 입체도형 <다>는 1층 5개, 2층 2개, 3층 1개이며 위에서 본 모양은 <다－1>이 되어 모두 8개의 쌓기나무가 사용되었음을 알 수 있습니다.

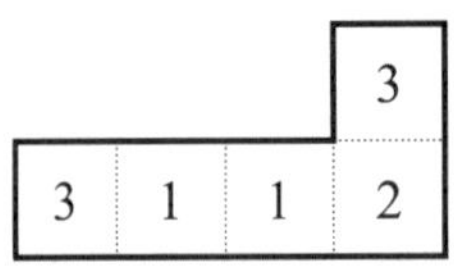

<가－1>

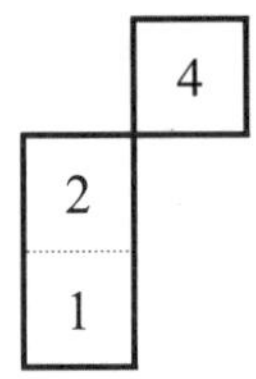

<나－1>

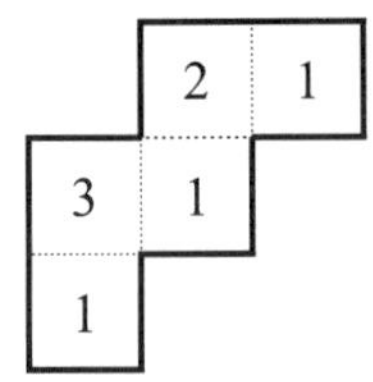

<다－1>

3 여러 방향에서 살펴본 쌓기나무의 개수

쌓기나무는 보는 위치에 따라 서로 다른 모양으로 보입니다. 다음의 그림과 같이 9개의 쌓기나무를 이용하여 만든 입체도형은 보는 위치에 따라, 즉 위, 앞, 옆에서 보는 모습은 서로 다르게 볼 수 있는데 각각의 모습을 생각해 봅시다.

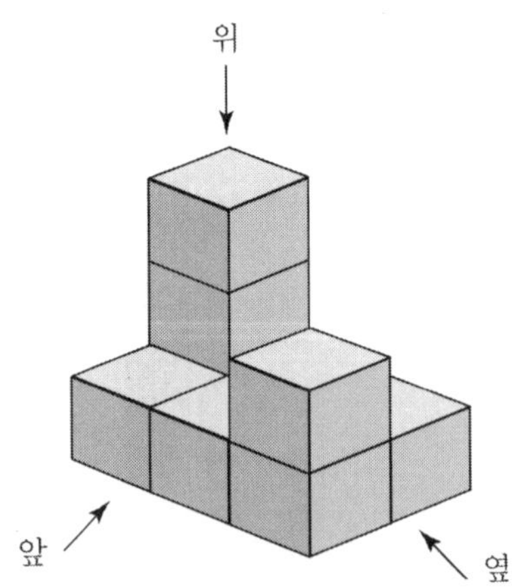

위의 입체도형을 위, 앞, 옆에서 본 모습을 그리면 다음과 같은 결과를 얻을 수 있습니다.

<위에서 본 모양>

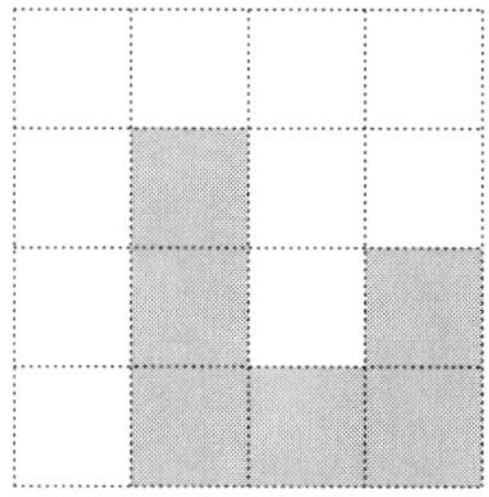

<앞에서 본 모양>

<옆에서 본 모양>

여기에 위에서 본 모양을 기본으로 하여 쌓기나무의 개수를 구하면 다음과 같이 모두 9개의 쌓기나무가 사용되었음을 알 수 있습니다.

3	1	1
1	1	2

이번에는 반대로 9개의 쌓기나무를 모두 사용하여 만든 입체도형을 위와 앞에서 본 모양이 다음과 같고, 쌓기나무 3개를 쌓는 위치를 다음과 같이 고정했을 때 옆에서 볼 수 있는 모양은 어떻게 될지 생각해봅시다.

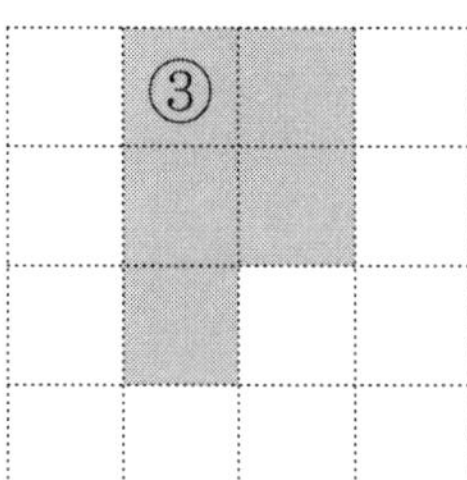

<위에서 본 모양>

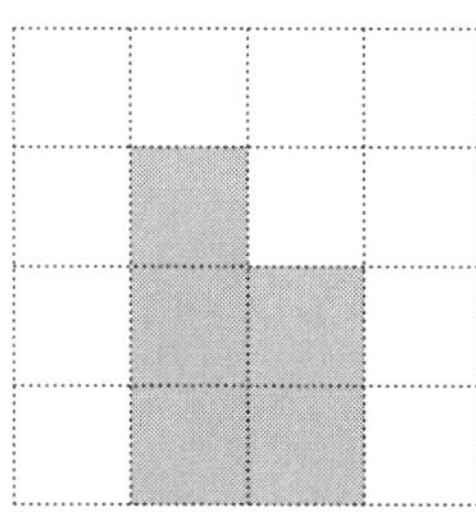

<앞에서 본 모양>

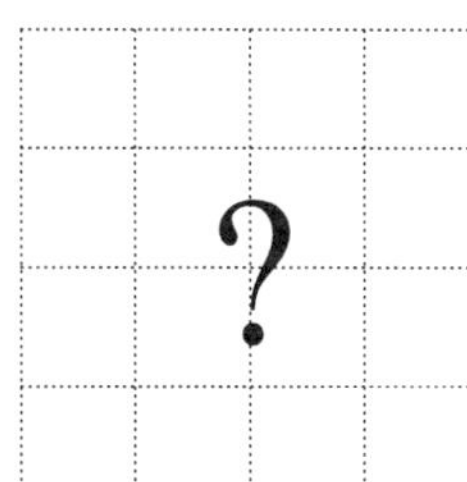

<옆에서 본 모양>

위에서 본 모양을 바탕으로 하여 앞에서 본 모양을 참고하여 각각의 칸에 들어 갈 수 있는 쌓기나무의 개수를 알아봅시다.

③	2
2	1
1	

③	2
1	1
2	

③	1
2	2
1	

③	1
1	2
2	

③	2
1	2
1	

위의 그림과 같이 모두 9개의 쌓기나무를 사용하였기에 위와 같이 5가지의 서로 다른 경우를 구할 수 있습니다. 따라서 옆에서 보는 모습은 다음과 같이 중복되는 그림을 제외하면 모두 3가지의 서로 다른 모양을 찾을 수 있습니다.

<옆에서 본 모양－1>

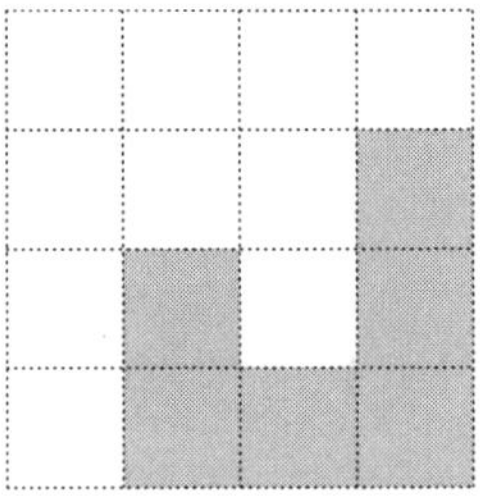
<옆에서 본 모양－2>

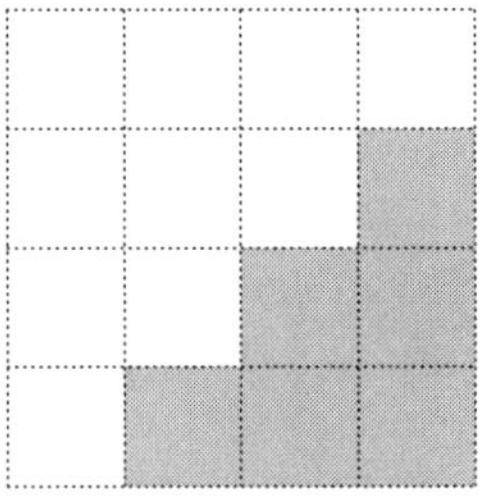
<옆에서 본 모양－3>

10개의 쌓기나무를 모두 사용하여 만든 입체도형을 위와 앞에서 본 모양이 다음과 같을 때 옆에서 볼 수 있는 모양은 어떻게 될지 문제를 해결해봅시다.

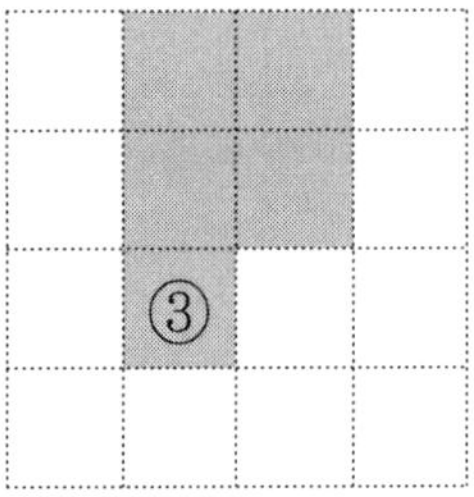

<위에서 본 모양>

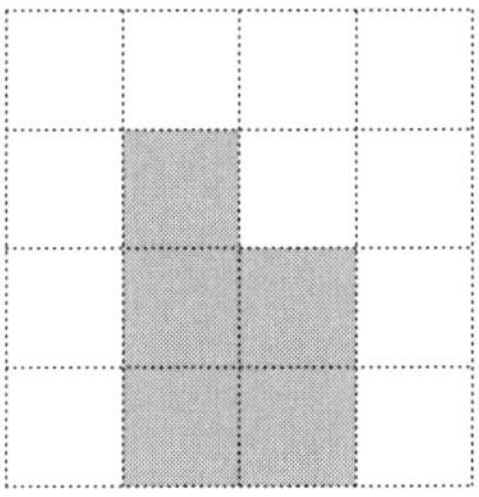
<앞에서 본 모양>

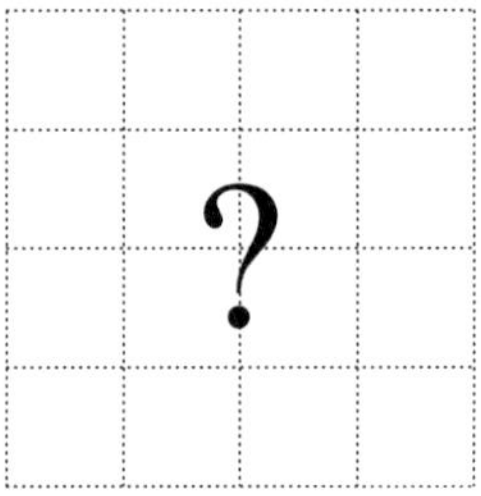

<옆에서 본 모양>

위와 같은 방법으로 위에서 본 모양을 기본으로 하여 10개의 쌓기나무를 모두 사용하여 만든 입체도형을 옆에서 볼 수 있는 모양은 다음과 같은 5가지입니다.

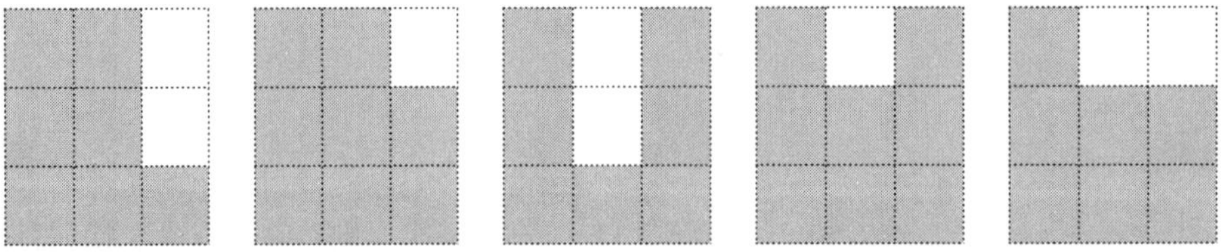

4 쌓은 모양에서 최소의 개수

쌓기나무를 이용하여 만든 입체도형을 위, 앞, 옆에서 본 모습은 같지만 쌓기나무의 개수는 서로 다를 수 있습니다.

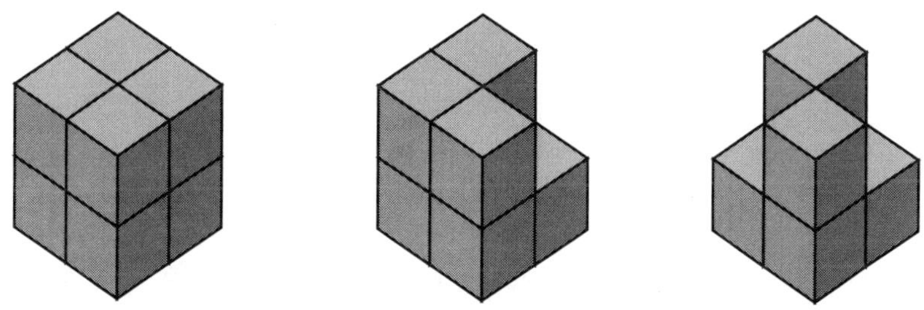

위의 입체도형은 위, 앞, 옆에서 본 모양이 서로 같습니다. 하지만 사용된 쌓기나무의 개수를 각각 8개, 7개, 6개로 서로 같지 않습니다. 이처럼 위, 앞, 옆에서 본 모양은 같지만 사용한 쌓기나무의 개수가 다른 입체도형 중에 쌓기나무를 가장 적게 사용한 것을 찾아봅시다.

위, 앞, 옆에서 본 모양이 다음과 같을 때 사용한 쌓기나무의 개수는 최소 몇 개에서 최대 몇 개가 될지 구해봅시다.

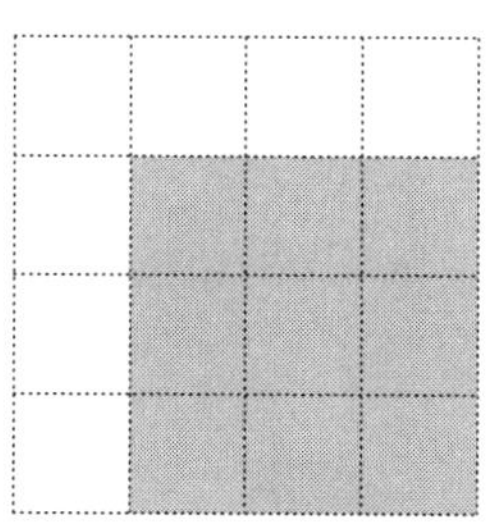

<위에서 본 모양>

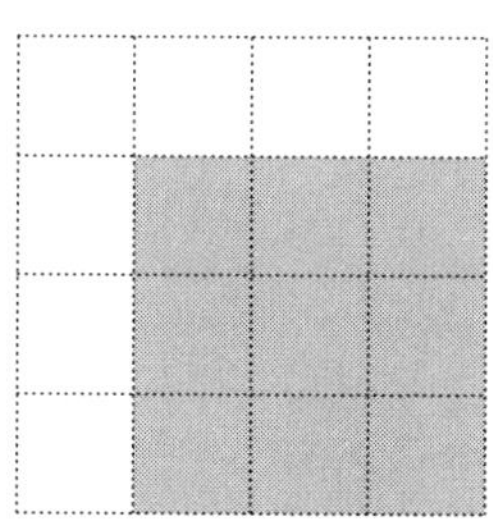

<앞에서 본 모양>

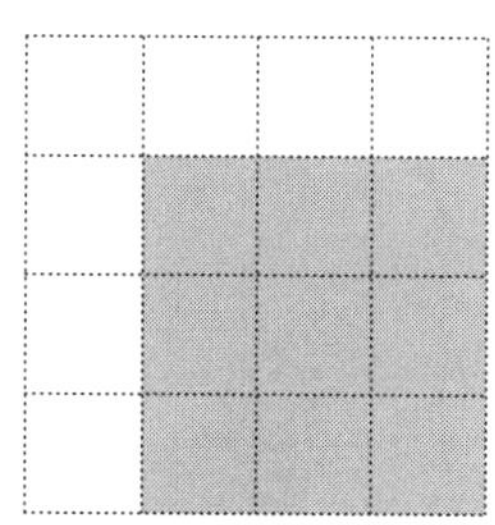

<옆에서 본 모양>

위, 앞, 옆에서 본 모양이 서로 같지만 쌓기나무의 개수가 다른 입체도형은 다음과 같이 구할 수 있습니다.

따라서 최대한으로 사용된 쌓기나무의 개수는 27개이며, 최소로 사용된 쌓기나무의 개수는 15개가 됨을 알 수 있습니다.

위와 같은 방법을 이용하여 위, 앞, 옆에서 본 모양이 다음과 같은 입체도형에서 최소와 최대 개수를 구하면 어떻게 될지 생각해 봅시다.

<위에서 본 모양>

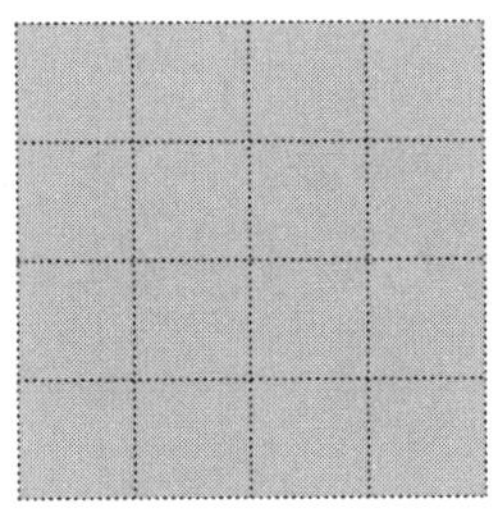

<앞에서 본 모양>

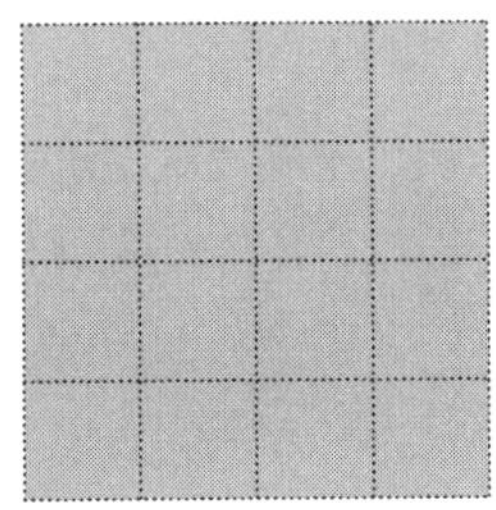

<옆에서 본 모양>

참고문헌

- 한국교육개발원(1998). 영재교육자료: 초등학교 수학.

Challenge

■ 수학영재 핵심 용어 해설 2 : 도형 영역

1) 다음 쌓기나무로 쌓은 모양을 보고 사용된 쌓기나무의 개수를 구해봅시다.

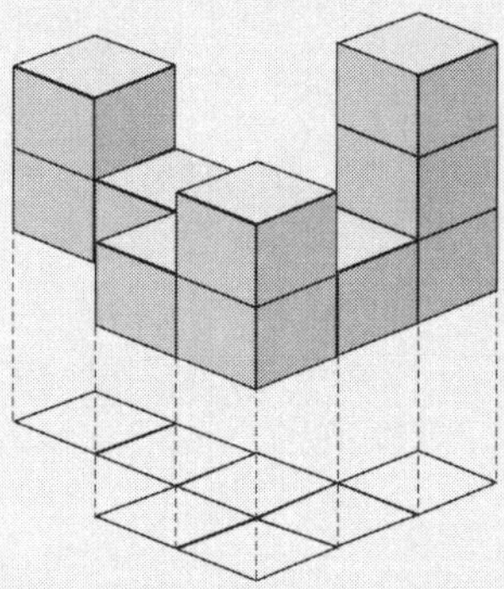

2) 쌓기나무로 다음과 같은 모양을 만들었습니다. 위, 앞, 옆에서 본 모양은 변하지 않도록 하면서 쌓기나무를 몇 개 꺼낼 수 있는지 구해봅시다.

답안지

■ 수학영재 핵심 용어 해설 2 : 도형 영역

1) 11개

2) 24개

12 여러 번 꼬아 붙인 띠 탐구

■ 수학영재 핵심 용어 해설 2 : 도형 영역

여러 번 꼬아 붙인 띠란?

뫼비우스 띠는 긴 띠를 180°로 한 번 꼬아서 붙인 띠로 앞 장에서 안과 밖, 폭을 등분하여 나오는 모습을 탐구하였습니다. 이 장에서는 긴 띠를 180°로 여러 번 꼬아서 붙여 만든 띠를 탐구하고자 합니다. 180°로 두 번 꼬아서 붙인 띠는 안과 밖의 구분이 있을까요? 중앙선을 이등분하면 어떤 변화가 있을까요? 그렇다면 180°로 세 번 꼬아서 붙인 띠는 어떠할까요? 스스로 예상하면서 함께 탐구해봅시다.

뫼비우스 띠는 어떤 성질을 가지고 있었나요?

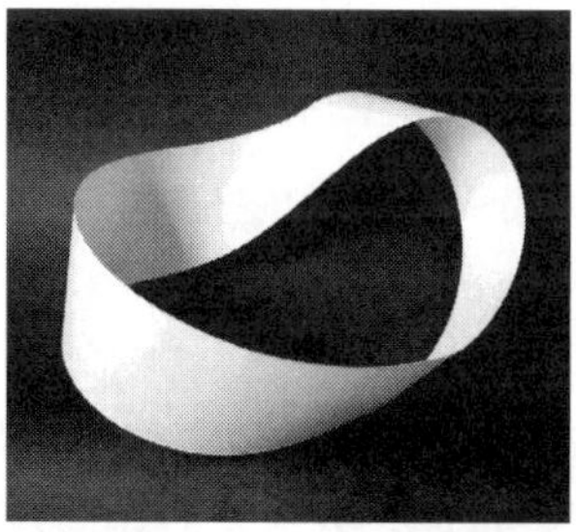

뫼비우스 띠는 안과 밖의 구분이 없는 열린 곡면으로 이 띠의 폭을 등분하여 잘랐을 때 다음과 같은 결과가 나오는 것을 앞에서 살펴보았습니다.

폭 등분	띠의 수	꼬인 수	폭	길이
등분하지 않았을 때	1	1	1배	1배
이등분	1	4	$\frac{1}{2}$배	2배
삼등분	2	1, 4	$\frac{1}{3}$배	1배, 2배
사등분	2	4, 4	$\frac{1}{4}$배	2배, 2배
오등분	3	1, 4, 4	$\frac{1}{5}$배	1배, 2배, 2배
육등분	3	4, 4, 4	$\frac{1}{6}$배	2배, 2배, 2배

위의 표에서 짝수로 등분했을 때와 홀수로 등분했을 때로 구분하여 규칙을 찾을 수 있었습니다. 이 장에서는 그 규칙을 이용하여 일반화된 식을 구해봅시다.

꼬아 붙인 띠 탐구

1 여러 번 꼬아 붙인 띠의 안과 밖 구분하기

두 번 꼬아 붙인 띠는 안과 밖의 구분이 있을까요? 긴 직사각형을 두 번 꼬아 붙인 후 연필로 점을 찍어 선을 이어봅시다.

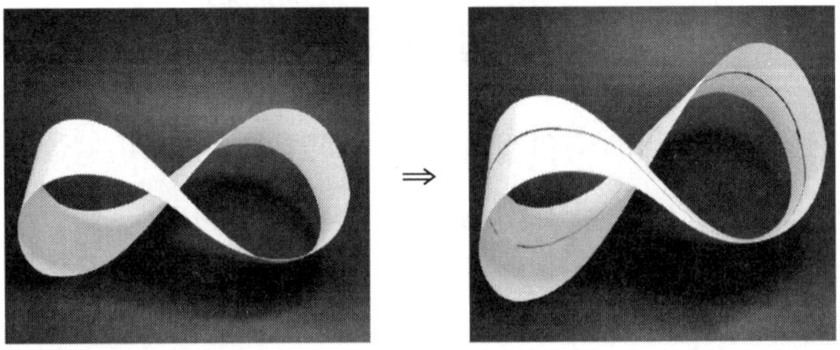

두 번 꼬아 붙인 띠는 안과 밖의 구분이 있습니다. 그렇다면, 세 번 꼬아 붙인 띠는 안과 밖의 구분이 있을까요?

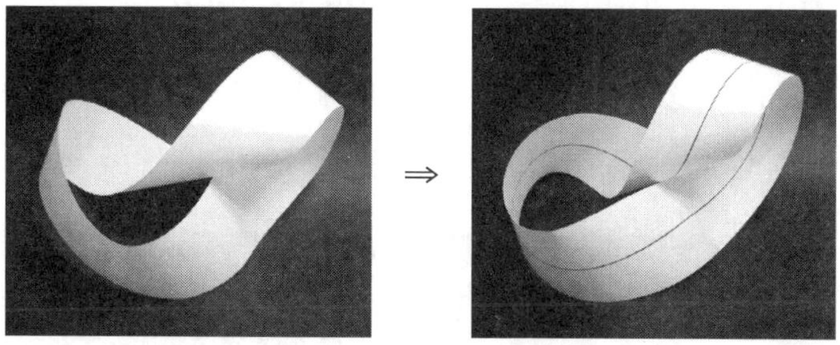

세 번 꼬아 붙인 띠는 안과 밖의 구분이 없습니다. 지금까지 탐구한 내용을 표로 정리해 보면 다음과 같습니다.

꼬아 붙인 수	안과 밖의 구분
0	○
1	×
2	○
3	×

위의 결과를 살펴보면 규칙을 찾을 수 있습니다. 띠를 꼬은 수가 0을 포함한 짝수일 때는 안과 밖의 구분이 있습니다. 그렇다면 네 번 꼬아 붙인 띠는 어떠할까요? 안과 밖의 구분이 있습니다. 그리고, 꼬아 붙인 수가 홀수일 때는 안과 밖의 구분이 없다는 것을 위의 표에서 살펴볼 수 있습니다. 그렇다면 21번 꼬아 붙인 띠는 안과 밖의 구분이 있을까요? 위의 결과처럼 안과 밖의 구분이 없습니다. 이를 간단히 정리하면 다음 표와 같습니다.

꼬아 붙인 수	안과 밖의 구분
짝수 번	○
홀수 번	×

이제 꼬아 붙인 수가 큰 수라도 그 띠가 안과 밖의 구분이 있는지 없는지 구분할 수 있습니다. 이제 여러 번 꼬아 붙인 띠의 폭을 등분했을 때의 결과를 탐구해봅시다.

2 여러 번 꼬아 붙인 띠의 폭을 이등분하여 탐구하기

여러 번 꼬아 붙인 띠 중 두 번 꼬아 붙인 띠와 세 번 꼬아 붙인 띠의 폭을 이등분해봅니다. 두 번 꼬아 붙인 띠의 폭을 이등분해봅시다.

⇒

두 번 꼬아 붙인 띠의 폭을 이등분하니 2번 꼬인 2개의 띠가 엉켜 있습니다. 길이는 처음의 길이와 같고 폭은 원래 폭의 $\frac{1}{2}$배가 됩니다. 이 띠의 안과 밖을 구분해봅시다. 폭의 가운데 점을 찍어 선을 그어보면 안과 밖의 구분이 있다는 것을 알 수 있습니다. 이제 세 번 꼬아 붙인 띠의 폭을 이등분해봅시다.

⇒

세 번 꼬아 붙인 띠의 폭을 이등분하니 8번 꼬인 1개의 띠가 나왔습니다. 길이는 처음 길이의 2배가 되었습니다. 그리고, 안과 밖의 구분이 있습니다. 꼬지 않고 붙인 띠와 한 번 꼬아 붙인 띠, 즉 뫼비우스 띠의 폭을 이등분하여 자른 띠도 안과 밖의 구분이 있다는 사실을 '5. 뫼비우스 띠 탐구'에서 살펴보았습니다. 그렇다면, 이등분하여 자른 띠들은 모두 안과 밖의 구분이 있다는 것을 알 수 있습니다.

네 번 꼬아 붙인 띠의 폭을 이등분하면 4번 꼬인 2개의 띠가 서로 엉켜 나옵니다. 다섯 번 꼬아 붙인 띠의 폭을 이등분하면 12번 꼬인 1개의 띠가 나옵니다. 이제 폭을 이등분하여 자른 띠의 고리의 수와 꼬인 수를 정리해봅시다. 이 결과를 꼬지 않고 붙인 띠와 한 번 꼬아 만든 뫼비우스 띠의 폭을 이등분한 결과와 함께 비교해봅시다.

꼬아 붙인 수	고리의 수	꼬인 수
0	2	0
1	1	4
2	2	2
3	1	8
4	2	4
5	1	12

위의 결과를 살펴보니 규칙을 찾을 수 있나요? 똑같은 규칙을 가진 것은 꼬아 붙인 수가 0, 2, 4일 때 살펴볼 수 있습니다. 이들은 고리의 수가 모두 2개이고, 꼬인 수는 처음의 꼬아 붙인 수와 같은 것을 알 수 있습니다. 그리고, 꼬아 붙인 수가 1, 3, 5일 때 고리의 수는 1개가 나오고, 꼬인 수가 각각 4, 8, 12가 나온 것을 알 수 있습니다. 이때, 1에서 4로, 3에서 8로, 5에서 12로 나온 것을 살펴보며 식을 떠올려봅시다. 1을 2배 한 수에 2를 더하면 4가 나옵니다. 또한 3을 2배 한 수에 2를 더하면 8이 나옵니다. 마지막으로 5를 2배 한 수에 2를 더하면 12가 나옵니다. 이 규칙을 표로 정리하면 다음과 같습니다.

꼬아 붙인 수	고리의 수	꼬인 수
짝수 번(0 포함)	2	원래 꼬아 붙인 수
홀수 번	1	(원래 꼬아 붙인 수×2)+2

그렇다면, 20번 꼬아 붙인 띠의 폭을 이등분하면 20번 꼬인 2개의 띠가 나오는 것을 알 수 있습니다. 그리고, 21번 꼬아 붙인 띠의 폭을 이등분하면 46번 꼬인 1개의 띠가 나옵니다. 이제 꼬아 붙인 수가 큰 수라도 폭을 이등분하였을 때 어떤 모양이 나올지 예상할 수 있습니다.

❸ 여러 번 꼬아 붙인 띠의 폭을 삼등분하여 탐구하기

여러 번 꼬아 붙인 띠 중 두 번 꼬아 붙인 띠와 세 번 꼬아 붙인 띠의 폭을 삼등분해봅니다. 두 번 꼬아 붙인 띠의 폭을 삼등분해봅시다.

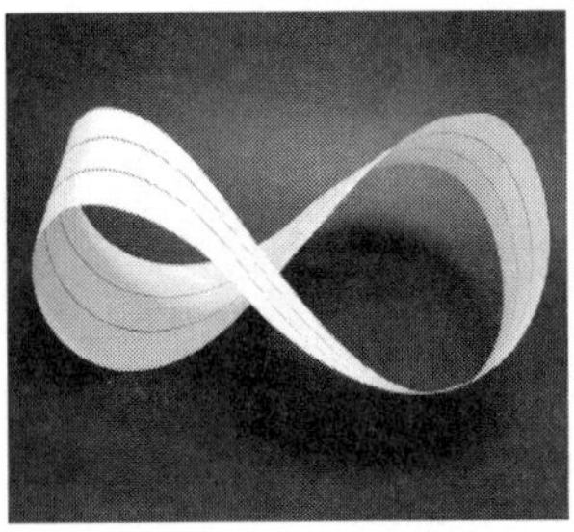

⇒

두 번 꼬아 붙인 띠의 폭을 삼등분하여 자르니 2번 꼬인 띠 3개가 서로 엉켜 있는 것을 알 수 있습니다. 폭은 처음 폭의 $\frac{1}{3}$배이며 길이는 모두 처음의 길이와 같습니다. 이제 세 번 꼬아 붙인 띠의 폭을 삼등분해봅시다.

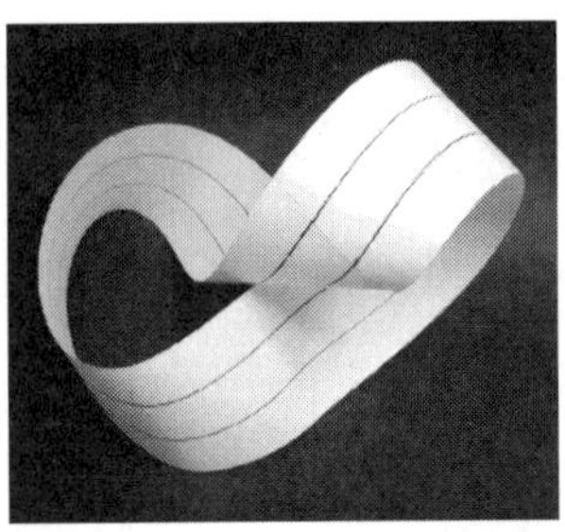

⇒

세 번 꼬아 붙인 띠의 폭을 삼등분하여 자르니 3번 꼬인 띠 1개와 8번 꼬인 띠 1개가 서로 엉켜 있습니다. 길이를 살펴보니 3번 꼬인 띠는 처음의 길이와 같고, 8번 꼬인 띠는 처음 길이의 2배인 것을 알 수 있습니다.

네 번 꼬아 붙인 띠의 폭을 삼등분하여 자르면 4번 꼬인 띠 3개가 나옵니다. 다섯 번 꼬아 붙인 띠의 폭을 삼등분하여 자르면 5번 꼬인 띠 1개와 12번 꼬인 띠 1개가 나옵니다. 이제 폭을 삼등분하여 자른 띠의 고리의 수와 꼬인 수를 정리해봅시다. 이 결과를 꼬지 않고 붙인 띠와 한 번 꼬아 만든 뫼비우스 띠의 폭을 삼등분한 결과와 함께 비교해봅시다.

꼬아 붙인 수	고리의 수	꼬인 수
0	3	0
1	2	1, 4
2	3	2
3	2	3, 8
4	3	4
5	2	5, 12

위의 결과를 살펴보면 규칙을 찾을 수 있습니다. 똑같은 규칙을 가진 것은 꼬아 붙인 수가 0, 2, 4일 때입니다. 이들은 고리의 수가 모두 3개이고, 꼬인 수는 처음의 꼬아 붙인 수와 같은 것을 알 수 있습니다. 그리고 꼬아 붙인 수가 1, 3, 5일 때 고리의 수는 2개가 나오고, 꼬인 수가 각각 원래 꼬아 붙인 수와 4, 8, 12가 나온 것을 알 수 있습니다. 이때, 1에서 4로, 3에서 8로, 5에서 12로 나온 것은 폭을 이등분한 규칙에서 살펴보았습니다. 이 내용을 표로 정리하면 다음과 같습니다.

꼬아 붙인 수	고리의 수	꼬인 수
짝수 번(0 포함)	3	원래 꼬아 붙인 수
홀수 번	2	원래 꼬아 붙인 수, (원래 꼬아 붙인 수×2)+2

이를 통해 20번 꼬아 붙인 띠의 폭을 삼등분하면 20번 꼬인 3개의 띠가 나오는 것을 알 수 있습니다. 그리고, 21번 꼬아 붙인 띠의 폭을 삼등분하면 21번 꼬인 띠 1개와 46번 꼬인 띠 1개가 나옵니다. 이제 꼬아 붙인 수가 큰 수라도 폭을 삼등분하였을 때 어떤 모양이 나올지 예상할 수 있습니다.

4 여러 번 꼬아 붙인 띠의 등분에 관한 규칙 탐구하기

우선, 꼬아 붙인 수가 0과 짝수일 때를 탐구해봅시다. 꼬아 붙인 수가 0인, 즉 꼬지 않고 붙인 띠를 사등분했을 때 폭이 처음의 배이고 처음의 길이를 가진 4개의 띠가 나왔습니다. 두 번 꼬아 붙인 띠의 폭을 사등분하면 어떤 모양의 띠가 나올지 예상해봅시다.

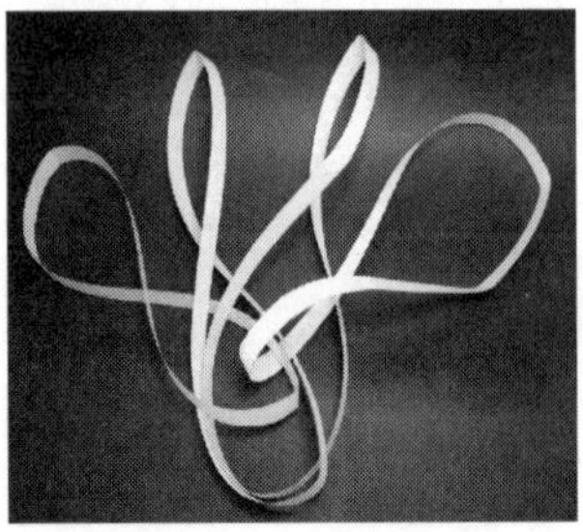

2번 꼬인 띠 4개가 엉켜 있는 것을 볼 수 있습니다. 네 번 꼬아 붙인 띠의 폭을 사등분하면 4번 꼬인 띠 4개가 나옵니다. 짝수 번 꼬아 붙인 띠의 폭을 이등분, 삼등분, 사등분한 결과를 살펴보면, 꼬아 붙인 수가 짝수일 때는 (등분한 수)만큼의 고리가 만들어지고, 꼬인 수는 (원래 꼬아 붙인 수)와 같다는 것을 알 수 있습니다.

이제 꼬아 붙인 수가 홀수인 띠의 사등분을 살펴보면, 꼬아 붙인 수가 1인, 즉 뫼비우스 띠를 사등분했을 때 4번 꼬인 2개의 띠가 나왔습니다. 세 번 꼬아 붙인 띠의 폭을 사등분하니 8번 꼬인 2개의 띠가 나왔습니다. 다섯 번 꼬아 붙인 띠의 폭을 사등분하면 12번 꼬인 띠 2개가 나옵니다. 홀수 번 꼬아 붙인 띠의 폭을 이등분, 삼등분, 사등분한 결과를 살펴보면, 꼬아 붙인 수가 홀수일 때는 등분한 수가 짝수일 때와 홀수일 때도 구분이 됩니다. 등분한 수가 짝수일 때는 (등분한 수÷2)만큼의 고리가 만들어지고, 꼬인 수는 {(원래 꼬아 붙인 수×2)+2}와 같다는 것을 알 수 있습니다. 등분한 수가 홀수일 때는 {(등분한 수+1)÷2}만큼의 고리가 만들어지고, 꼬인 수는 한 개의 고리는 (원래 꼬아 붙인 수)이고 다른 고리들은 {(원래 꼬아 붙인 수×2)+2}와 같다는 것을 알 수 있습니다. 이를 표로 정리하면 다음과 같습니다.

<table>
<tr><th>꼬아 붙인 수</th><th colspan="2">고리의 수</th><th>꼬인 수</th></tr>
<tr><td>짝수 번(0 포함)</td><td colspan="2">등분한 수</td><td>원래 꼬아 붙인 수</td></tr>
<tr><td rowspan="2">홀수 번</td><td>짝수번 등분</td><td>등분한 수÷2</td><td>(원래 꼬아 붙인 수×2)+2</td></tr>
<tr><td>홀수번 등분</td><td>(등분한 수+1)÷2</td><td>한 고리:원래 꼬아 붙인 수,
다른 고리:(원래 꼬아 붙인 수×2)+2</td></tr>
</table>

Challenge

■ 수학영재 핵심 용어 해설 2 : 도형 영역

1) 꼬아 붙인 띠의 꼬아 붙인 수가 다음과 같을 때 안과 밖의 구분이 어떠한지 표를 완성해봅시다.

꼬아 붙인 수	안과 밖의 구분
7	
8	
42	
43	
99	
100	

2) 여러 번 꼬아 붙인 띠의 폭을 다음과 같이 등분하면 어떤 모양이 되는지 적어봅시다.

꼬아 붙인 수	등분 횟수	고리의 수	꼬인 수
41	10		
41	11		
42	11		

답안지

■ 수학영재 핵심 용어 해설 2 : 도형 영역

1)

꼬아 붙인 수	안과 밖의 구분
7	×
8	○
42	○
43	×
99	×
100	○

2)

꼬아 붙인 수	등분 횟수	고리의 수	꼬인 수
41	10	5	84
41	11	6	한 고리 41, 다섯 고리 84
42	11	11	42

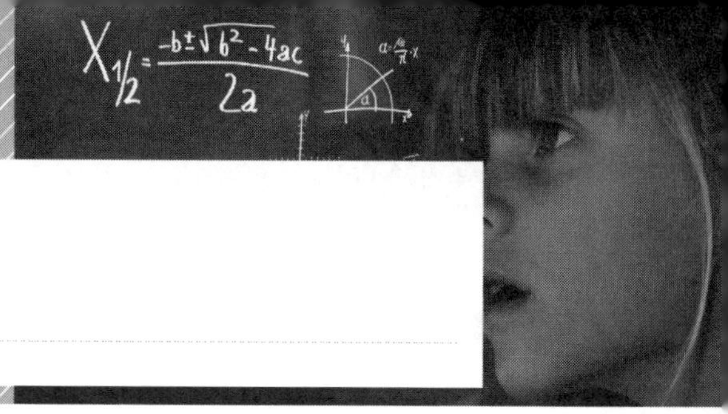

13 오심

■ 수학영재 핵심 용어 해설 2 : 도형 영역

오심이란?

삼각형에서 외심, 내심, 무게중심, 방심, 수심을 오심이라고 합니다.

오심의 작도

1 외심 : 외접원의 중심, 세 변의 수직이등분선의 교점

도형	작도
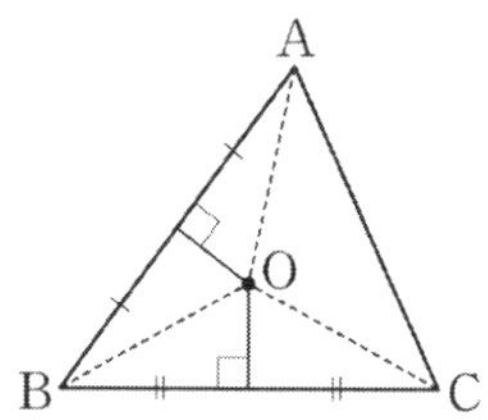	삼각형의 세 변에 수직 이등분선을 작도합니다.
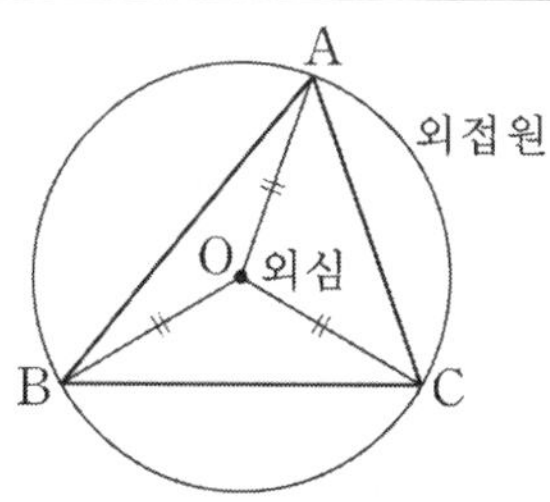	수직 이등분선의 교점을 중심으로 한 꼭짓점까지의 거리를 반지름으로 하는 원을 그리면 외접원이 됩니다.

2 내심 : 내접원의 중심, 세 내각의 이등분선의 교점

도형	작도
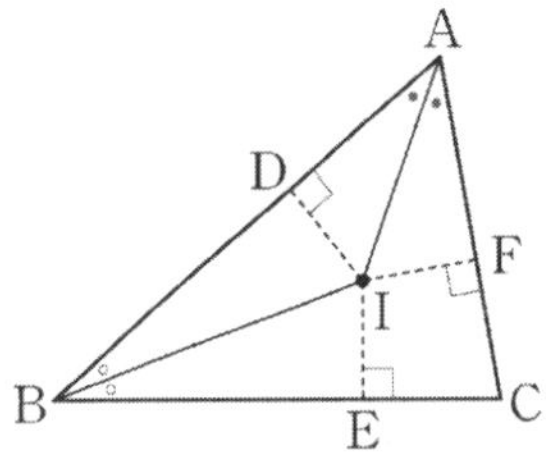	삼각형의 세 각을 이등분하는 선을 작도합니다.
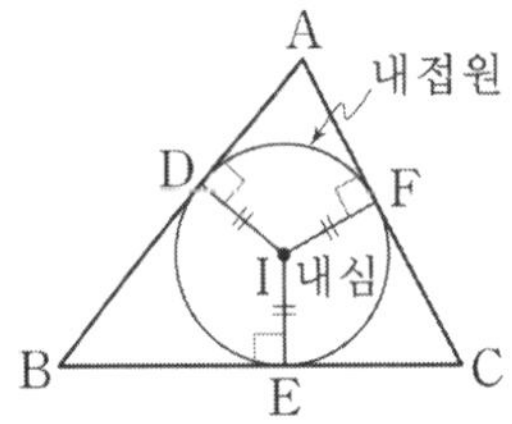	각의 이등분선의 교점을 중심으로 한 변의 수선을 반지름으로 하는 원을 그리면 내접원이 됩니다.

3 무게중심 : 꼭짓점과 그 대변의 중점을 이은 선분의 교점

도형	작도
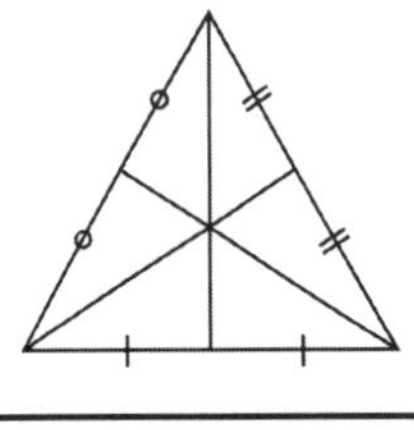	삼각형의 각 꼭짓점과 그 대변의 중점을 연결할 때, 만나는 점입니다.

❹ 방심 : 한 내각과 다른 두 외각의 이등분선의 교점

도형	작도
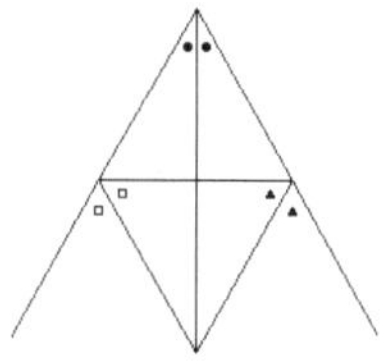	삼각형의 한 내각과 다른 두 외각의 이등분선을 작도합니다.
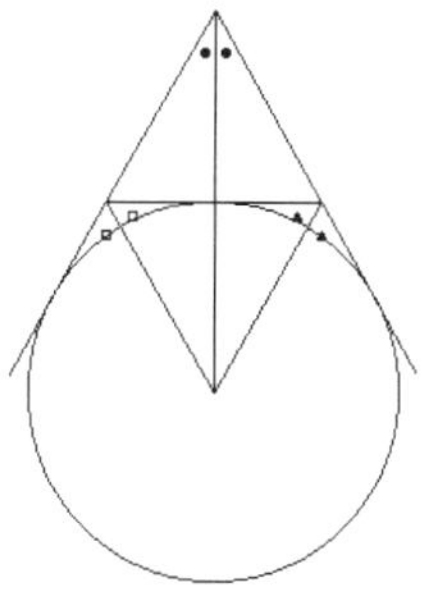	교점을 중심으로 한 내각의 대변까지를 반지름으로 하는 방접원을 그릴 수 있습니다.

❺ 수심 : 세 꼭짓점에서 그 대변에 내린 세 수선의 교점

도형	작도
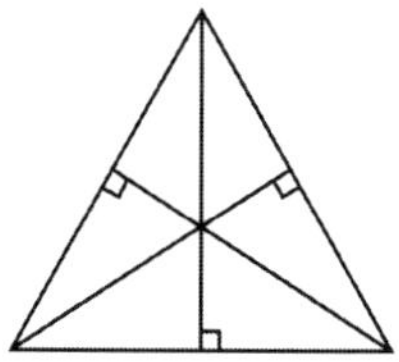	삼각형의 세 꼭짓점에서 그 대변에 수선을 작도합니다.

오심의 성질

1 외심 O

도형	성질
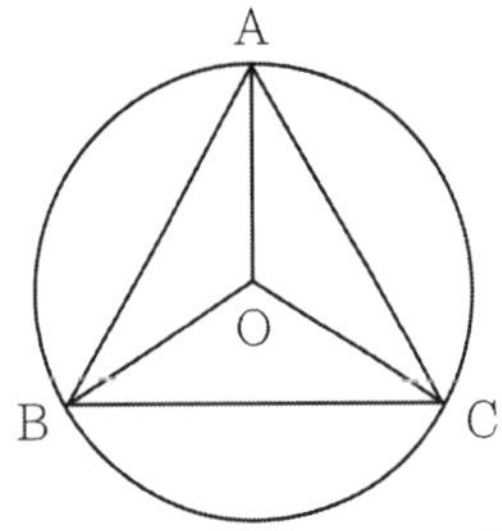	• $\overline{OA}=\overline{OB}=\overline{OC}$ • △ABO, △BCO, △CAO는 각각 이등변삼각형입니다. • ∠BOC는 ∠A의 두 배와 같습니다. • 외심의 위치 1) 예각삼각형 : 삼각형의 내부 2) 직각삼각형 : 빗변의 중점 3) 둔각삼각형 : 삼각형의 외부

2 내심 I

도형	성질
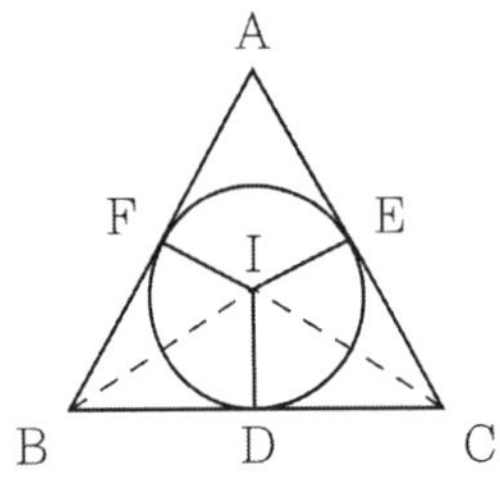	• $\overline{ID}=\overline{IE}=\overline{IF}$ • $\overline{AE}=\overline{AF}$ • $\angle BIC=90^\circ+\frac{1}{2}\angle A$

3 무게중심 G

도형	성질
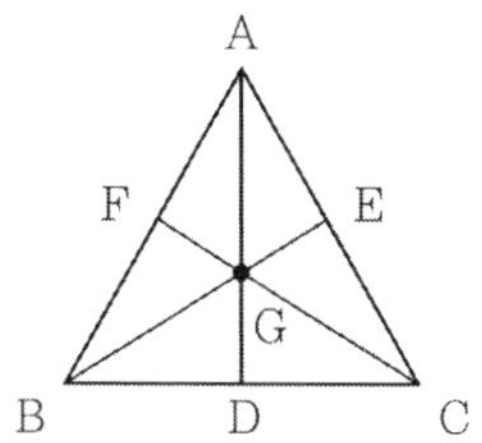	• 삼각형 6개의 넓이가 모두 같습니다. • 점 G는 각 중선의 길이를 꼭짓점으로부터 2:1로 나눕니다. 즉, $\overline{AG}:\overline{GD}=\overline{BG}:\overline{GE}=\overline{CG}:\overline{GF}=2:1$

4 방심 O

도형	성질
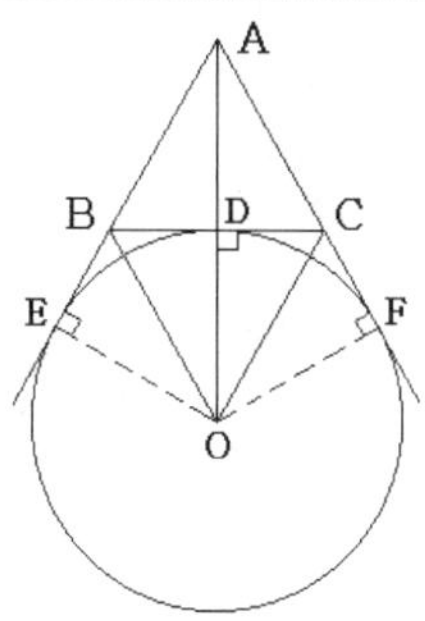	• $\overline{OD}=\overline{OE}=\overline{OF}$ • △AEO와 △AFO는 합동입니다. • $\overline{AE}=\overline{AF}=\frac{1}{2}(\overline{AB}+\overline{BC}+\overline{CA})$

5 수심 O

도형	성질
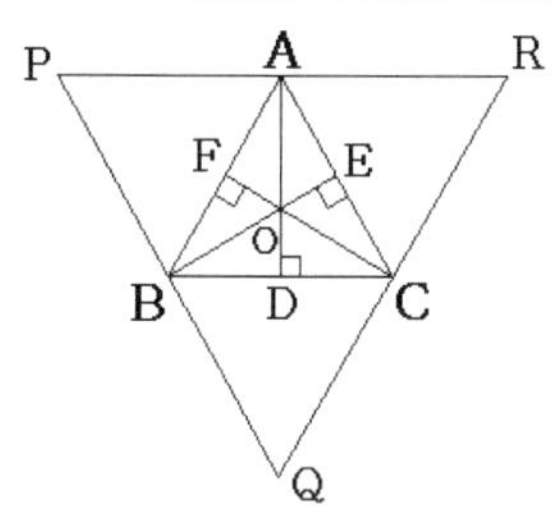	△ABC의 각 꼭짓점에서 마주보는 대변의 평행선을 연결해서 만든 △PQR에 대해서 △ABC의 수심 O는 △PQR의 외심이 됩니다. • 수심의 위치 1) 예각삼각형 : 삼각형의 내부 2) 직각삼각형 : 직각인 꼭짓점 3) 둔각삼각형 : 삼각형의 외부

참고문헌

• 삼각형의 오심에 관련된 다양한 성질 탐구. 경상대학교 교육대학원, 오성주, 2009.
• 삼각형의 오심의 성질 확장 : 영재학습자료 개발. 전남대학교 교육대학원. 송근정. 2006.

Challenge

■ 수학영재 핵심 용어 해설 2 : 도형 영역

1) 삼각형의 세 변의 수직이등분선은 한 점에서 만남을 증명해봅시다.

2) 영국 어느 지방의 보리밭에는 오른쪽 그림과 같은 문양이 새겨졌습니다. 큰 밭의 곡물이 일정한 방향으로 눕혀져 있어, 위에서 보면 기하학적인 무늬로 보이는 이 신비한 현상을 미스터리 서클이라 합니다. 어느 탐사대가 들판에 만들어진 원 모양의 미스터리 서클을 발견하였습니다. 탐사대는 가지고 있던 밧줄을 이용하여 이 원의 중심을 찾으려고 합니다(단, 밧줄은 충분히 길고 유연합니다). 밧줄을 이용하여 원의 중심을 찾는 서로 다른 방법을 다섯 가지 이상 찾고, 그 과정에 사용한 수학적 원리를 설명해봅시다.

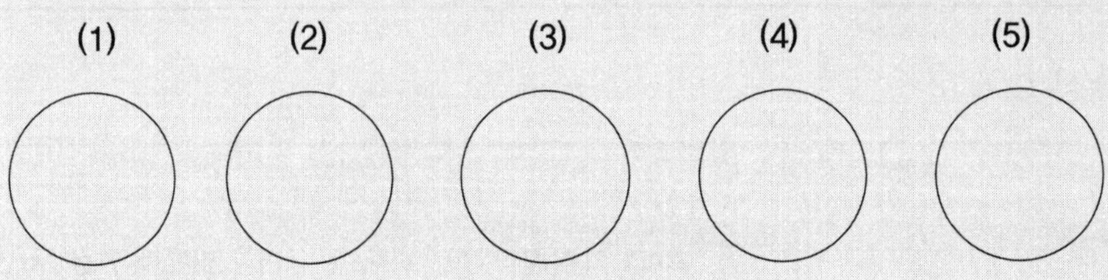

답안지

■ 수학영재 핵심 용어 해설 2 : 도형 영역

1) 오른쪽 그림과 같이 △ABC에서 $\overline{AB}$, $\overline{BC}$의 수직이등분선의 교점을 O라고 하면

$\overline{OA} = \overline{OB} = \overline{OC}$

∴ $\overline{OA} = \overline{OC}$ ·························· ①

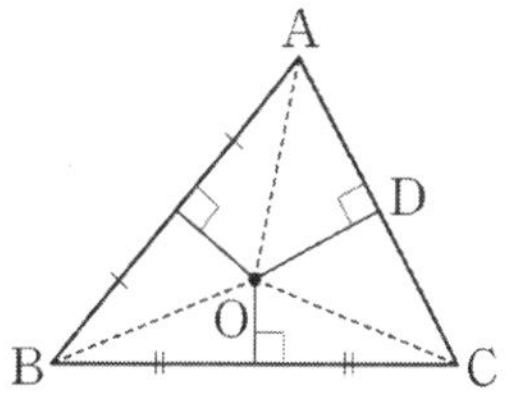

점 O에서 $\overline{AC}$에 내린 수선의 발을 D라고 하면 두 직각 삼각형 AOD와 COD에서

$\overline{OD}$는 공통인 변 ···················· ②

①, ②에 의해 두 직각삼각형의 빗변의 길이와 다른 한 변의 길이가 각각 서로 같으므로

$\triangle AOD \equiv \triangle COD$

∴ $\overline{AD} = \overline{CD}$

그러므로 $\overline{OD}$는 $\overline{AC}$의 수직이등분선입니다.

따라서 △ABC의 세 변의 수직이등분선은 한 점 O에서 만납니다.

2) 밧줄을 이용하여 다음과 같은 활동을 수행할 수 있다고 가정합시다.

① 밧줄을 이용하여 직선을 그릴 수 있다.

② 밧줄을 이용하여 주어진 선분의 중점을 찾을 수 있다.(밧줄의 양끝이 일치하도록 접으면 된다.)

③ 밧줄을 이용하여 원을 그릴 수 있다.(지정된 길이의 밧줄을 한 사람이 한 끝을 고정하고 다른 한 사람이 나머지 끝을 가지고 한 바퀴 돌면 된다.)

④ 따라서 밧줄을 이용하여 수직이등분선도 그릴 수 있다.(선분의 양 끝을 중심으로 하는 반지름의 길이가 같은 원을 그리고 그 두 원의 교점을 연결하면 수직이등분선이다.)

⑤ 또한 주어진 선분의 한 점을 지나는 수선을 그릴 수 있다.

⑥ 원의 접선을 그릴 수 있다.(밧줄을 팽팽하게 잡아당겨서 원과 한 점에서 만나도록 한다)

그러면 다음과 같이 원의 중심을 찾을 수 있습니다.

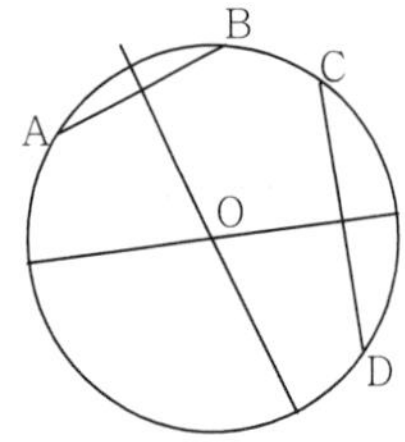

- 원 위에 두 개의 현 AB와 CD를 그린다.
- 두 현의 수직이등분선을 그린다.
- 두 현의 수직이등분선의 교점 O가 원의 중심이다.

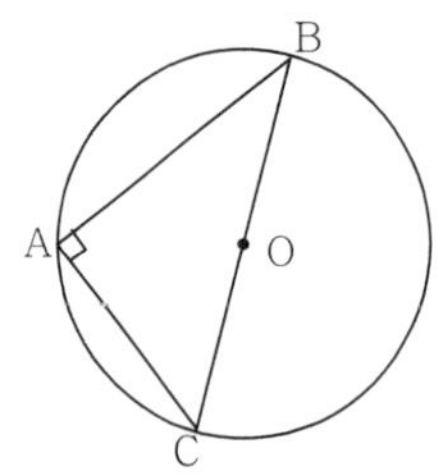

- 원 위에 현 AB를 그린다.
- 점 A를 지나는 현 AB의 수선을 그리고 이 수선과 원의 교점을 C라 하면 BC는 원의 지름이다. 따라서 BC의 중점 O가 원의 중심이다.

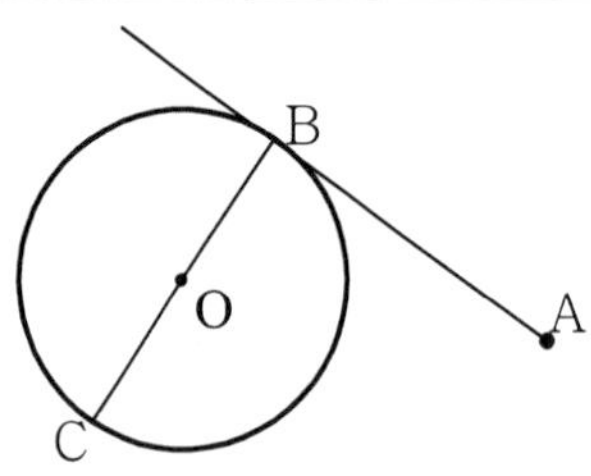

- 원 밖의 한 점 A에서 원의 접선을 하나 그리고 접점 B를 찾는다.
- B을 지나는 접선의 수선을 그리고 이 수선과 원의 교점을 C라 하면 BC는 원의 지름이다.
- 선분 BC의 중점이 원의 중심 O이다.

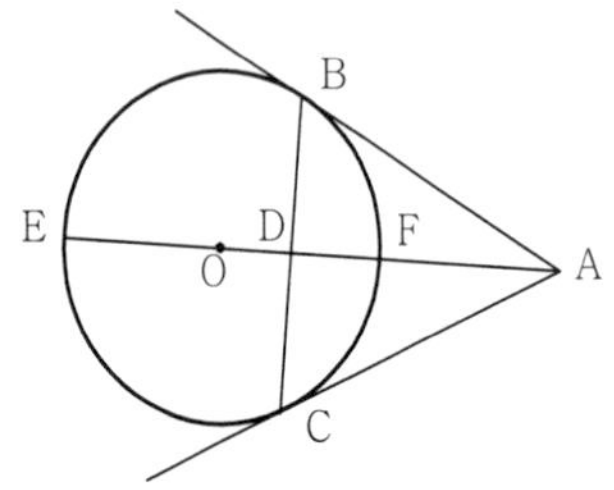

- 원 밖의 한 점 A에서 접선을 두 개 그어 접점 B, C를 찾는다.
- 선분 BC를 그리고 그 중점 D를 찾는다.
- 직선 AD를 그리고 이 직선과 원의 교점을 E, F라 하자.
- 선분 EF의 중점 O가 원의 중심이다.

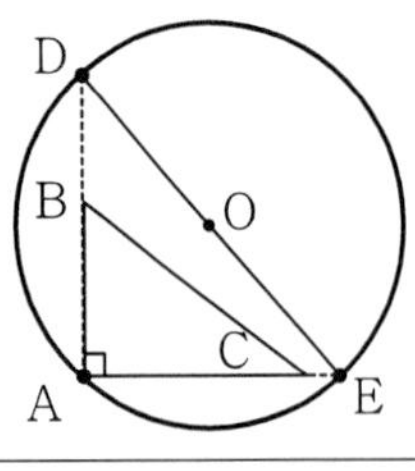

- 밧줄의 길이를 3 : 4 : 5로 하여 직각 삼각형 ABC를 만들고 점 A($\angle A = 90°$)를 원 위에 고정시킨다.
- 두 변 AB와 AC를 연장시켜 원과 만나는 점을 각각 D, E라 하자.
- 선분 DE의 중점 O가 원의 중심이다.

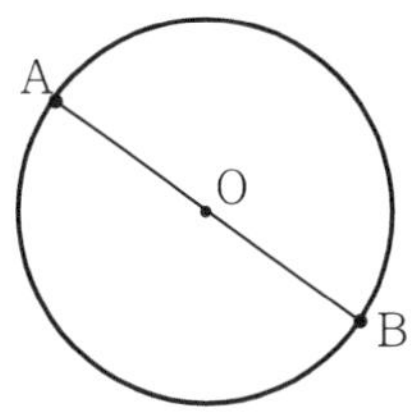	• 밧줄로 원 둘레를 감아서 길이를 재고 이 길이를 이등분하는 점 A, B를 고정한다. • 선분 AB는 이 원의 지름이고 따라서 선분 AB의 중점 O가 원의 중심이다.
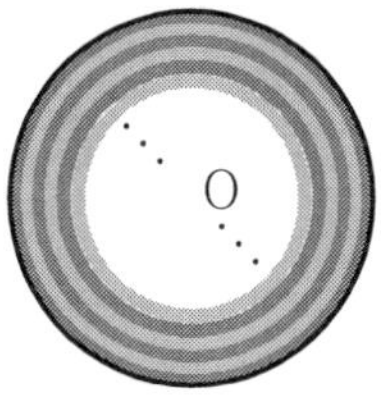	• 다음 예와 같이 대략적인 원의 중심을 찾는 방법도 있다. • 밧줄의 두께가 있다고 본다. • 밧줄의 한 끝을 원주 위에 고정시키고 원의 내부를 그림처럼 차례로 채워나간다. • 마지막에 남는 점이 원의 중심 O이다.

14 작도의 기초

■ 수학영재 핵심 용어 해설 2 : 도형 영역

작도란?

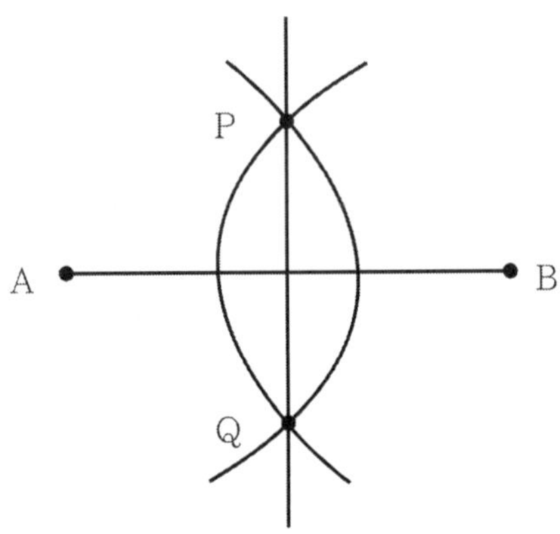

작도란 눈금 없는 자와 컴퍼스만을 사용하여 도형을 그리는 것입니다. 컴퍼스는 주어진 점을 중심으로 반지름을 지닌 원을 그리거나 길이를 옮기는 데 쓰이며 눈금 없는 자는 두 점을 지나는 직선을 긋거나 선분을 연장하는 데 쓰입니다. 컴퍼스와 눈금 없는 자를 '유클리드 도구'라고도 합니다.

'유레카' 하면 떠오르는 수학자는 누구인가요? 바로 고대 그리스의 수학자 아르키메데스입니다. 그는 고대 그리스의 가장 위대한 수학자이자 물리학자로 손꼽히지만, 허무한 이유로 사망한 것으로도 유명합니다. 창과 칼을 든 로마병사들이 바로 옆에 있었을 때에도 아르키메데스는 땅바닥에 도형을 그리고 있었습니다. 로마병사가 그림을 지우자 이에 항의하다 사망한 것입니다. 죽기 직전까지 도형을 그리고 그 성질을 탐구하는 일에 빠져 있었습니다. 아르키메데스가 즐겨한 작도에 대해 이제 탐구해 봅시다.

작도는 언제부터 시작되었나요?

작도는 이집트의 나일 강 지역에서 생겨났습니다. 매년 반복되는 나일 강의 범람으로 상류의 비옥한 토지가 하류로 떠내려와 농경지 규획의 복원이 필요했는데, 측량을 통해 이를 회복하려는 노력에서 전문 측량 기술자와 밧줄을 이용하여 길이를 재는 사람인 승장사란 직업이 생겼습니다. 농경지 복원과정을 통해 작도는 점차 발전하고 기술화되었는데, 역사적 사료들을 찾아보면 높은 측량기술 수준에도 불구하고 승장사들이 사용했던 기구는 고작 말뚝과 밧줄뿐이었다고 합니다.

이집트에 갔던 그리스의 위대한 수학자 탈레스는 이집트에서 승장사에 의한 작도법과 진보한 측량술을 공부하고 고향인 밀레투스로 돌아와 이 작도법을 학문의 형태인 논증의 학문으로 정리하였습니다. 그리고 작도를 할 때 눈금 없는 자와 컴퍼스만을 사용하는 것을 처음으로 주장한 사람은 고대 그리스의 철학자이자 수학자인 플라톤입니다. 고대 그리스 사람들은 직선과 원을 기본도형으로 생각하였는데, 이 기본도형을 그릴 때 사용할 수 있는 것이 바로 눈금 없는 자와 컴퍼스였습니다.

작도의 기초 탐구

1 선분의 연장

선분 AB가 있습니다. 눈금 없는 자와 컴퍼스를 사용하여 선분 AB의 두 배 길이를 갖는 선분을 작도해봅시다.

우선 선분 AB의 연장선을 그립니다. 그리고 다음의 그림과 같이 점 B를 중심으로 하고, 반지름이 선분 AB인 원을 그려, 이 연장선과 만나는 점을 C라고 합니다. 이때의 선분 AC는 길이가 선분 AB의 두 배인 선분이 됩니다.

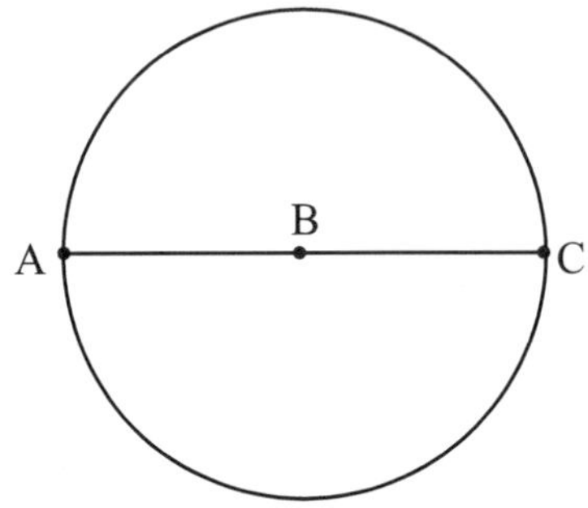

그렇다면, 다음의 그림에서 선분 AC, 선분 AD, 선분 AE의 길이는 선분 AB의 몇 배가 되는지 찾아봅시다. 컴퍼스를 이용하여 먼저 선분 AB의 길이를 잰 후, 다른 선분들 위에서 그 길이의 몇 배인지 측정하면 됩니다. 그러면, 2배, 3배, 4배가 되는 것을 알 수 있습니다.

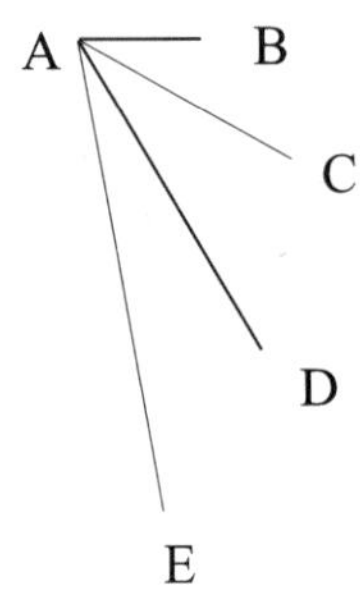

2 평행선 작도

이제 평행선을 작도해봅시다. 평행선을 가지고 있고 네 변의 길이가 같은 도형에는 정사각형, 마름모가 있습니다. 직각을 포함하지 않는 마름모를 그려봅시다. 다음 그림에서 선분 AB를 한 변으로 하는 마름모는 컴퍼스를 이용하여 점 A와 점 B를 각각의 중심으로 원을 그려 교차점인 점 C를 찾습니다. 그리고 점 B와 점 C를 각각의 중심으로 원을 그려 교차점인 점 D를 찾아 모든 점을 이으면 마름모가 완성됩니다. 선분 AB의 평행선인 선분 CD가 그려진 것을 확인할 수 있습니다.

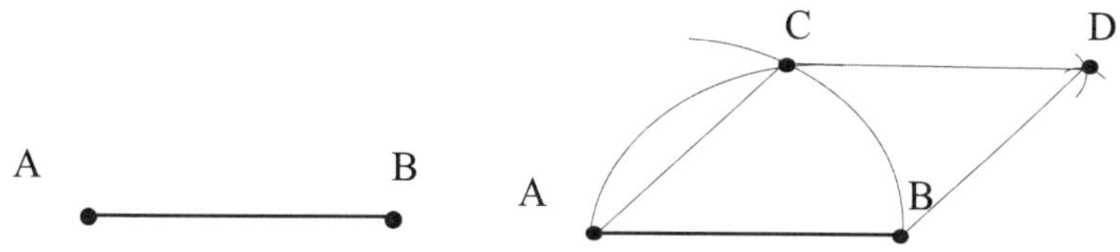

그렇다면 특정한 점을 지나는 직선의 평행선은 어떻게 작도할까요? 다음 그림처럼 선분 AB에서 떨어진 지점에 점 P가 존재한다면 점 P를 지나고 선분 AB에 평행인 직선을 어떻게 작도하면 되는지 고민해봅시다. 바로 '마주보는 변이 서로 평행하다'라는 마름모의 성질을 이용하여 평행선을 작도하면 됩니다. 선분 AP를 반지름으로 하는 원을 그리고 선분 AB와 원이 만나는 점을 C라 하면 점 C와 점 P를 중심으로 하고, 선분 AP를 반지름으로 하는 두 개의 원을 그려 두 원이 만나는 점 Q를 작도합니다. 점 P와 Q를 지나는 직선을 그리면 이 직선은 선분 AB에 평행선이 됩니다.

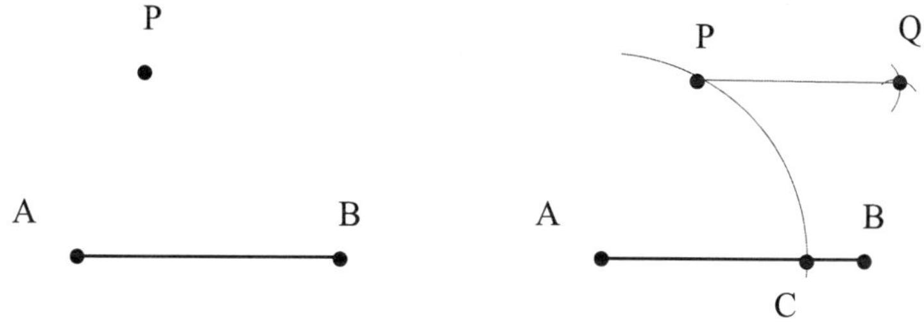

❸ 수직이등분선 작도

선분 AB의 수직이등분선을 작도해봅시다. 선분의 양 끝점에서 같은 거리를 잡아야 합니다. 점 A에서 같은 거리에 있는 점들을 컴퍼스를 이용해서 그린 후 컴퍼스의 침과 연필 끝 사이의 거리를 그대로 유지한 채 점 B에서 같은 거리의 있는 점들을 그리면 두 원이 만나는 점 C와 D를 잡을 수 있습니다. 점 C와 D를 이은 직선 CD가 선분 AB를 수직이등분한 직선입니다.

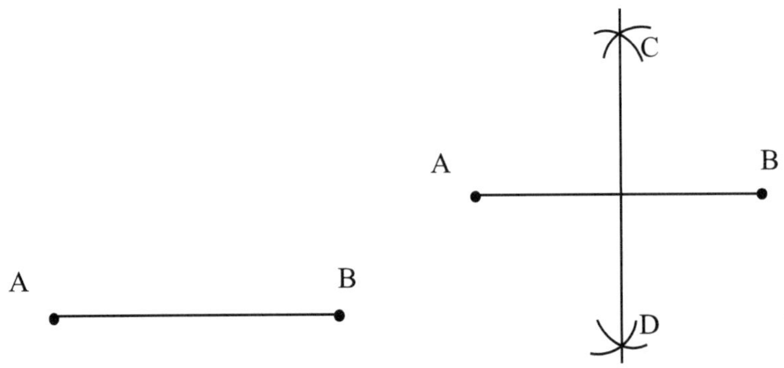

선분 AB에 수직이고 점 C를 지나는 수선을 작도해봅시다. 다음과 같이 점 C를 중심으로 직선 AB 위에 반원을 그린 후 직선과 반원이 만나는 점 E, F에서 다시 반지름이 같은 원을 그려 만나는 점 D를 잡고 점 C와 D를 연결합니다. 이와 같이 한 직선에 대해 서로 반대편에 위치하고 두 점을 연결한 선분이 직선에 의해 수직이등분될 때 두 점을 직선에 대한 대칭점이라고 합니다. 예를 들어 점 C의 대칭점은 점 D이고 점 A의 대칭점은 점 B입니다.

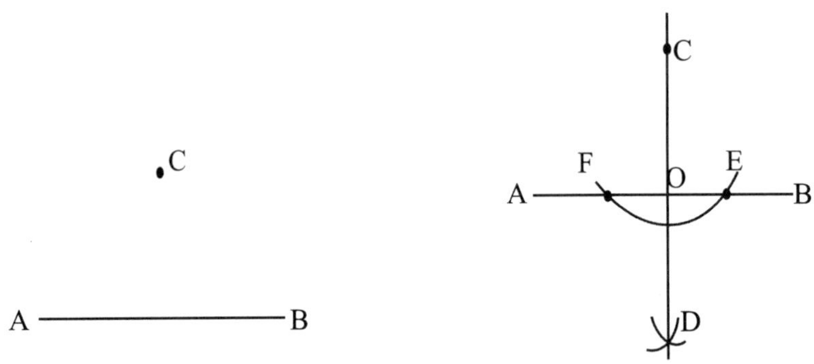

4 각의 작도

다음 각 BAC와 크기가 같은 각을 작도해봅시다. 우선 크기가 같은 각을 이동할 선분 A'C'를 그린 후 점 A에서 적당한 크기의 반원을 그리고 컴퍼스 침을 그대로 A'에 옮겨 반원을 그립니다. 반원과 선분 A'C'가 만나는 점 D'를 찍고 D에서 E까지 컴퍼스를 벌린 후 그대로 컴퍼스 침을 옮겨 D'에서 반원을 그립니다. 두 반원이 만나는 점 E'와 A'를 선분으로 연결하면 각 BAC와 크기가 같은 각을 작도하게 됩니다.

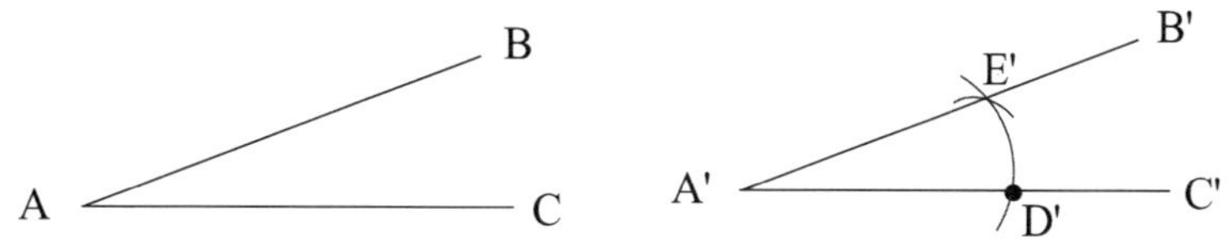

한 각이 직선에 의해 같은 크기를 갖는 두 개의 각으로 나누어질 때 이 직선을 각의 이등분선이라고 합니다. 다음 각 ABC의 이등분선을 작도해봅시다. 컴퍼스를 이용하여 네 변의 길이가 같은 사각형을 작도하고 대각선을 이어 각의 이등분선을 작도할 수 있습니다. 즉 점 B를 중심으로 적당한 크기의 반원을 그리고 원과 선분이 만나는 점 D, E에서 다시 똑같은 크기의 반원 2개를 그려서 만나는 점 F와 점 B를 연결하면 각 ABC의 이등분선이 작도됩니다.

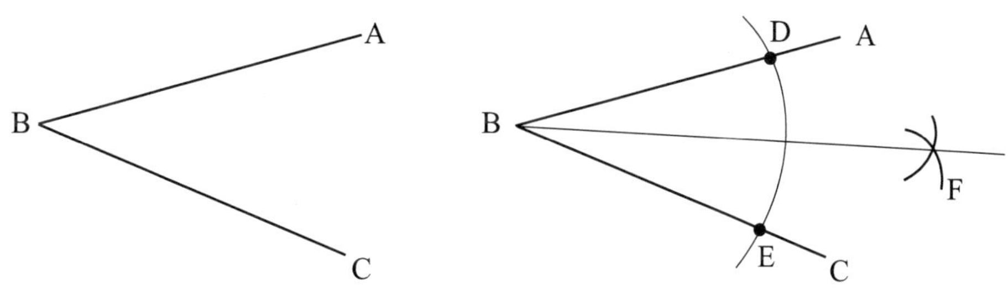

60°의 각을 작도해봅시다. 60°의 각을 한 내각의 크기로 가지는 도형은 정삼각형입니다. 정삼각형은 세 변의 길이가 같으므로 이를 이용하여 작도를 한다면, 점 A를 중심으로 하고 선분 AB를 반지름으로 하는 원을 그립니다. 그리고, 점 B를 중심을 하고 선분 AB를 반지름으로 하는 원을 그립니다. 두 원이 만나는 점과 점 A를 그으면 60°의 각이 완성됩니다.

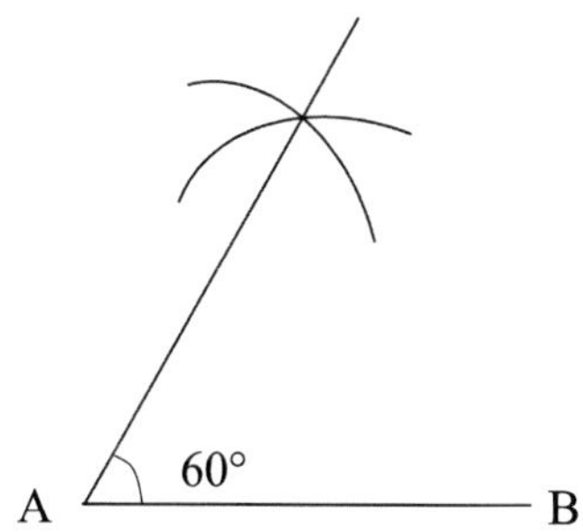

30°와 120°의 각은 어떻게 작도할 수 있을까요? 60° 각의 이등분선을 작도하면 30°의 각이 완성되고 60° 각의 한 직선을 반대로 이으면 반대쪽 각은 120°가 됩니다.

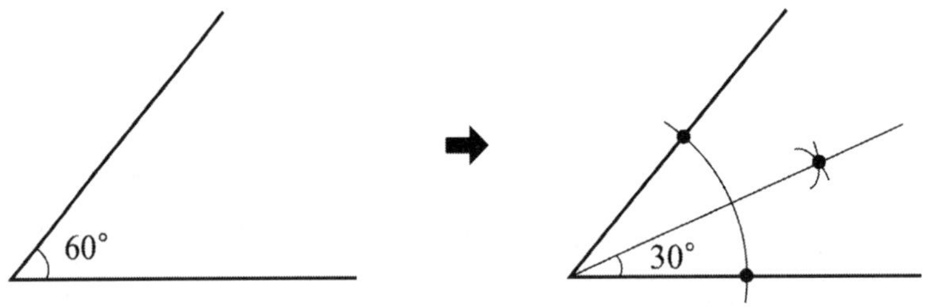

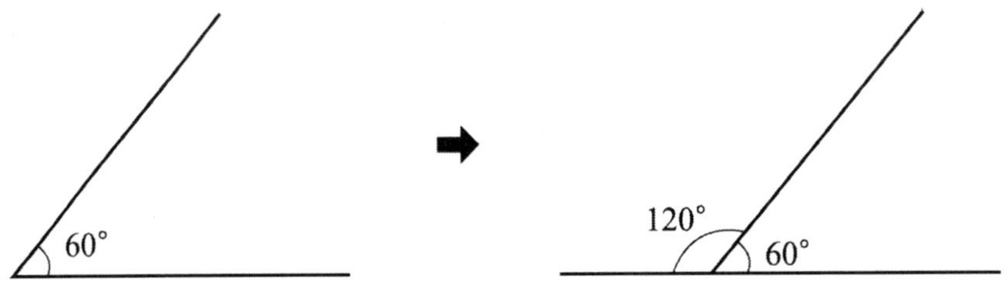

참고문헌

- 대전일보(2010.08.02.)
- 한국교육개발원(2007). 영재교육자료(눈금 없는 자와 컴퍼스로 디자인하기)

Challenge

■ 수학영재 핵심 용어 해설 2 : 도형 영역

1) 선분 AB에 수직이고 점 C를 지나는 수선을 작도해봅시다.

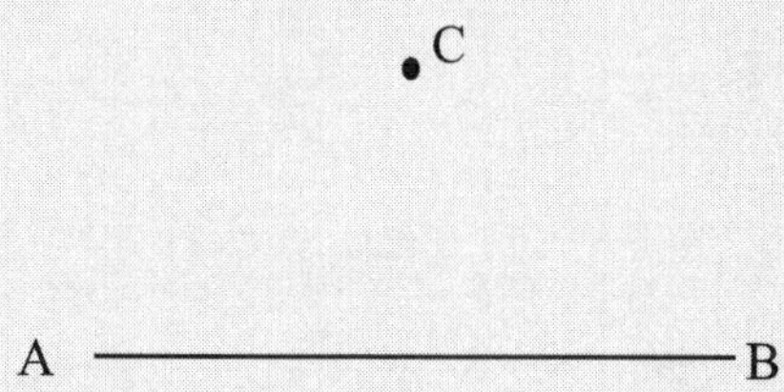

2) 90° 를 삼등분하는 반직선을 두 개 작도해봅시다.

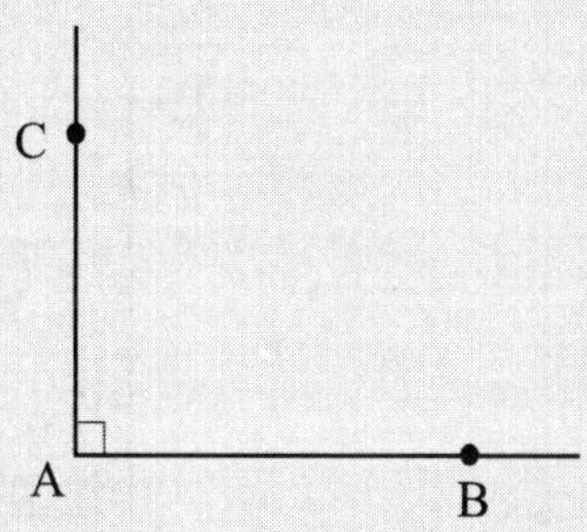

답안지

■ 수학영재 핵심 용어 해설 2 : 도형 영역

1)

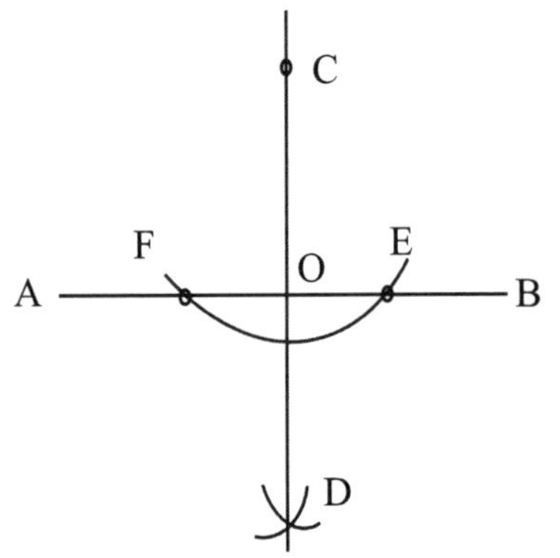

2)

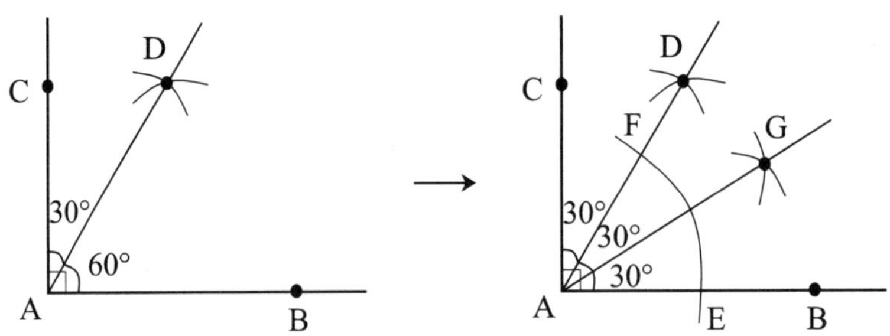

15 작도의 활용

건축물과 작도

이집트의 피라미드, 그리스의 파르테논 신전도 눈금 없는 자와 컴퍼스로 설계를 하여 세웠다고 합니다. 이처럼 대규모의 구조물을 짓기 위해서는 고도로 발달된 측량 기술이 필요한데 측량술이 발달하기 위해서는 수선과 평행선, 각의 이등분선의 작도 등 도형에 관한 여러 가지 기본적인 작도 기술이 쌓여야 합니다.

작도 탐구

1 삼각형의 작도

다음과 같이 세 선분의 길이가 주어졌을 때, 이 선분들을 세 변으로 하는 삼각형을 작도하려고 합니다. 눈금 없는 자는 선분을 그리고, 컴퍼스는 주어진 길이를 옮기는 데 사용하면 됩니다. 다음의 선분들을 각각 선분 A, B, C라 합시다.

A B C

선분 C의 양 끝점에서 반지름이 각각 선분 A, B인 원을 그립니다. 이때 교점을 선분 C의 끝점과 연결하는 선분을 그리면 세 선분의 길이를 사용한 삼각형을 그릴 수 있습니다.

a

b

c

이번에는 다음의 두 선분과 그 사이의 이루는 각이 60°일 때, 삼각형을 작도해봅시다. 다음의 선분들을 각각 선분 A, B라 합시다.

A B

선분 B의 한 끝점에서 정삼각형의 성질을 이용하여 60°의 각을 작도하고 선분 A의 길이를 컴퍼스로 표시한 후, 이때의 교점과 선분 B의 다른 끝점을 이으면 주어진 조건의 삼각형을 그릴 수 있습니다.

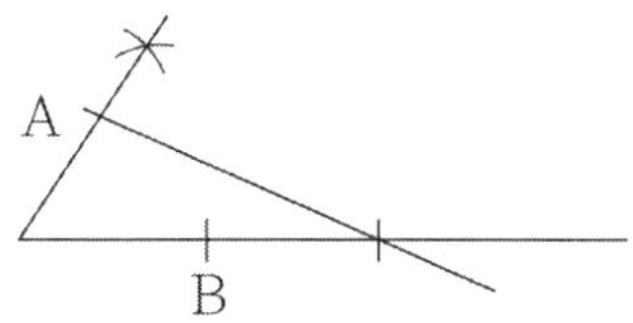

2 정다각형의 작도

정다각형을 작도하려면 정다각형의 한 내각의 크기를 작도하고 변의 길이를 같도록 그리면 됩니다. 이제부터 원을 이용하여 정다각형을 작도하는 방법을 배워보겠습니다. 한 가지 방법은 원의 반지름을 긋고 그 반지름과 중심각이 120°인 반지름 2개를 그어 원주와 만나는 3점을 잇는 방법으로 정삼각형을 그릴 수 있습니다. 즉 360°를 3으로 나눈 120°가 중심각이 되도록 점을 찾아 연결하면 정삼각형이 됩니다.

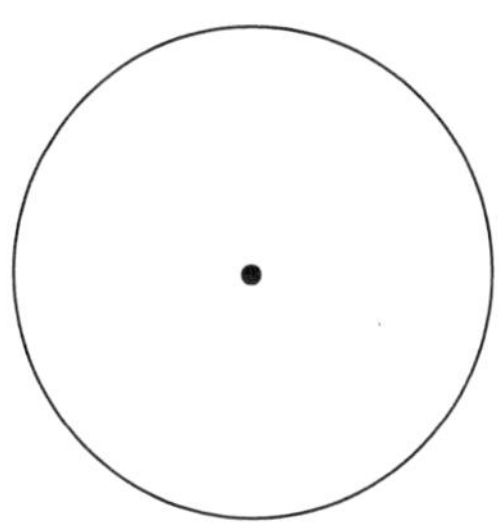

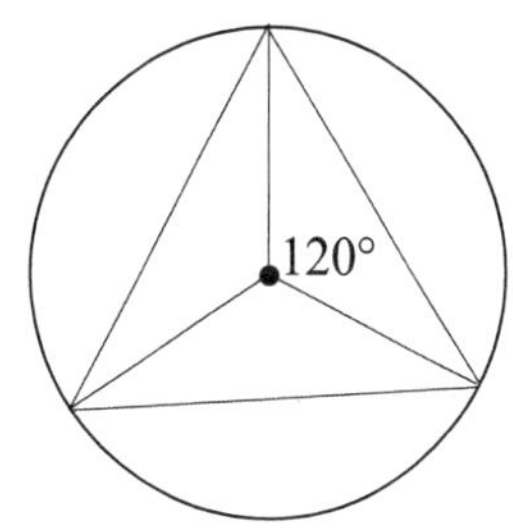

다른 방법은 다음의 그림을 보며 설명하겠습니다. 임의의 점 O를 중심으로 하는 원을 작도하고 원의 중심 O를 지나는 직선을 그린 후, 원과 만나는 두 점을 A, B라고 합니다. 점 B를 중심으로 하고, 원 O와 같은 반지름의 원을 그려, 원 O와 만나는 두 점을 C, D라고 합니다. 마지막으로 세 점 A, C, D를 이으면 정삼각형이 됩니다.

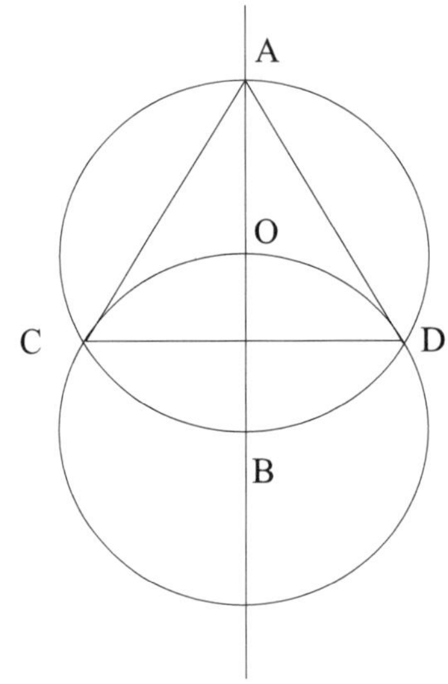

이제 다음의 원을 이용하여 정사각형을 작도해봅시다. 수직이등분선을 사용하면 됩니다. 원의 중심을 지나는 지름 AB를 긋습니다. 그리고, 선분 AB를 수직이등분하는 선분 CD를 긋습니다. 원과 선분이 만나는 점을 이으면 정사각형이 완성되었습니다.

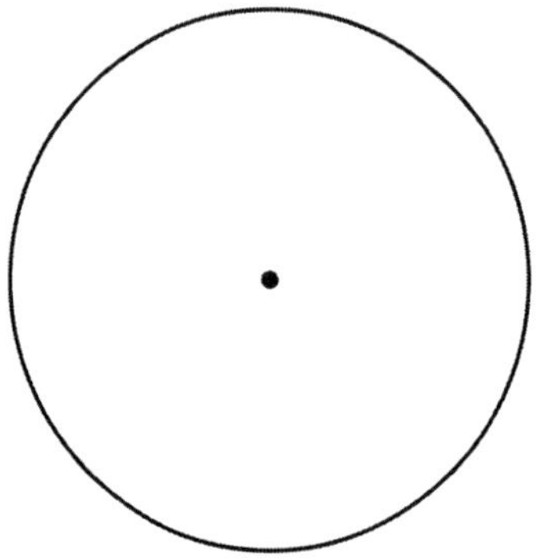

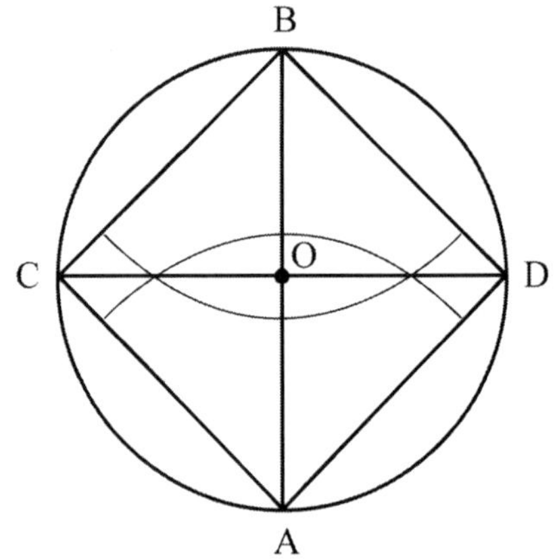

다음의 원을 이용하여 정오각형을 작도해 봅시다. 원의 지름을 긋고 지름과 수직이 되게 반지름을 그립니다. 반지름 OA의 중점 C를 중심으로 선분 CB를 반지름으로 하는 원을 그려 지름과 만나는 점을 D라 합니다. 점 B를 중심으로 선분 BD를 반지름으로 하는 원을 그려 원주와 만나는 점을 E라 합니다. 같은 크기의 반지름으로 원과 만나는 점을 중심으로 원을 그리면 원주가 5등분 됩니다. 이 점들을 모두 이으면 정오각형이 됩니다.

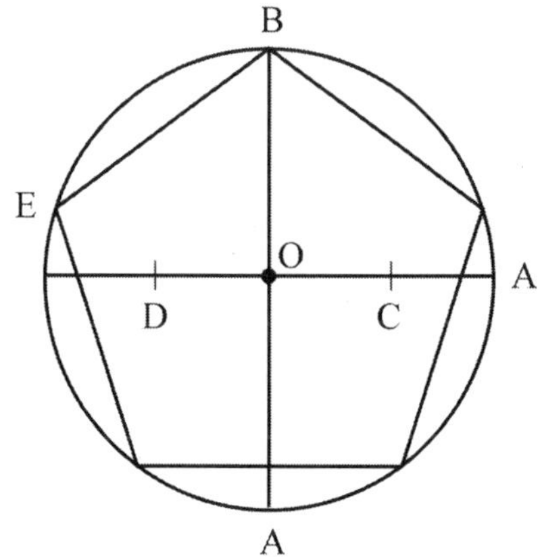

다음의 원을 이용하여 정육각형을 작도해봅시다. 점 O를 중심으로 한 원을 그리고 원의 중심을 지나는 지름 AB를 긋습니다. 컴퍼스를 이용하여 점 A를 중심으로 하고 점 O를 지나는 반원을 처음 그린 원의 원주와 만나도록 그립니다(점 D, 점 E). 점 B를 중심으로 하고 점 O를 지나는 반원을 처음 그린 원의 원주와 만나도록 그립니다(점 C, 점 F). 점 A, B, C, D, E, F를 선분으로 연결하면 정육각형이 완성됩니다.

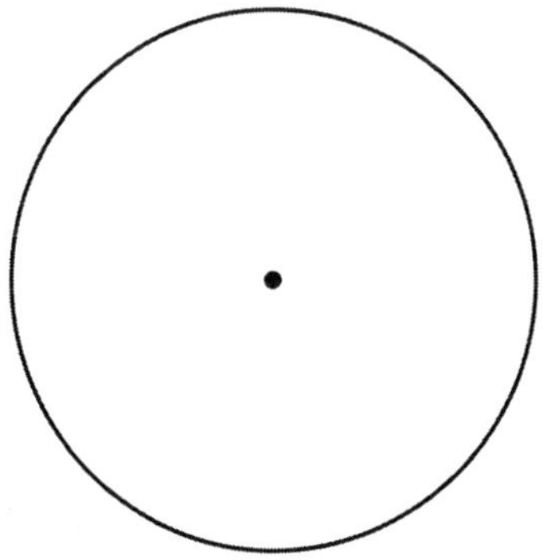

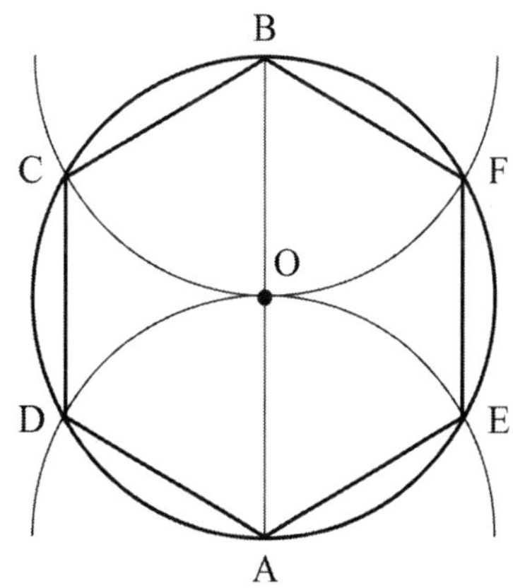

다른 방법을 알아봅시다. 정삼각형의 각 변을 수직이등분한 직선을 그어 원과 만나는 점과 삼각형의 꼭짓점을 연결하여 그릴 수 있습니다. 또한 한 점을 중심으로 60°가 되는 선분 6개를 그리고 그 점을 중심으로 원을 그려서 원과 선분이 만나는 점끼리 이어서 정육각형을 그릴 수 있습니다. 정삼각형의 각 변을 수직이등분한 직선을 그어 원과 만나는 점과 삼각형의 꼭짓점을 연결하여 정육각형을 그릴 수 있다면 정십이각형도 그릴 수 있습니다. 마지막 도전 문제에서 그려봅시다.

다음의 원을 이용하여 정팔각형을 작도해봅시다. 어떤 방법이 있을까요? 정사각형의 한 변을 수직이등분하는 방법으로 정팔각형을 작도할 수 있습니다. 정사각형의 네 변을 모두 수직이등분하거나 정팔각형은 모든 변의 길이가 같은 다각형이므로 정사각형의 한 변만 수직이등분하여 정팔각형의 한 변의 길이를 찾아 컴퍼스의 침과 연필 끝 사이의 거리를 통해 같은 거리의 점을 잡아 그리면 다음과 같이 정팔각형을 작도할 수 있습니다.

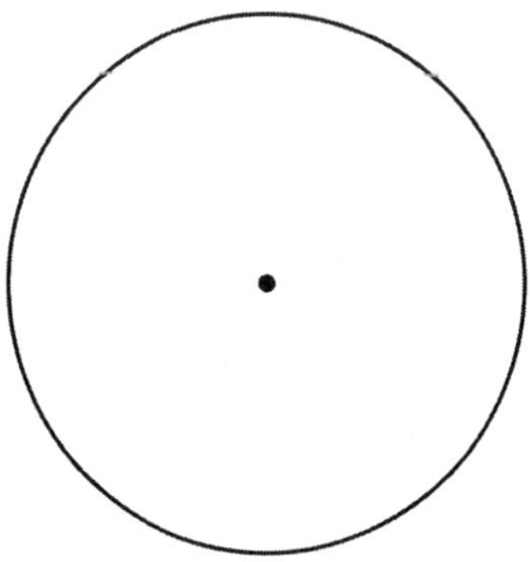

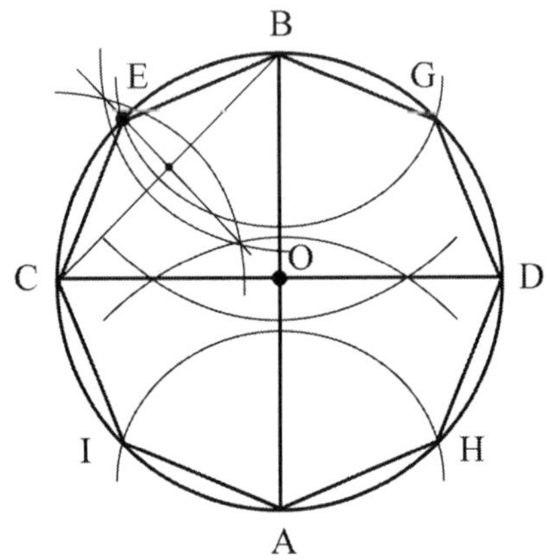

❸ 넓이가 같은 다각형의 작도

다음의 왼쪽 그림과 같이 주어진 삼각형과 넓이가 같은 직각삼각형을 작도하는 방법을 알아봅시다. 오른쪽 그림과 같이 주어진 삼각형의 세 꼭짓점을 A, B, C라고 하고 점 C를 지나고 선분 AB에 평행인 직선 CP를 작도한 후, 점 B를 지나고 선분 AB에 수직인 직선 PB를 작도합니다. 두 직선이 만나는 점을 P라 하면 삼각형 PAB는 삼각형 ABC와 같은 넓이의 직각삼각형이 됩니다. 주어진 삼각형과 넓이가 같은 이등변삼각형은 어떻게 작도할 수 있을까요? 선분 AB의 수직이등분선을 그려 평행선과 만나는 점 D를 작도하면 조건에 맞는 이등변삼각형을 작도할 수 있습니다.

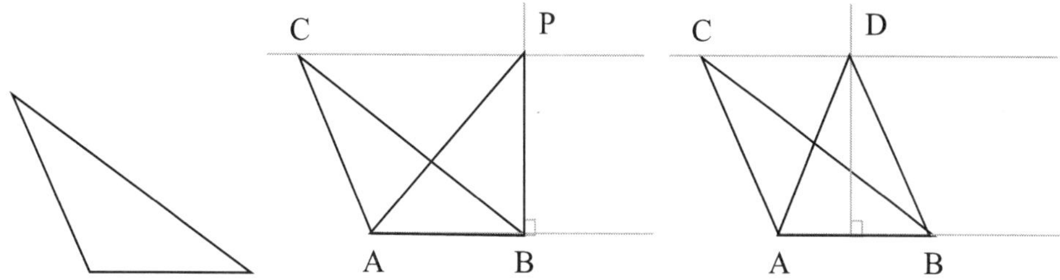

다음과 같이 주어진 사각형과 넓이가 같은 삼각형을 작도해봅시다. 사각형의 꼭짓점을 A, B, C, D라 하고, 선분 AB의 연장선을 그립니다. 선분 BD를 그린 후, 점 C를 지나고 선분 BD에 평행인 직선을 그려 연장선과 만나는 점 E를 작도하면 삼각형 DAE와 사각형 ABCD는 넓이가 같습니다. 이것은 선분 BD와 선분 CE는 평행하기 때문에 가능합니다.

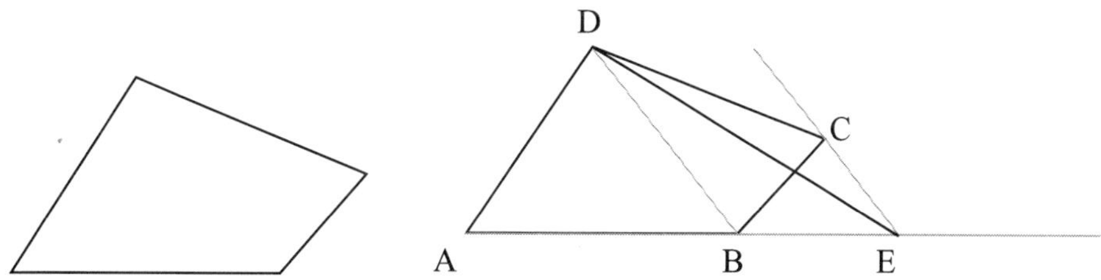

다음의 왼쪽 삼각형과 넓이가 같은 직사각형을 작도하는 방법을 알아봅시다. 삼각형의 세 꼭짓점을 A, B, C라고 하고 변 AB의 중점을 D, 변 AC의 중점을 E라 합니다. 점 D와 E를 잇는 직선을 그린 후, 점 B와 C에서 선분 BC에 수직인 직선을 그려, 직선 DE와 만나는 두 점을 P, Q를 작도합니다. 사각형 PBCQ는 삼각형 ABC와 넓이가 같은 직사각형입니다.

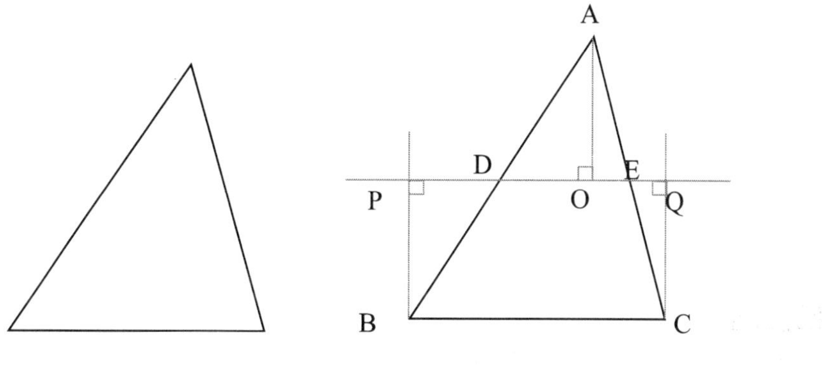

다음의 왼쪽 오각형과 넓이가 같은 삼각형을 작도해봅시다. 먼저 오각형을 삼각형 조각들로 분할해야 합니다. 그림과 같이 대각선을 그리고, 두 꼭짓점을 지나는 평행선을 그려, 밑변의 연장선과 만나는 점을 찾습니다. 연장선과 평행선이 만나는 점을 이으면 오각형과 넓이가 같은 삼각형입니다.

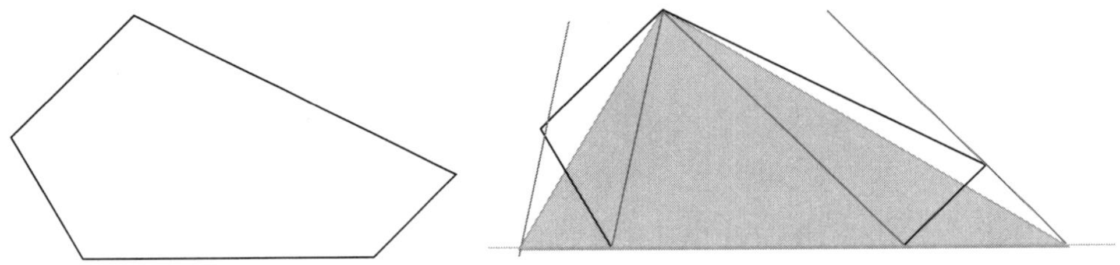

참고문헌

• 한국교육개발원(2007). 영재교육자료(눈금 없는 자와 컴퍼스로 디자인하기)

Challenge

■ 수학영재 핵심 용어 해설 2 : 도형 영역

1) 다음 두 선분과 그 끼인각이 120° 인 삼각형을 작도해봅시다.

2) 정십이각형을 작도하는 방법을 설명해봅시다.

답안지

1)

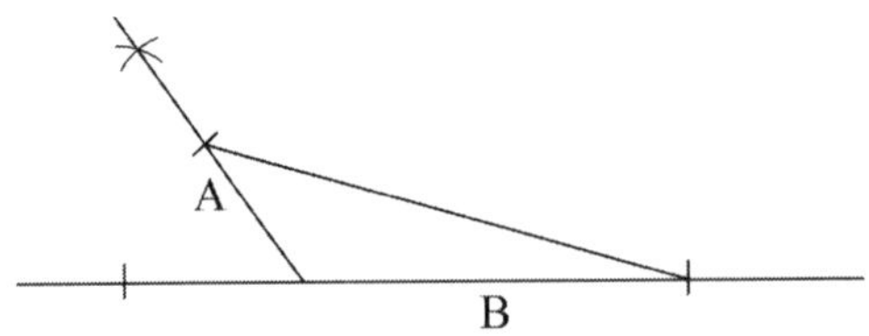

2) 정육각형의 각 변을 수직이등분한 직선을 그어 원과 만나는 점과 정육각형의 꼭짓점을 연결하여 그릴 수 있습니다.

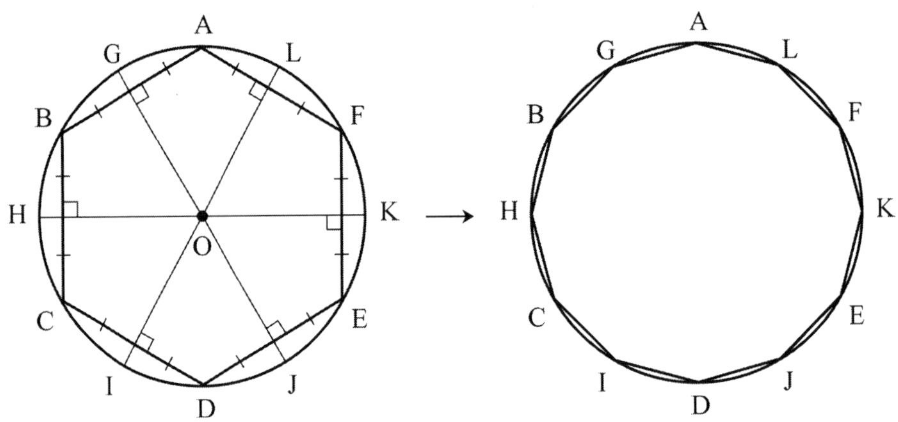

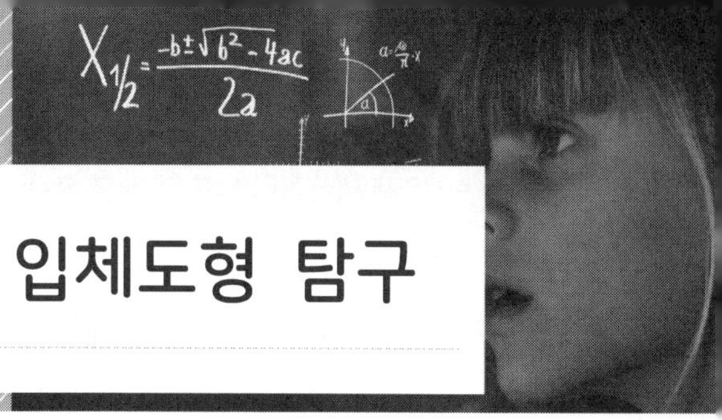

16 정다면체를 통한 입체도형 탐구

■ 수학영재 핵심 용어 해설 2 : 도형 영역

정다면체란?

다면체는 네 개 이상의 평면 다각형으로 둘러싸인 입체도형으로 면의 수에 따라 사면체, 오면체라고 부릅니다. 그중 정다면체는 모든 면이 합동인 정다각형이고 한 꼭짓점에 모여 있는 면의 개수가 같은 다면체입니다.

정다면체 탐구의 시작

고대 그리스 철학자 플라톤은 이 세상은 네 가지 원소인 물, 불, 흙, 공기로 이루어져 있는데 이 네 가지 원소는 모두 작은 입체들의 집합체이며 세계는 완벽한 입체만으로 만들어질 수 있기 때문에 이 원소들은 모두 정다면체여야 한다고 생각했습니다. 그래서 가장 가볍고 날카로운 원소인 불은 정( )면체, 가장 안정된 원소인 흙은 정( )면체, 가장 유동인적 원소인 물은 쉽게 구를 수 있는 모양의 정( )면체, 정( )면체는 마주보는 두 꼭짓점을 잡고 돌릴 수 있으므로 공기의 불안전성을 나타낸다고 했으며, 마지막으로 정( )면체는 우주 전체의 형태를 나타낸다고 믿었습니다. ( )에 들어갈 숫자는 무엇일까요? 이제 정다면체를 탐구해보며 예상해봅시다.

정다면체 탐구

1 한 면이 정삼각형으로 구성된 정다면체

정다면체를 찾기 위해서 몇 가지를 미리 알아야 합니다. 우선 입체도형이 되기 위해서

한 꼭짓점에 모이는 면의 개수와 한 꼭짓점에 모이는 내각의 합을 구하는 방법입니다.

그럼, 입체도형이 되기 위해서 한 꼭짓점에 모이는 면의 개수는 최소 몇 개가 모여야 할까요? 한 꼭짓점에 정삼각형 2개를 모아보세요. 입체도형이 되기 어렵습니다. 한 꼭짓점에 정삼각형 3개를 모아보세요. 이제는 입체도형이 만들어질 수 있습니다. 입체도형이 되기 위해서는 한 꼭짓점에 3개 이상의 면이 모여야 합니다.

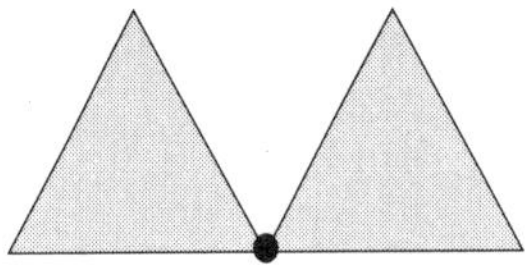

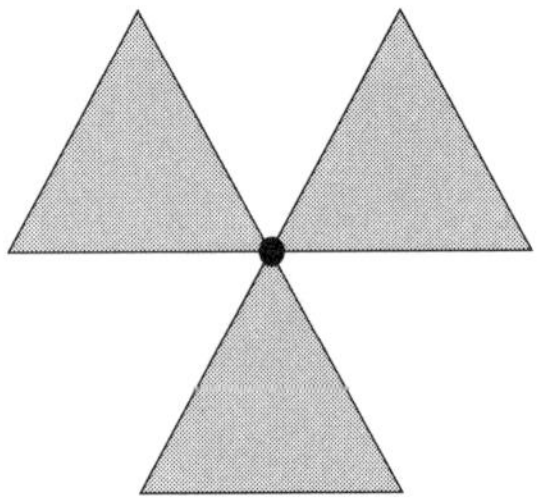

이제 한 꼭짓점에 모이는 내각의 합을 구하는 방법을 살펴볼까요? 한 꼭짓점에 정삼각형 3개가 모이면 다음과 같이 구할 수 있습니다.

(정삼각형 한 내각의 크기) × (한 꼭짓점에 모이는 다각형의 수)

즉, 60°×3=180°와 같은 방법으로 구할 수 있습니다. 꼭짓점에 모이는 내각의 합이 360°이면 어떻게 될까요? 한 꼭짓점에 모이는 정다각형들이 평면을 이루기 때문에 입체도형이 되기 어렵습니다. 정삼각형 6개를 한 꼭짓점에 모아보면 평면을 이룹니다.

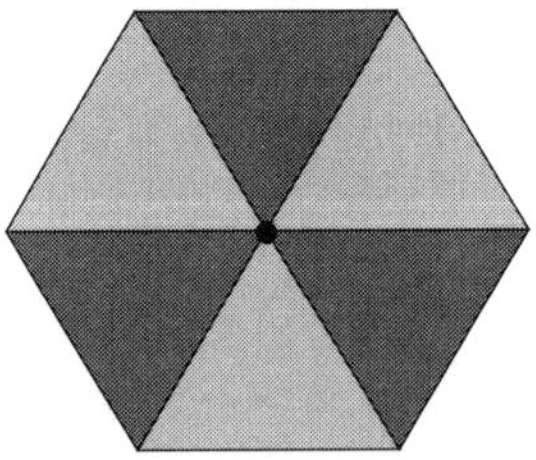

이제 한 면이 정삼각형인 정다면체를 구할 수 있습니다. 입체도형이 되기 위해서는 한 꼭짓점에 정삼각형 3개가 모여야 하고 6개가 모이면 평면이 되므로 정삼각형 3개, 4개, 5개일 때, 정다면체를 만들 수 있습니다. 이제 정삼각형으로 만들어진 정다면체를 다음의 표에서 살펴봅시다.

한 꼭짓점에 모이는 정삼각형의 개수	한 꼭짓점에 모이는 내각의 합	정다면체
3개	60° ×3 = 180°	
4개	60° ×4 = 240°	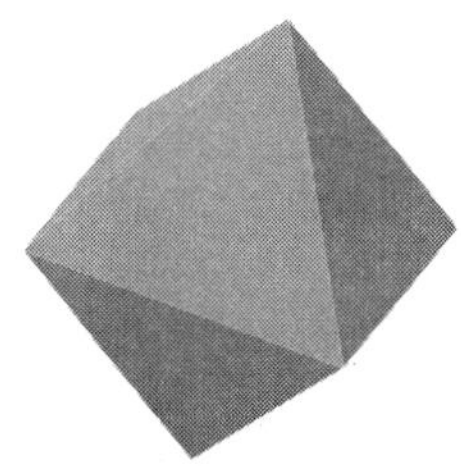
5개	60° ×5 = 300°	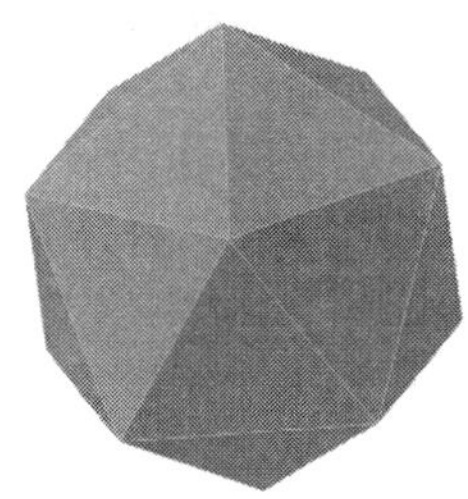

위에 제시된 정다면체는 정다면체의 면의 수에 따라 이름을 붙입니다. 그래서 위에서부터 정사면체, 정팔면체, 정이십면체가 됩니다.

❷ 한 면이 정사각형으로 구성된 정다면체

모든 면이 정사각형으로 구성된 정다면체를 생각하면 한 꼭짓점에 모이는 면의 개수를 3개부터 생각해야 합니다. 한 꼭짓점에 모이는 내각의 합은 (정사각형 한 내각의 크기)×(한 꼭짓점에 모이는 다각형의 수)의 식을 이용하여 90°×3=270°가 되어서 하나의 정다면체를 구성합니다. 이때, 정다각형 몇 개가 모여야 정다면체가 될까요? 6개가 모여서 정육면체가 됩니다.

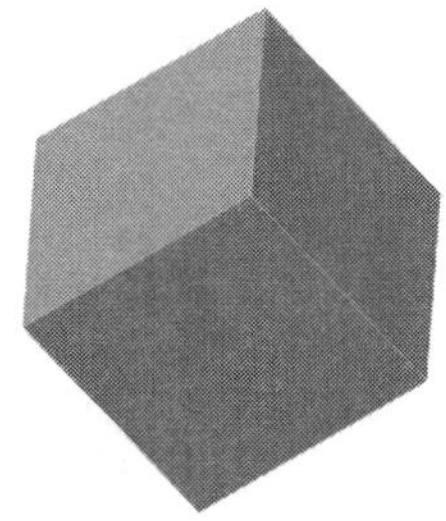

하지만, 한 꼭짓점에 4개의 정사각형이 모이면 한 꼭짓점에 모이는 내각의 합이 360°가 되어서 입체도형이 될 수 있을까요? 한 면이 정사각형으로 구성된 정다면체는 하나만 있습니다.

❸ 한 면이 정오각형으로 구성된 정다면체

정오각형으로 구성된 정다면체를 생각하면 한 꼭짓점에 모이는 면의 개수를 3개부터 생각하고, 한 꼭짓점에 모이는 내각의 합은 (정오각형 한 내각의 크기)×(한 꼭짓점에 모이는 다각형의 수)의 식을 이용하여 108°×3=324°가 되어서 하나의 정다면체를 구성합니다. 정다면체의 면의 수가 몇 개인지 생각해봅시다.

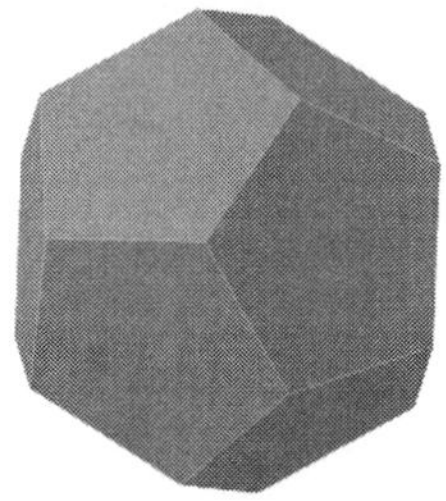

정다면체의 면의 개수가 12개이므로 정십이면체가 됩니다. 한 면이 정육각형인 정다면체는 만들 수 있을까요? 120°×3=360°로 평면을 이루어 어렵다는 사실은 분명합니다. 이렇게 해서 정다면체는 모두 5가지가 됩니다. 앞에서 다룬 정다면체를 정리하면 다음 표와 같습니다.

정다면체의 종류	한 면의 종류	한 꼭짓점에 모이는 면의 수
정사면체	정삼각형	3개
정육면체	정사각형	3개
정팔면체	정삼각형	4개
정십이면체	정오각형	3개
정이십면체	정삼각형	5개

앞에서 비워둔 칸을 채워봅시다. 가장 가볍고 날카로운 원소인 불은 정(사)면체, 가장 안정된 원소인 흙은 정(육)면체, 가장 유동인적 원소인 물은 쉽게 구를 수 있는 모양의 정(이십)면체, 정(팔)면체는 마주 보는 두 꼭짓점을 잡고 돌릴 수 있으므로 공기의 불안전성을 나타낸다고 했으며, 마지막으로 정(십이)면체는 우주 전체의 형태를 나타낸다고 플라톤은 믿었답니다.

4 정다면체 속에 숨은 수학적인 관계

정다면체 각각의 면, 꼭짓점, 모서리의 수를 세어봅시다. 세어보면 다음과 같이 찾을 수 있습니다.

정다면체의 종류	면의 개수	꼭짓점의 개수	모서리의 개수
정사면체	4	4	6
정육면체	6	8	12
정팔면체	8	6	12
정십이면체	12	20	30
정이십면체	20	12	30

위의 수들 속에서 수학적인 관계를 찾아봅시다.

꼭짓점의 개수(v) − 모서리의 개수(e) + 면의 개수$(f)=2$

이것이 바로 오일러의 정리입니다. 18세기 스위스의 수학자 오일러가 발견한 법칙으로 한 광물의 결정에서 한 꼭짓점의 개수, 모서리의 개수, 면의 개수 사이의 관계에서 위와 같은 식을 찾았습니다. 이 정리가 다른 다면체에도 해당이 될까요? 정다면체의 모서리를 잘라 만든 준정다면체에도 해당이 되는지 다음 장에서 더 탐구해봅시다.

5 쌍대다면체 탐구

쌍대다면체는 각 면의 중심을 꼭짓점으로 해서 이어 만든 다면체입니다. 이에 다면체의 면의 개수는 그 쌍대다면체의 꼭짓점의 개수와 같습니다. 우선 정사면체의 면이 4개이므로 정사면체의 쌍대다면체는 꼭짓점이 4개인 정사면체가 됩니다. 정육면체의 면이 6개이므로 정육면체의 쌍대다면체는 꼭짓점이 6개인 정팔면체가 되며, 정팔면체의 쌍대다면체는 정육면체가 됩니다. 정십이면체의 면은 12개이므로 정십이면체의 쌍대다면체는 꼭짓점이 12개인 정이십면체가 되며, 정이십면체의 쌍대다면체는 정십이면체가 됩니다.

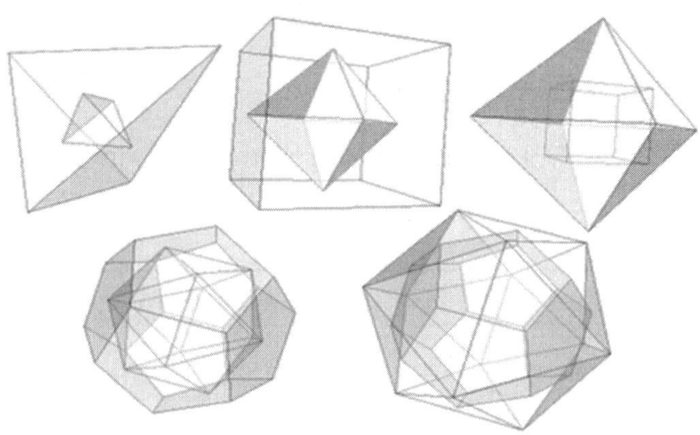

Challenge

■ 수학영재 핵심 용어 해설 2 : 도형 영역

1) 정다면체가 5가지인 이유를 적어봅시다.

2) 정다면체 속에 숨은 수학적인 관계를 소개해봅시다.

답안지

1) 입체도형이 되려면 한 꼭짓점에 3개 이상의 면이 모여야 합니다. 정삼각형 3개 이상이 모이면 입체도형을 구성할 수 있는데 이때 한 점에 모이는 정삼각형들의 한 내각들의 합도 고려해야 합니다. 한 꼭짓점에 정삼각형 6개가 모이면 한 꼭짓점에 모이는 내각의 합이 360°라 평면을 이루게 됩니다. 그러므로, 한 꼭짓점에 정삼각형이 3, 4, 5개가 모였을 때 입체도형을 이루게 됩니다. 정사각형도 3개 이상이어야 하고 정사각형 4개가 모이면 내각의 합이 360°라 평면을 이루게 됩니다. 그러므로 한 꼭짓점에 정사각형이 3개 모여야 입체도형이 될 수 있습니다. 정오각형의 한 내각의 크기는 108°이므로 3개만 가능합니다. 그러므로, 정다면체는 5가지만 됩니다.

2) 꼭짓점의 개수(v) − 모서리의 개수(e) + 면의 개수(f) = 2

17 정육면체의 성질 탐구

■ 수학영재 핵심 용어 해설 2 : 도형 영역

오일러의 정리

정육면체는 정사각형 6개를, 직육면체는 직사각형 6개를 사용하여 만든 입체도형을 말합니다. 지오픽스를 이용하여 정육면체와 직육면체를 만들어봅시다.

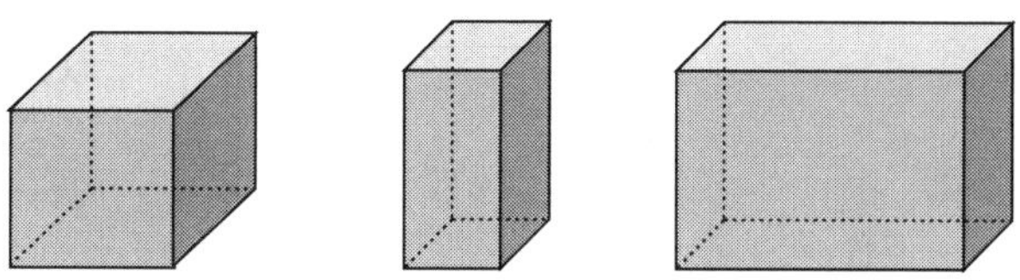

〈가〉 〈나〉 〈다〉

위에서 만든 정육면체와 직육면체의 면, 모서리, 꼭짓점의 개수를 알아봅시다.

	〈가〉	〈나〉	〈다〉
면	6개	6개	6개
모서리	12개	12개	12개
꼭짓점	8개	8개	8개

위의 표에서 알 수 있는 것은 무엇이 있을까요? 정육면체와 직육면체 모두 꼭짓점, 모서리, 면의 수가 같다는 사실을 알 수 있습니다. 모양이 다른 직육면체들도 꼭짓점, 모서리, 면의 수가 같다는 사실을 통해 알 수 있는 규칙은 무엇일까요? 스위스의 수학자 오일러(Leonhard Euler)가 발견한 다면체의 정리에서 꼭짓점(v), 모서리(e), 면(f)의 수의 관계가 '$v-e+f=2$'로 항상 성립함을 알 수 있습니다. 여러 가지 다양한 모양의 정육면체와 직육면체에서도 '$v-e+f=2$'가 성립하는지 생각해봅시다.

이어진 정육면체의 성질 탐구

정육면체 2개를 서로 연결하는 방법에는 어떤 것들이 있을까요? 면과 면, 모서리와 모서리, 꼭짓점과 꼭짓점을 연결하는 방법에 따라 다음과 같이 세 가지의 모양을 만들 수 있습니다.

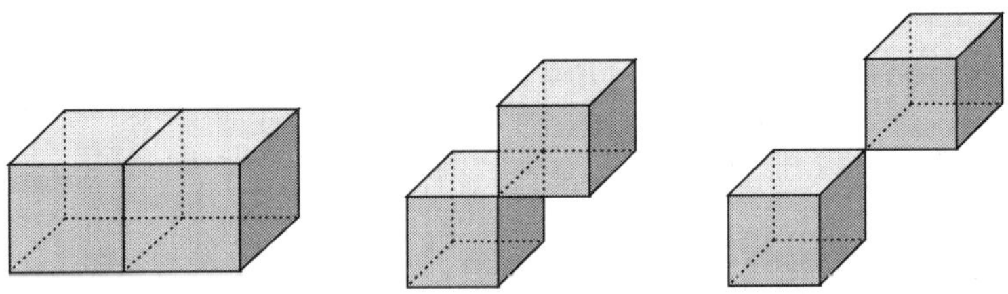
〈가〉 〈나〉 〈다〉

위에서 만든 각각의 연결된 입체도형의 면, 모서리, 꼭짓점의 개수를 알아봅시다.

	〈가〉	〈나〉	〈다〉
면	11개	12개	12개
모서리	20개	23개	24개
꼭짓점	12개	14개	15개

2개의 정육면체를 3가지 방법으로 연결한 입체도형의 꼭짓점, 모서리, 면의 개수에 오일러의 법칙이 성립하는지 알아봅시다. 오일러의 법칙에 따르면 '$v-e+f=2$'가 성립한다고 하였는데 각각의 경우에는 어떻게 변하는지 계산해봅시다.

먼저 <가>에서는 '$12-20+11=3$'이 되며, <나>에서는 '$14-23+12=3$'이 되며, <다>에서는 '$15-24+12=3$'이 됨을 알 수 있습니다. 오일러의 법칙과는 다소 다른 결과가 나옴을 알 수 있는데, 그렇다면 같은 방법으로 3개의 정육면체를 연결하였을 때에는 어떤 결과가 나오는지 살펴봅시다.

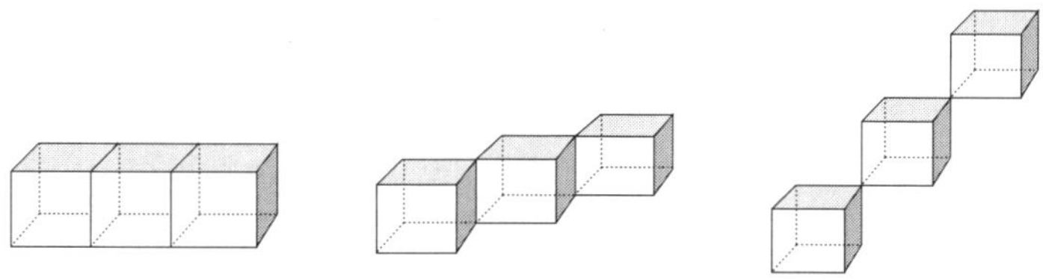

〈가〉 〈나〉 〈다〉

위에서 3개의 정육면체를 연결한 입체도형의 면, 모서리, 꼭짓점의 개수를 구하여 봅시다.

	〈가〉	〈나〉	〈다〉
면	16개	18개	18개
모서리	28개	34개	36개
꼭짓점	16개	20개	22개

3개의 정육면체를 3가지 방법으로 연결한 입체도형의 꼭짓점, 모서리, 면의 개수를 구하여 보면 위와 같은 결과를 얻을 수 있습니다. 2개를 3가지 방법으로 연결하였을 때와 비교하여 어떤 규칙을 찾을 수 있는지 알아봅시다.

먼저 <가>와 같이 면과 면을 연결한 입체도형에서 2개를 연결하였을 때 '꼭짓점(v)의 수$-$모서리(e)의 수$+$면(f)의 수'를 구하면 '$12-20+11=3$'이 되며, 3개를 연결하였을 때에는 '$16-28+16=4$'가 됨을 알 수 있습니다. 여기에서 규칙을 찾아보면 정육면체가 n개 연결되었을 때 꼭짓점의 개수는 $4n+4$, 모서리의 개수는 $8n+4$, 면의 개수는 $5n+1$이므로, 식의 값은 '$v-e+f=n+1$'이 됨을 알 수 있습니다.

다음으로 <나>와 같이 모서리와 모서리를 연결한 입체도형에서 2개를 연결하였을 때 '꼭짓점(v)의 수$-$모서리(e)의 수$+$면(f)의 수'를 구하면 '$14-23+12=3$'이 되며, 3개를 연결하였을 때에는 '$20-34+18=4$'가 됨을 알 수 있습니다. 여기에서 규칙을 찾아보면 정육면체가 n개 연결되었을 때 꼭짓점의 개수는 $6n+2$, 모서리의 개수는 $11n+1$, 면의 개수는 $6n$이므로, 식의 값은 '$v-e+f=n+1$'이 됨을 알 수 있습니다.

끝으로 <다>와 같이 꼭짓점과 꼭짓점을 연결한 입체도형에서 2개를 연결하였을 때 '꼭짓점(v)의 수$-$모서리(e)의 수$+$면(f)의 수'를 구하면 '$15-24+12=3$'이 되며, 3개를 연결하였을 때에는 '$22-36+18=4$'가 됨을 알 수 있습니다. 여기에서 규칙을 찾아보면 정육면체가 n개 연결되었을 때, 꼭짓점의 개수는 $7n+1$, 모서리의 개수는 $12n$, 면의 개수는 $6n$이므로, 식의 값은 '$v-e+f=n+1$'이 됨을 알 수 있습니다.

따라서 정육면체를 다양한 방법으로 연결하였을 때에도 오일러의 정리인 '꼭짓점(v)의 수$-$모서리(e)의 수$+$면(f)의 수' 통해 알 수 있는 사실은 항상 '$v-e+f=n+1$'의 값을 구할 수 있음을 알 수 있습니다.

다양한 모양으로 정육면체를 연결한 입체도형 탐구

다음은 정육면체를 규칙적이지 않은 방법으로 연결한 입체도형에서도 규칙을 찾을 수 있는지 알아봅시다. 다음과 같이 일정한 규칙이 없이 정육면체를 연결한 입체도형이 있습니다. 각각의 도형에서 꼭짓점, 모서리, 면의 개수를 구해봅시다.

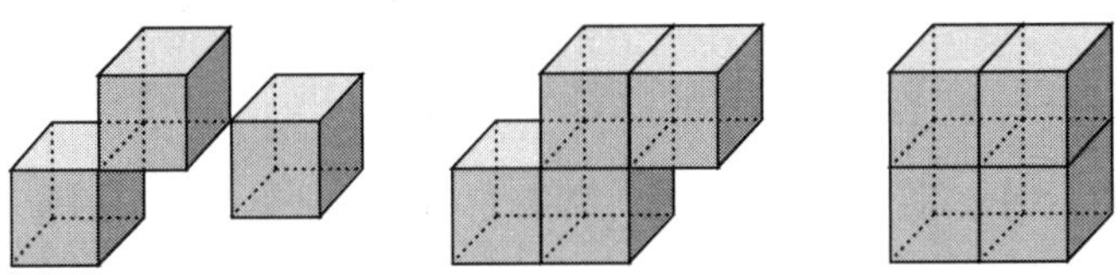

〈가〉 〈나〉 〈다〉

	〈가〉	〈나〉	〈다〉
면	18개	21개	20개
모서리	35개	36개	33개
꼭짓점	21개	20개	18개

위의 표에서와 같이 정육면체를 다양한 방법으로 연결한 입체도형에서도 오일러의 다면체 정리인 '꼭짓점(v)의 수$-$모서리(e)의 수$+$면(f)의 수'를 활용하면 모두 〈가〉는 '4', 〈나〉와 〈다〉는 '5'라는 결과를 얻을 수 있습니다. 따라서 정육면체를 다양한 방법으로 n개만큼 연결한 입체도형에서 각각의 꼭짓점, 모서리, 면의 개수를 구한 다음 '꼭짓점(v)의 수$-$모서리(e)의 수$+$면(f)의 수'에 따라 적용하게 되면 '$v-e+f=n+1$'이라는 결과를 얻을 수 있음을 알 수 있습니다.

4색 정육면체 퍼즐 탐구

1 4색 정육면체의 구성 알기

4색 정육면체 퍼즐은 5가지의 다른 종류의 정육면체 8개로 이루어져 있습니다. 다음의 그림과 같이 정육면체의 6면에 4가지 색을 2개의 면, 혹은 1개의 면에 색칠한 입체도형입니다. 5가지는 다음 표와 같이 A형, B형, C형, D형, E형으로 구분할 수 있습니다. 각각의 개수는 A형은 3개, B형은 2개, C형, D형, E형 각각 1개씩입니다.

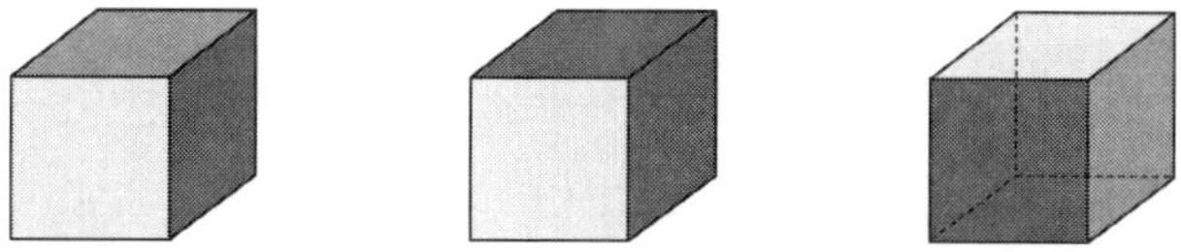

정육면체 유형	빨강	주황	노랑	파랑
A	2	1	1	2
B	2	2	1	1
C	1	2	1	2
D	2	1	2	1
E	1	1	2	2

2 4색 정육면체를 활용하여 문제 해결하기

먼저 A, B, C 세 종류의 정육면체를 다음 그림과 같이 놓을 수 있습니다. 이때 각 면에 서로 다른 세 가지 색이 나타나도록 배열해봅시다. 어떤 방법이 있는지 다양하게 만들어봅시다.

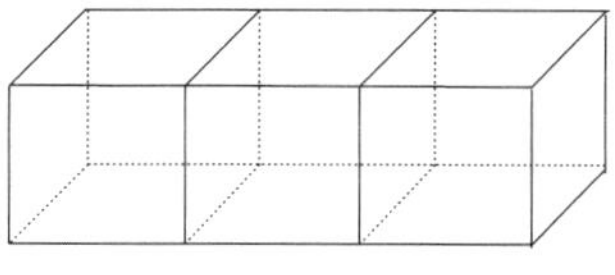

A, B, C 세가지 유형의 4색 정육면체를 사용하여 다음과 같이 배열할 수 있습니다. 물론 이보다 더 많은 예를 찾을 수도 있을 것입니다.

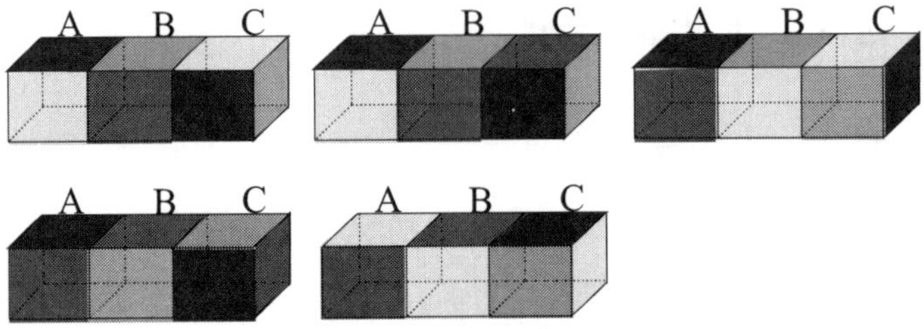

다음은 4색 정육면체 중 4개를 선택하여 다음의 그림과 같이 한 줄 혹은 겹쳐서 배열하였습니다. 이때 각 면에 서로 다른 네 가지 색이 나타나도록 배열하는 방법에는 어떤 것들이 있는지 알아봅시다.

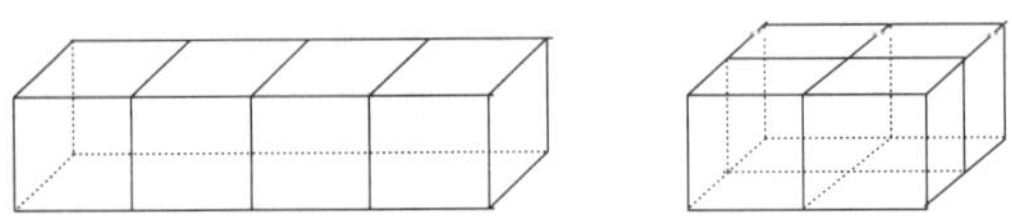

A형부터 E형 중 4가지를 사용하여 다음의 그림과 같이 다양한 방법으로 배열하여 모양을 만들 수 있습니다.

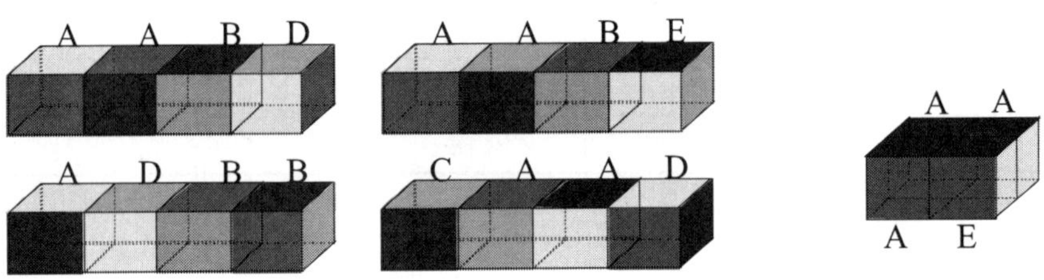

이 외에도 여러 가지 다양한 모양으로 4색 정육면체 퍼즐을 만들 수 있습니다.

참고문헌

- 송상헌(2001). 수학영재 지도원리 및 교수법의 실제. 2001학년도 수학영재 지도를 위한 교사 연수 교재. 대구교육대학교부설 초등교육연수원.

Challenge

■ 수학영재 핵심 용어 해설 2 : 도형 영역

1) 정육면체 5개를 이용하여 면의 개수가 26개, 모서리의 개수가 43개, 꼭짓점의 개수가 22개가 되도록 연결한 모양의 겨냥도를 그려봅시다. 단, 연결할 때는 면끼리, 선끼리, 점끼리 연결하고, 서로 수직으로 만나도록 연결합니다.

2) 정육면체 8개를 이용하여 면의 개수, 모서리의 개수, 꼭짓점의 개수가 가장 적도록 하려면 서로 어떻게 연결해야 할까요? 그림이나 글로 설명해보세요. 왜 그렇게 생각하는지 이유도 적어봅시다.

답안지

1)

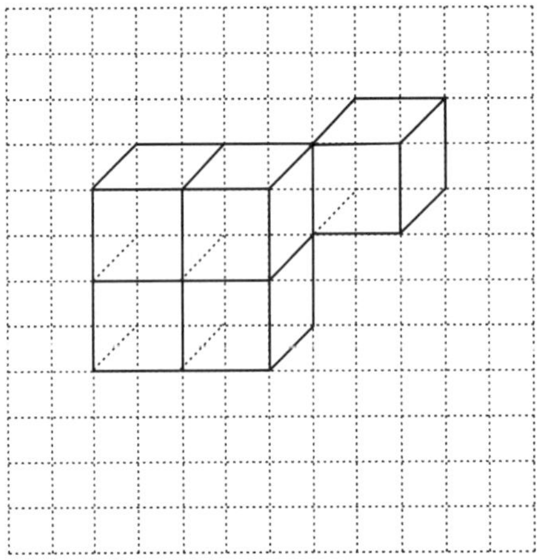

전체 면의 개수가 30개, 모서리의 개수가 60개, 꼭짓점의 개수가 40개이므로 면이 4번 겹치고, 모서리가 17번 겹치며, 꼭짓점이 18번 겹치도록 그리면 위와 같이 그릴 수 있습니다.

2) 와 같은 정육면체의 상자모양입니다. 왜냐하면 면, 모서리, 꼭짓점의 닿는 부분이 많도록 해야 하고 직선이나 평면의 형태보다 입체의 형태로 만들어야 개수가 적어지기 때문입니다.

18 정폭도형(뢸로 다각형) 탐구

정폭도형(뢸로 다각형)이란?

인류는 수레를 사용함에 있어서 원 모양의 바퀴를 만들어 사용하였습니다. 이때 바닥이 고르지 않은 길을 좀 더 쉽고 편하게 가기 위하여 다양한 모양의 수레 바퀴를 사용하게 됩니다. 원 모양뿐만 아니라 삼각형, 사각형, 오각형 등 다양한 모양의 수레바퀴를 사용하면서 수레의 높이가 변하지 않는 바퀴를 만들 수 있을까요? 정폭도형(뢸로 다각형)은 원처럼 도형을 회전하여도 높이가 변하지 않는, 즉 원과 같이 어느 방향에서나 그 폭이 일정한 도형을 정폭도형이라고 합니다. 정폭도형의 대표적인 예는 19세기 독일의 공학자 프란츠 뢸로의 이름을 딴 뢸로 삼각형(Reuleaux Triangle)이라고 부르는 도형이 있습니다. 이 정폭도형은 이전에도 알려져 있었지만, 뢸로가 기계공학에 구체적으로 응용함으로써 사람들의 관심을 끌게 되었습니다. 이외에도 뢸로 다각형 등이 있으며, 실생활에서도 다양하게 활용하고 있습니다. 지금부터 정폭도형(뢸로 다각형)에 대해서 더 살펴볼까요?

정폭도형(뢸로 다각형)

일상생활 속에서 찾아볼 수 있는 여러 가지 물건의 폭에 대하여 생각해봅시다. 이때 물건의 폭을 재어 보고 실생활에서의 폭에 대한 개념을 바탕으로 원과의 비교를 통하여 정폭도형의 개념을 알아봅시다. 또한, 직접 정폭도형을 작도해보고 폭을 확인해보는 과정을 거치면서 정폭도형에 대한 개념을 좀 더 명확히 할 뿐만 아니라 평행이나 수직에 관한 작도 방법에 대해서도 다시 한 번 활용해볼 수 있는 기회를 가져봅시다.

정폭도형(뢸로 다각형) 탐구

1 도형의 폭이란?

우리는 실생활에서 '폭'이란 용어를 사용하고 있습니다. '폭'이란 단어와 비슷하게 사용하는 용어로는 '너비', 또는 '두께'라는 말을 사용합니다. 그렇다면 평면도형에서 폭을 어떻게 구할 수 있을까요?

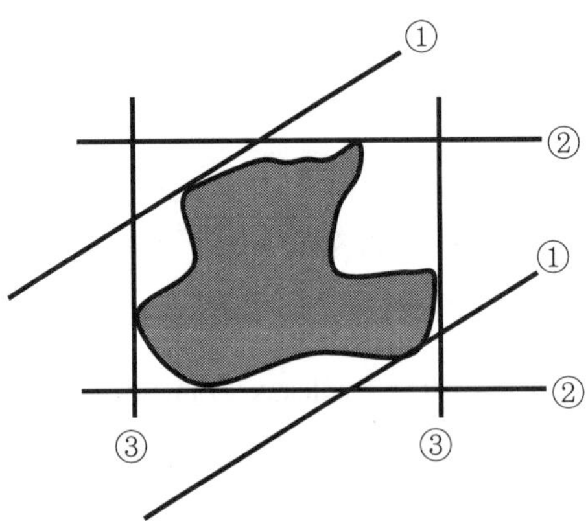

위의 그림에서 곡선으로 이루어진 형태가 정하여지지 않은 평면도형에서 폭을 구하여 봅시다. 폭이란 사전적 용어로 면과 면 사이의 수직 거리라고 합니다. 따라서 위 그림과 같이 서로 평행한 두 직선을 도형에 접하게 긋게 되면 폭을 구할 수 있습니다. 이때 평행선을 긋는 위치에 따라 폭의 길이가 달라지는 것을 알 수 있습니다. 그렇다면 정다각형은 폭의 길이가 일정한지 생각해봅시다.

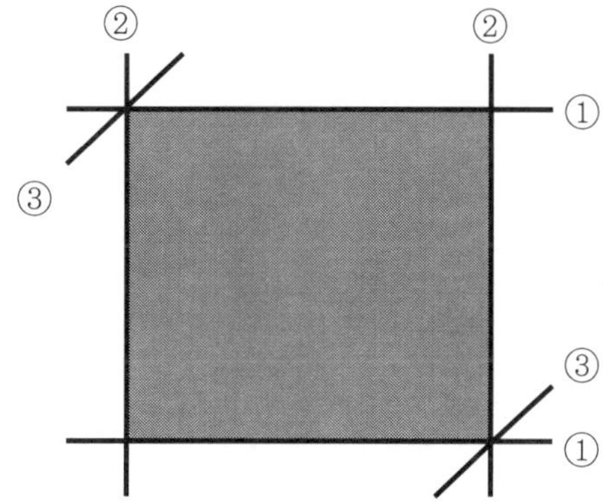

위의 그림과 같이 정사각형에서 가로와 세로(①, ②)를 폭으로 한 경우에는 서로 길이가 같지만, 대각선(③)을 폭으로 하였을 때에는 폭의 길이가 다르다는 것을 알 수 있습니다. 정삼각형과 다른 정다각형을 떠올려 폭의 길이를 생각해봅시다.

다음은 원의 폭은 어떠할지 생각해봅시다.

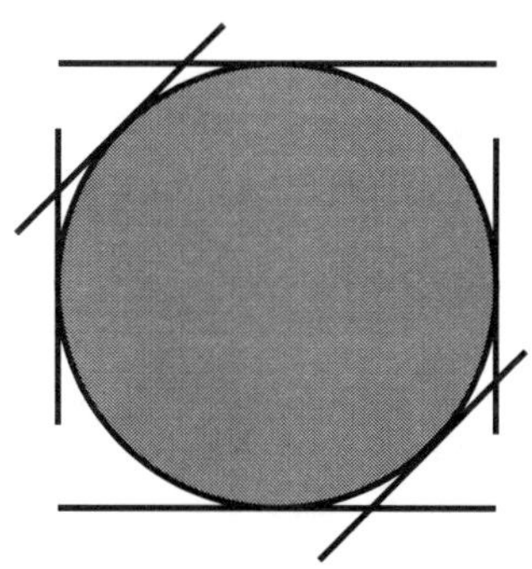

위의 그림에서와 같이 원에 접하면서 서로 평행한 직선을 구하면, 두 선 사이의 거리(폭)는 항상 같음을 알 수 있습니다. 즉 정다각형 중에서 원과 같이 폭의 길이가 항상 같은 도형을 정폭도형이라고 합니다.

2 정폭도형 그리기

정삼각형을 이용하여 정폭 삼각형(뢸러 삼각형)을 그려봅시다. 그리는 순서는 다음을 참고합시다.

먼저, 정삼각형을 그립니다.

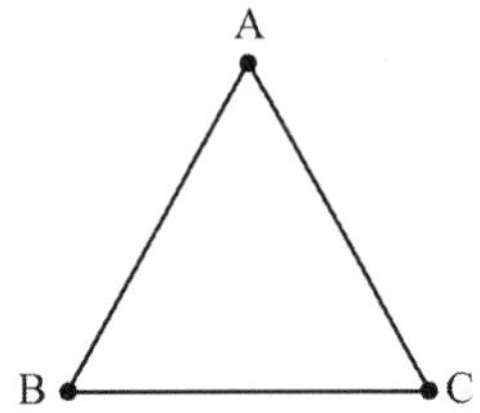

두 번째, 점 A를 중심으로 한 변의 길이와 같은 호 BC를 그립니다.

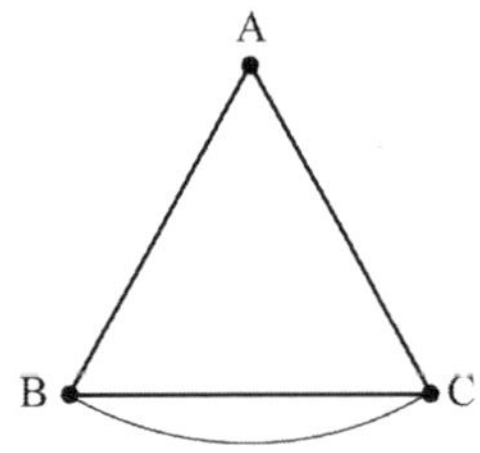

세 번째, 점 B, C를 중심으로 위와 같은 방법으로 호 AC, AB를 그립니다.

이렇게 그린 호 AB, BC, CA로 둘러싸인 삼각형이 정폭 삼각형(뢸로 삼각형)입니다.

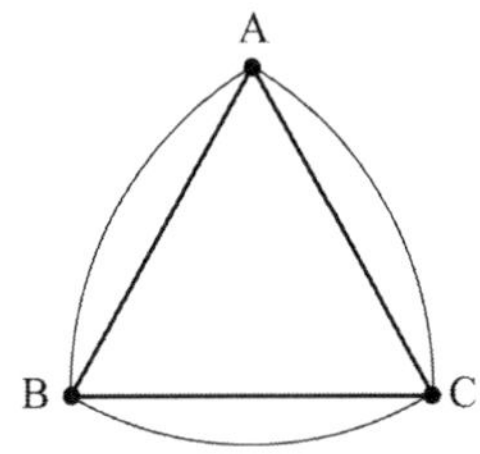

뢸로 삼각형을 그리는 방법은 다음과 같이 원 세 개로 정삼각형 작도하는 방법을 활용하여 그릴 수도 있습니다.

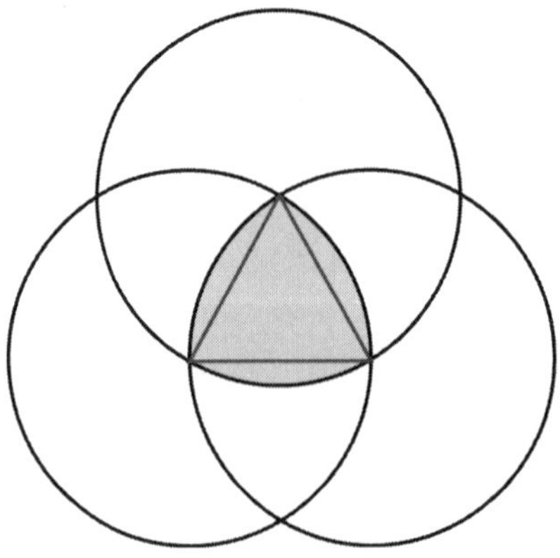

이제, 뢸로 삼각형을 그린 방법을 생각하여 정오각형을 이용해 뢸로 오각형을 그려봅시다. 그리는 순서는 다음을 참고하여 작도해봅시다.

우선, 정오각형을 그립니다.

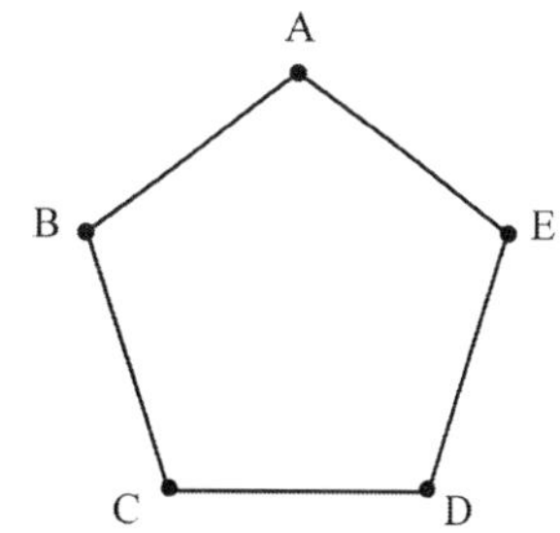

두 번째, 점 A를 중심으로 호 CD를 그립니다.

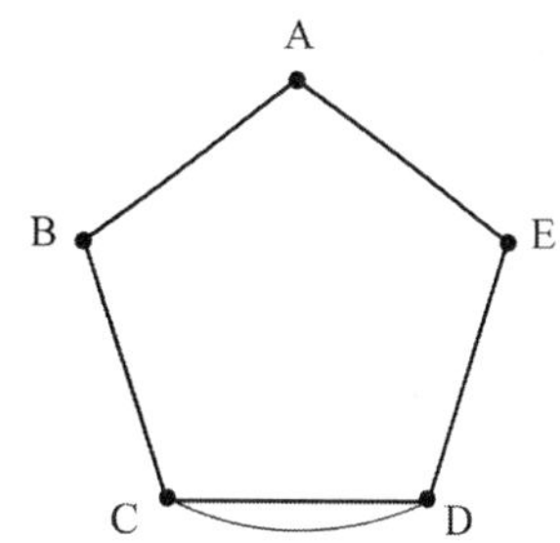

세 번째, 점 B, C, D, E를 중심으로 각각 호 DE, EA, AB, BC를 그립니다.

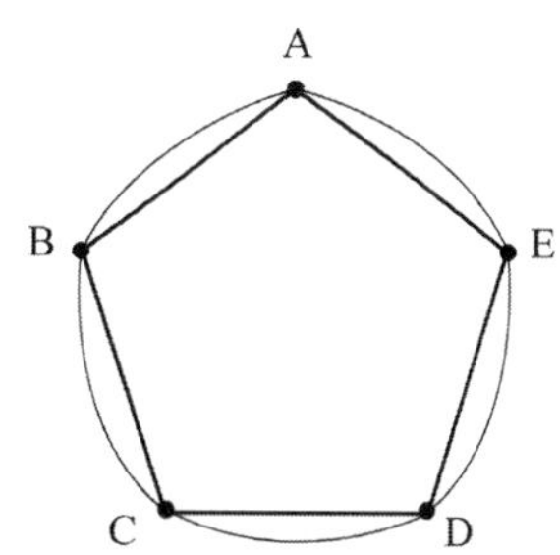

이렇게 그린 호 AB, BC, CD, DE, EA로 둘러싸인 도형이 뢸로 오각형이 됩니다.

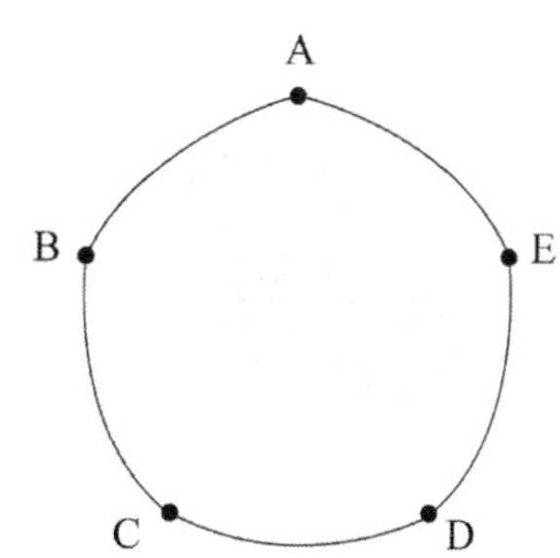

이와 같은 방법을 이용하면 정칠각형, 정구각형과 같은 정다각형의 정폭도형을 그릴 수 있습니다.

생활 속의 정폭도형 활용하기

우리 주변에 정폭도형이 많을까요? 이제 생활 속의 정폭도형을 찾아보겠습니다.

정삼각형, 정사각형 모양의 맨홀 뚜껑은 구멍에 빠지지만 원은 빠지지 않는 것으로 알고 있습니다. 그렇다면, 뢸로 다각형 모양의 맨홀 뚜껑은 구멍에 빠질까요? 원처럼 구멍에 빠지지 않습니다. 왜냐하면, 원은 어느 방향으로 폭을 재어도 그 폭이 일정하고 정폭도형도 폭이 일정하기 때문에 구멍에 빠지지 않습니다.

그리고, 주위에 있는 정폭도형 중에 가장 쉽게 찾을 수 있는 것은 기타의 '피크'입니다. 피크는 기타를 튕길 때 손톱을 대신해서 줄을 튕기거나 훑어 내는 역할을 하는 얇고 탄력 있는 소재의 보조도구입니다. 이 피크의 모양은 대부분 뢸로 삼각형으로 손이 다치지 않게 모서리가 완만한 곡선의 모양을 지닌 삼각형 형태로 만들어졌습니다. 특히, 꼭짓점 쪽의 좁은 부분은 줄을 튕길 때 사용하고 넓은 쪽은 안정적으로 손에 쥘 수 있어 상당히 편리합니다.

커피 자판기는 어떻게 동전을 구분할까요? 커피 자판기는 100원과 500원의 구분을 무게나 그림, 크기 등으로 하지 않고 동전이 굴러갈 때의 '폭'으로 구분합니다. 10원짜리 폭에 맞는 길을 만들어 놓아서 동전이 걸리면 10원, 100원짜리에 맞는 길을 연결시키고, 같은 원리로 500원짜리에 맞는 길을 연결시켜 각각의 동전을 구분하는 것입니다. 따라서 커피자판기를 이용하려면 동전이 굴러갈 때의 폭이 일정해야 하므로, 커피 자판기를 이용하려면 동전이 '정폭도형'이면 됩니다.

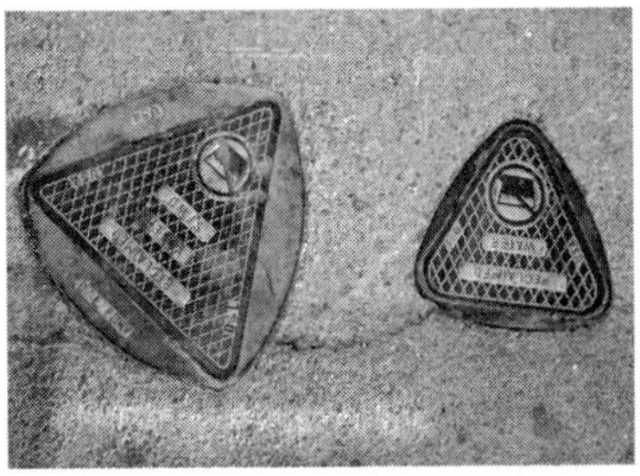

Challenge

■ 수학영재 핵심 용어 해설 2 : 도형 영역

1) 다음 그림(정칠각형)을 이용하여 정폭 칠각형을 작도해봅시다.

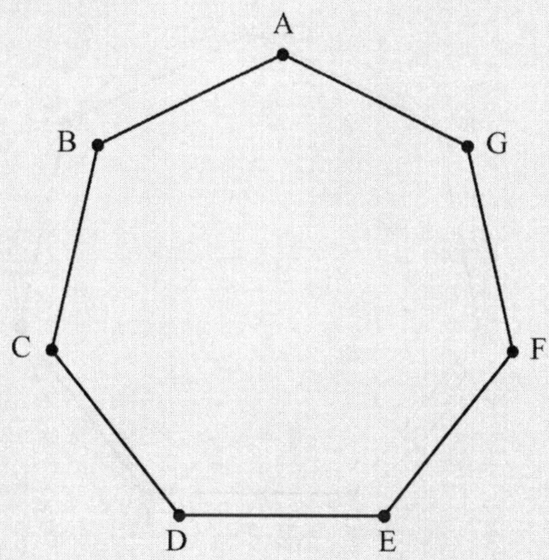

2) 우리 주변에서 정폭도형을 더 찾아 친구들에게 소개해봅시다.

답안지

■ 수학영재 핵심 용어 해설 2 : 도형 영역

1)

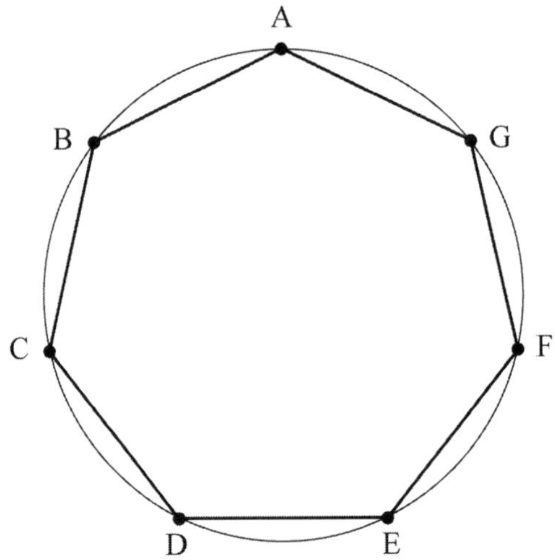

2)

19 준정다면체를 통한 입체도형 탐구

■ 수학영재 핵심 용어 해설 2 : 도형 영역

준정다면체란?

네 개 이상의 평면 다각형으로 둘러싸인 입체도형이 다면체입니다. 그중 두 종류 이상의 정다각형으로 이루어져 있으며 각 꼭짓점에 모인 면의 배치가 서로 같은 볼록다면체를 준정다면체라 말합니다.

준정다면체의 특징

준정다면체는 정다면체의 모든 꼭짓점을 한 종류의 정다각형이 남도록 잘라내어 생긴 다면체로 모두 13개가 있는데 이에 대한 언급을 처음으로 한 사람이 아르키메데스입니다. 이러한 이유로 아르키메데스의 입체라 부르고 이것의 특징은 다음과 같습니다.

첫째, 볼록하다.

둘째, 2개 이상의 정다각형으로 구성된다.

셋째, 각 꼭짓점에서 모인 다각형의 순서가 동일하다.

준정다면체 탐구

1 모서리를 이등분하여 깎은 준정다면체

정다면체의 모서리를 이등분하여 깎은 준정다면체를 살펴봅시다. 이때 여러분이 생각할 점은 각 꼭짓점에 새로 생기는 다각형과 원래의 면에 남은 다각형입니다. 우선 정사면체의 모서리를 이등분하여 잘라봅시다. 원래의 면에 남는 다각형은 정사면체의 한 면인 정삼각형의 변을 이등분하여 이등분한 점을 이어 자르면 정삼각형이 나오는 것을 알 수 있습니다.

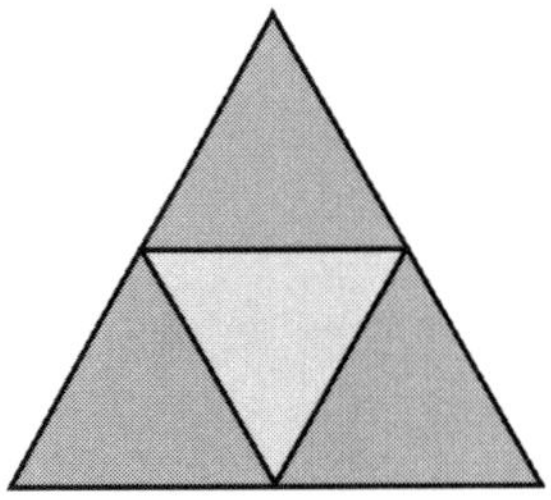

이제 정사면체의 꼭짓점에서 생각해봅시다. 정사면체의 모서리를 이등분한 점을 이은 선분으로 잘라내어 꼭짓점에 새로 생기는 정다각형의 변의 수는 무엇과 같을까요? 한 꼭짓점에 모이는 면의 수와 같기 때문에 정삼각형이 생깁니다. 정사면체의 모서리를 이등분하여 자른 다면체는 다음과 같습니다.

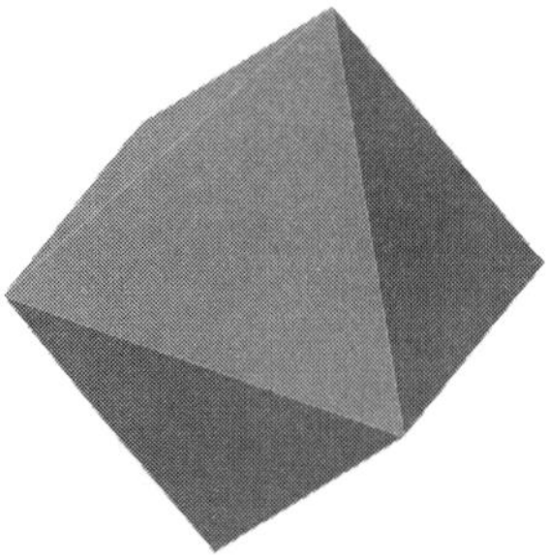

이 다면체는 정다면체 중의 하나인 정팔면체입니다. 정팔면체는 정다면체에 포함되므로 준정다면체로 보지 않습니다. 그렇다면 다른 준정다면체를 찾아봅시다. 이제 정육면체의 모서리를 이등분하여 잘라봅시다. 우선 원래의 면에 남는 다각형을 살펴보면 정사각형의 모서리를 이등분한 점을 이어 잘라내면 정사각형이 됩니다.

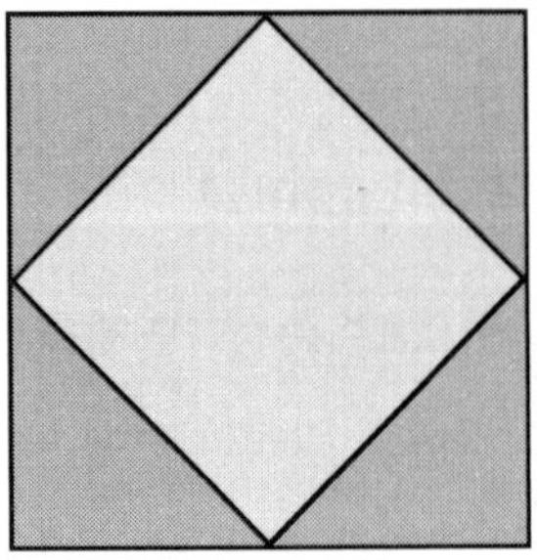

정육면체의 꼭짓점에 새로 생기는 다각형은 한 꼭짓점에 모인 면의 수가 3개이기 때문에 정삼각형이 됩니다. 제시된 정육면체의 모서리를 이등분하여 깍은 준정다면체는 다음과 같습니다.

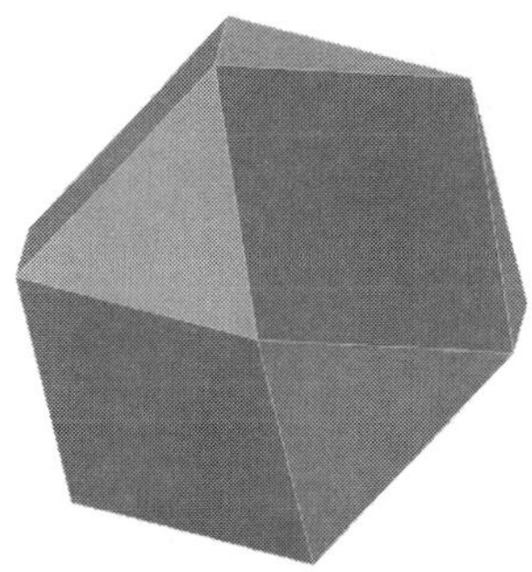

면을 살펴보면 정사각형이 6개, 정삼각형이 8개이기 때문에 육팔면체라고 합니다. 이제 남은 정다면체의 모서리를 이등분하여 이어 자른 준정다면체를 예상해보고 다음 표를 살펴봅시다.

정다면체의 종류	정팔면체	정십이면체	정이십면체
각 꼭짓점에 새로 생기는 다각형	정사각형	정삼각형	정오각형
원래의 면에 남은 다각형	정삼각형	정오각형	정삼각형
그림	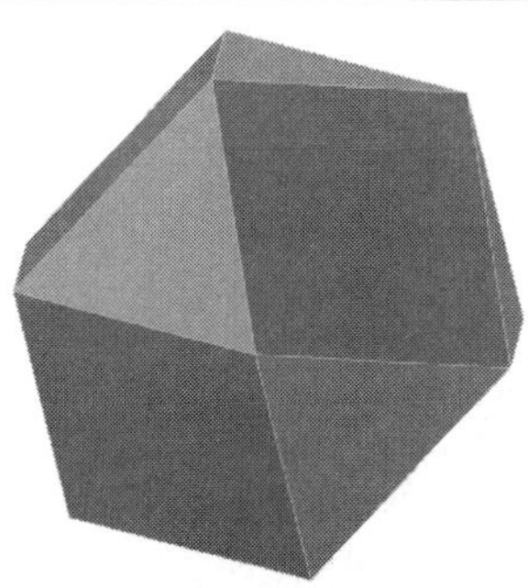	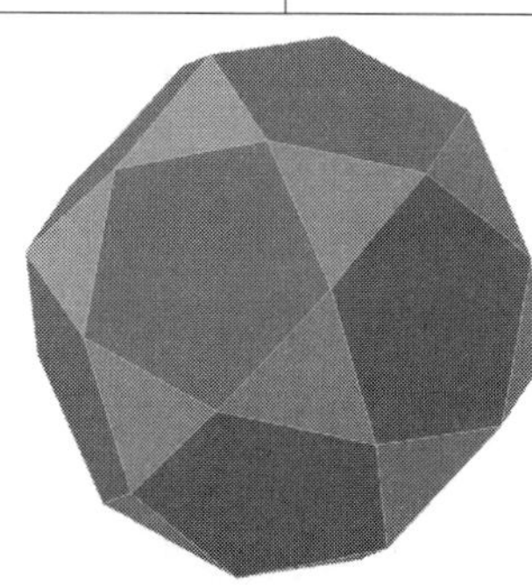	
준정다면체의 이름	육팔면체	십이이십면체	십이이십면체

모서리를 이등분하여 자른 정다면체를 살펴보니 정육면체와 정팔면체의 준정다면체가 육팔면체로 같고 정십이면체와 정이십면체의 준정다면체가 십이이십면체로 같은 것을

알 수 있습니다. 정육면체와 정팔면체, 그리고 정십이면체와 정이십면체는 서로 쌍대다면체이므로 자르면 같은 모양이 됩니다. 정다면체의 모서리를 이등분하여 잘라 나온 준정다면체는 육팔면체와 십이이십면체입니다.

❷ 모서리를 삼등분하여 깎은 정다면체

정사면체의 모서리를 삼등분하여 잘라봅시다. 우선 원래의 면에 남는 다각형은 정삼각형의 모서리를 삼등분하여 잘라보면 다음과 같은 면이 남습니다.

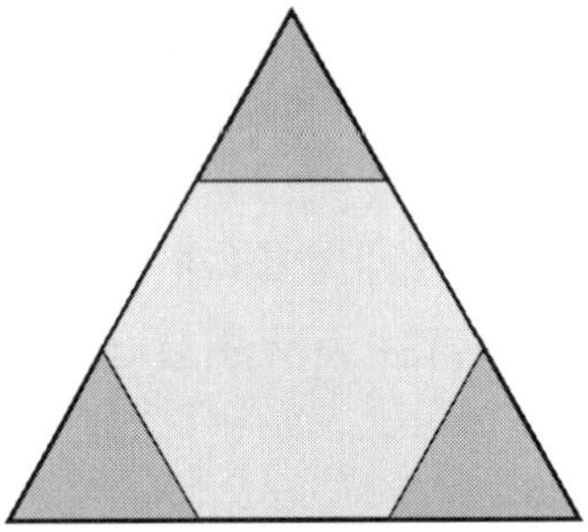

이제 정삼각형의 모서리를 삼등분하여 자르면 정육각형이 남는 것을 알겠지요? 그리고 꼭짓점에 새로 생기는 다각형은 꼭짓점에 모인 면의 수가 새로 생기는 다각형의 변의 수가 되기 때문에 정삼각형이 되며 입체도형의 모양은 다음과 같습니다. 이렇게 정사면체의 모서리를 삼등분하여 자른 준정다면체를 깎은 정사면체라고 합니다.

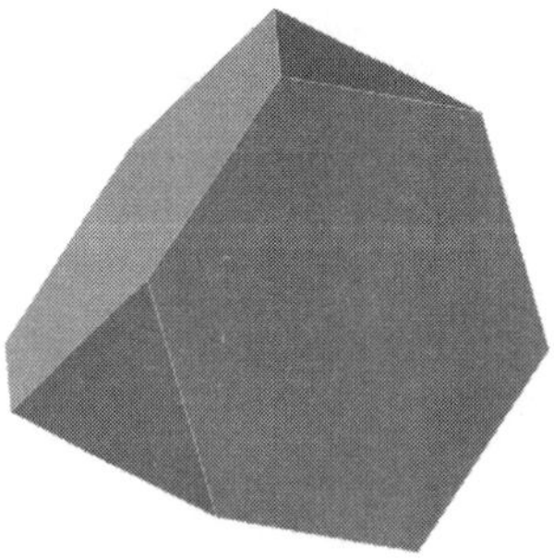

이제 남은 정다면체의 모서리를 삼등분하여 잘랐을 때 생기는 준정다면체를 예상해봅시다. 원래의 면에 생기는 다각형과 꼭짓점에 새로 생기는 다각형을 미리 예상해봅시다. 꼭짓점에 새로 생기는 다각형은 한 꼭짓점에 모이는 면의 수를 통해 정삼각형, 정사각형,

정육각형을 예상할 수 있으나 원래의 면에 남는 다각형은 예상하기 어렵기 때문에 함께 살펴보고자 합니다. 우선 정육면체의 면을 구성하는 정사각형의 한 변을 삼등분하여 자르면 남는 다각형은 무엇일까요? 다음의 그림과 같이 정팔각형이 됩니다. 그리고 정십이면체를 구성하는 정오각형의 변들을 삼등분하여 자르면 남는 다각형은 무엇일까요? 바로 정십각형이 됩니다. 이를 통해 준정다면체를 예상해보면 다음과 같습니다.

정다면체의 종류	정육면체	정팔면체
각 꼭짓점에 새로 생기는 다각형	정삼각형	정사각형
원래의 면에 남은 다각형	정팔각형	정육각형
그림		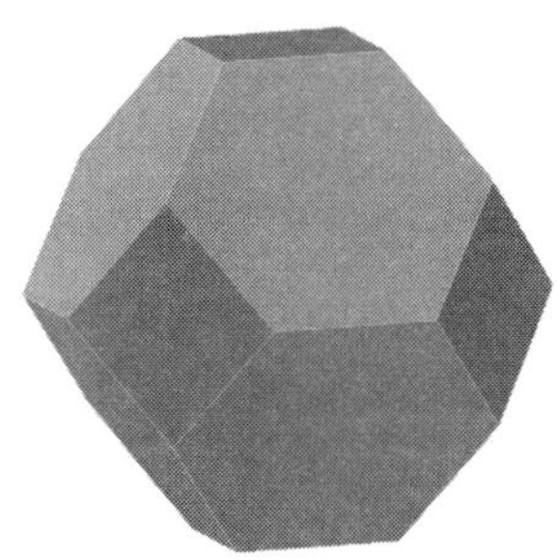
준정다면체의 이름	깎은 정육면체	깎은 정팔면체

정다면체의 종류	정십이면체	정이십면체
각 꼭짓점에 새로 생기는 다각형	정삼각형	정오각형
원래의 면에 남은 다각형	정십각형	정육각형
그림	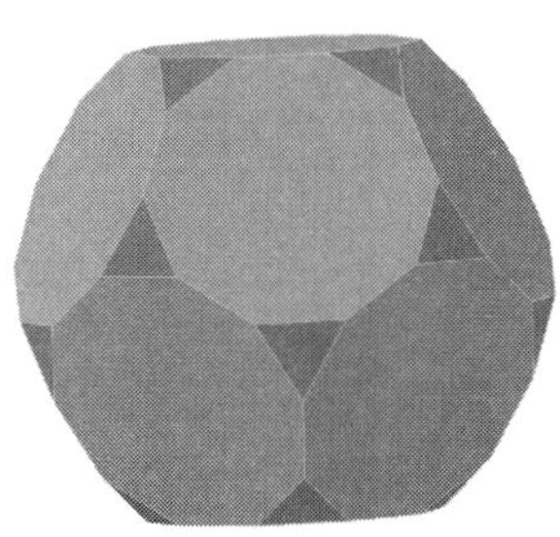	
준정다면체의 이름	깎은 정십이면체	깎은 정이십면체

❸ 이중절단된 준정다면체, 부풀린 준정다면체

정다면체를 이중절단하여 만든 준정다면체를 살펴보겠습니다. 예를 들어 정육면체의 모서리 부분을 자른 뒤 또 자른 입체도형의 모서리 부분을 자르면 이중 절단 정육면체가 됩니다. 이렇게 만들어지는 입체도형은 총 4개로 다음과 같습니다.

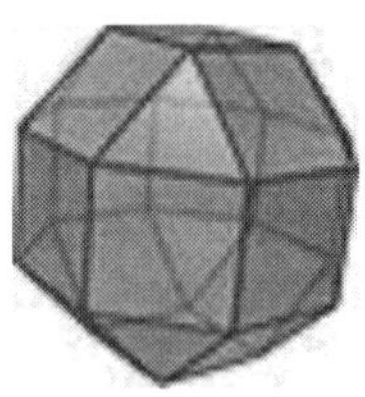
이중절단 정육면체

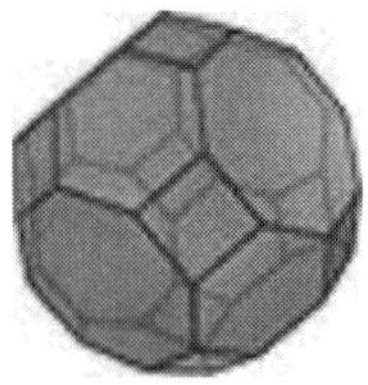
이중절단 정팔면체

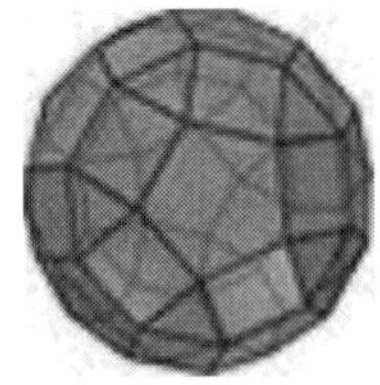
이중절단 정십이면체

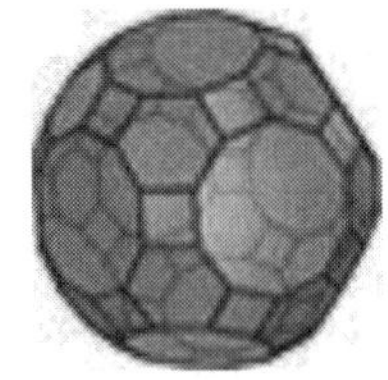
이중절단 정이십면체

마지막으로 정다면체를 부풀여서 만드는 것입니다. 예를 들어 정육면체의 각 면을 일정한 간격으로 다 떼어낸 다음 그 안에 정삼각형으로 메우면 부풀린 정육면체가 됩니다. 이렇게 만들어진 입체도형은 다음과 같이 2개입니다.

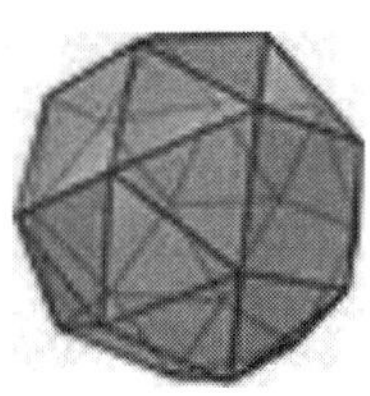
부풀린 정육면체

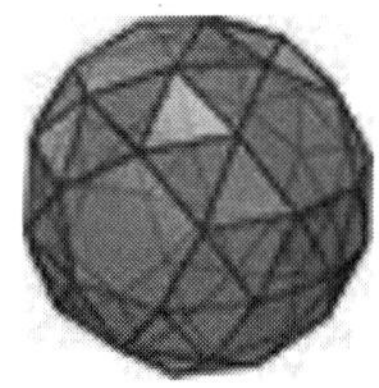
부풀린 정십이면체

지금까지 준정다면체 13가지를 살펴보았습니다. 이들은 아르키메데스가 발견해 아르키메데스의 다면체라고도 합니다.

참고문헌

• http://blog.daum.net/dussh/18329145

Challenge

■ 수학영재 핵심 용어 해설 2 : 도형 영역

1) 우리 생활 주변에서 준정다면체를 활용한 건축물이나 미술품을 찾아봅시다.

2) 축구공은 어떤 다면체와 같다고 볼 수 있나요? 이유도 적어봅시다.

2) 한 꼭짓점에 모인 정다각형들의 내각의 합과의 관계를 생각하여 이야기해봅시다.

준정다면체의 종류	내각의 합
정사면체	60° + 60° + 60° = 180°
육팔면체	90° + 60° + 90° + 60° = 300°
십이이십면체	108° + 60° + 108° + 60° = 336°
깎은 정사면체	120° + 60° + 120° = 300°
깎은 정육면체	135° + 60° + 135° = 330°
깎은 정팔면체	120° + 90° + 120° = 330°
깎은 정십이면체	144° + 60° + 144° = 348°
깎은 정이십면체	108° + 120° + 120° = 348°

이와 같이 내각의 합이 360°에 가까운 깎은 정십이면체와 깎은 정이십면체가 축구공에 가깝습니다. 이 중 정오각형 주위에 정육각형 5개로 구성된 깎은 정이십면체를 축구공으로 가장 많이 활용하였습니다.

20 지오보드를 활용한 합동과 대칭 탐구

■ 수학영재 핵심 용어 해설 2 : 도형 영역

지오보드란?

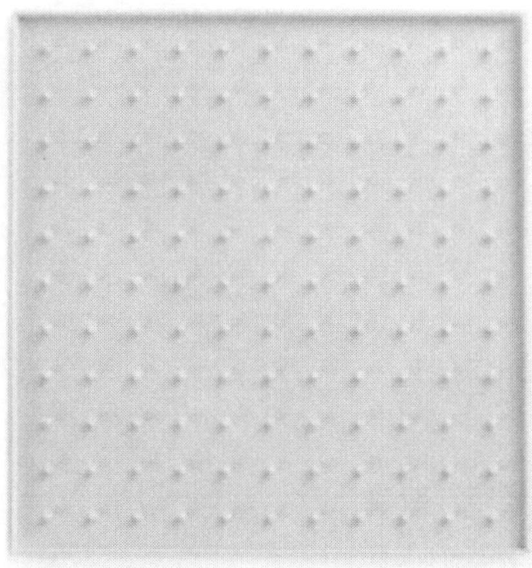

지오보드(Geoboard)는 기하판이라고도 부르며 판 위에 일정한 간격으로 격자점에 핀을 박아놓은 것을 말합니다. 이 핀에 고무줄이나 실을 걸어 다양한 도형을 구성하거나 도형의 성질을 탐구하는 데 사용됩니다. 초기의 기하판은 위와 같이 정사각형 판 위에 일정한 간격으로 가로, 세로에 각각 5개의 핀을 두어 5×5 지오보드라고 불렀습니다. 최근에는 핀의 개수가 가로, 세로에 3개, 4개, 10개 등 핀의 개수가 다양해지고, 원의 중심에 1개의 핀과 그 둘레에 12개, 판의 네 모서리에 1개씩 모두 17개의 핀을 박아 만든 원 모양의 지오보드도 활용되고 있습니다.

지오보드는 왜 필요할까요?

지오보드는 영국의 수학교육자 가테그노(Galeb Gattegno, 1911~1988)가 개발하여 사용되기 시작하였습니다. 지오보드는 여러 가지 다각형을 만들어 그 성질 탐구하기, 도형의 합동과 닮음 및 성질 등을 탐구할 수 있는 교구입니다. 또한 핀 4개를 하나의 정사각형 단위로 사용하여 도형의 넓이를 탐구할 수도 있으며 도형의 둘레 및 내부에 있는 핀의 수 사이의 관계에서 규칙성을 찾을 수도 있습니다. 이외에도 분수, 패턴, 피타고라스의 정리 등을 탐구하여 여러 가지 수학적 개념이나 원리, 법칙을 알 수 있으며 공간 감각과 사고력을 기르는 데 사용할 수 있습니다.

합동과 대칭 탐구

1 지오보드를 활용한 합동 탐구

모양과 크기가 같아서 완전히 포개어지는 도형을 합동이라고 합니다. 지오보드에서 합동인 도형을 어떻게 나타낼 수 있을까요? 바로 도형에 사용된 핀의 개수와 도형이 차지하는 넓이를 비교하면 됩니다. 한 개의 지오보드 속에서 합동인 도형을 나타내는 방법은 바로 도형의 밀기입니다. 모양과 크기를 같게 하여 그대로 옆으로 밀어 완전히 포개어지도록 만드는 것이지요. 다음 그림 중 왼쪽에 있는 지오보드에서 삼각형을 살펴보면 밑변이 두 칸, 높이가 두 칸인 삼각형이 있습니다. 합동인 삼각형을 지오보드에 나타내기 위해서는 도형의 밀기를 이용하여 오른쪽에 있는 지오보드처럼 나타낼 수 있습니다.

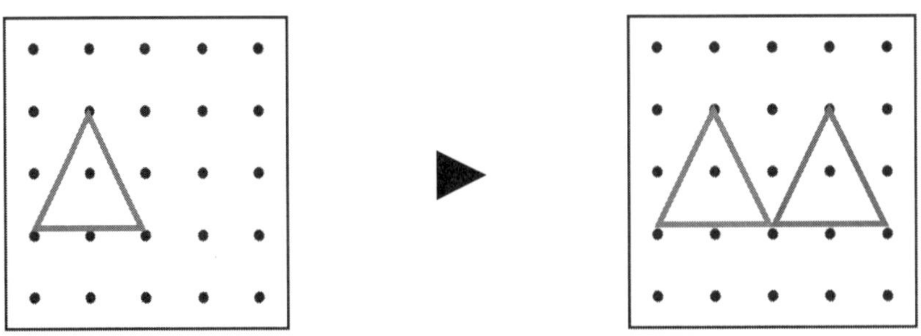

핀 네 개의 정사각형을 단위로 하였을 때 넓이가 4인 정사각형을 만들어 봅시다. 넓이가 4인 정사각형을 나타내는 방법은 다음과 같습니다.

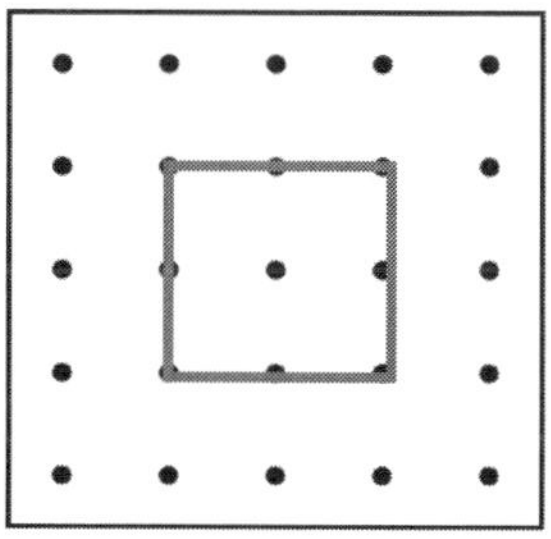

넓이가 8인 정사각형을 나타내는 방법을 스스로 생각해보고 다음의 답을 확인해봅시다.

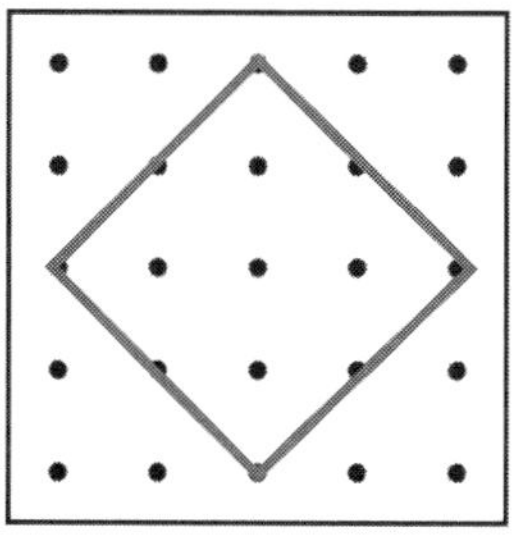

이런 방식으로 지오보드를 활용하여 삼각형과 사각형뿐만 아니라 다른 다각형에 대한 합동인 도형을 탐구할 수 있습니다.

2 지오보드를 활용한 선대칭 탐구

이제 도형의 뒤집기를 활용하여 선대칭도형을 만들어봅시다. 다음 지오보드의 중앙선을 대칭축으로 두고 선대칭도형을 그려봅시다.

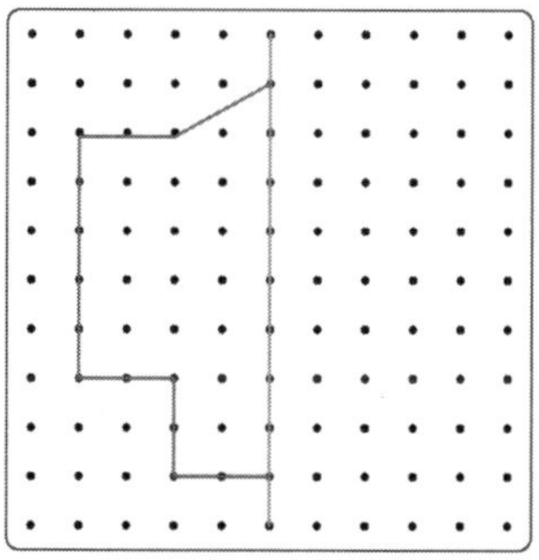

선대칭도형의 성질인 대응변과 대응각의 크기가 서로 같은 점과 대응점 사이를 잇는 선분은 대칭축에 수직이며 이등분된다는 점을 이용하여 그리면 다음과 같이 그릴 수 있습니다.

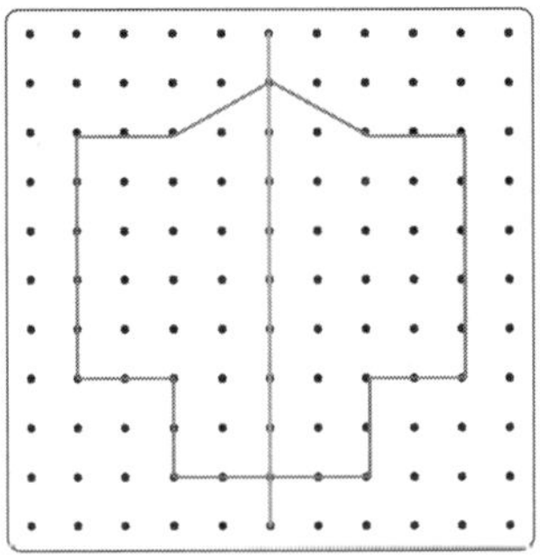

다음 지오보드에서 대칭축을 잘 살펴보고 선대칭의 위치에 있는 도형을 그려봅시다.

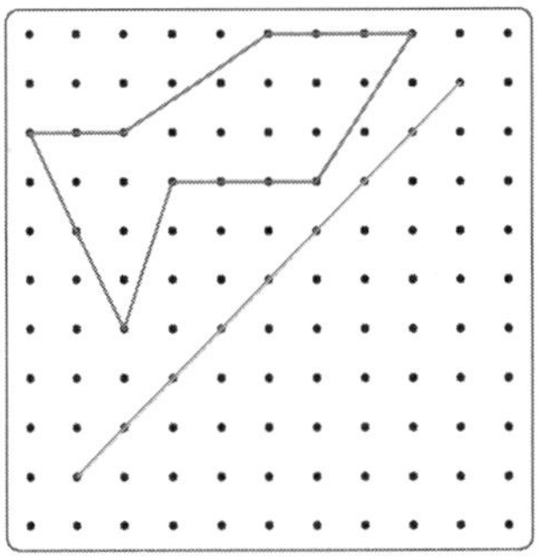

선대칭의 위치에 있는 도형의 성질을 떠올려 그리면 다음과 같습니다. 지오보드를 활용하여 선대칭도형과 선대칭의 위치에 있는 도형을 그리면 됩니다. 이 방법을 자주 활용해봅시다.

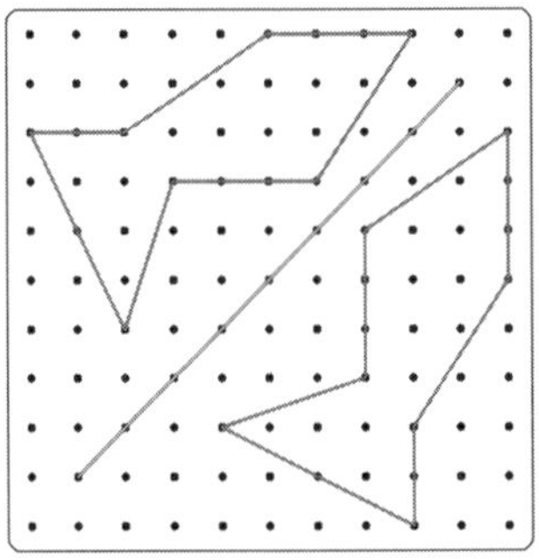

3 지오보드를 활용한 점대칭 탐구

도형의 180도 회전하기를 이용하여 지오보드에서 점대칭도형을 만들어봅시다. 다음의 지오보드에서 대칭의 중심을 살펴보고 점대칭도형을 그려봅시다.

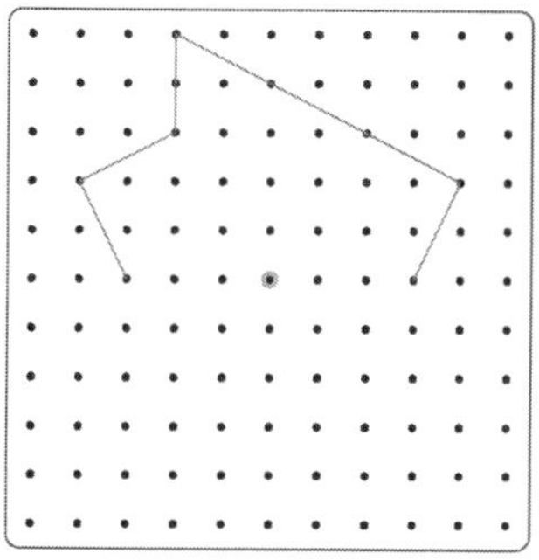

점대칭도형의 성질을 떠올리며 그려야 합니다. 대응변의 길이와 대응각의 크기가 서로 같은 점, 두 대응점을 이은 선분은 대칭의 중심을 지나고 그 선분은 대칭의 중심에 의해 이등분되는 점을 생각하여 그리면 다음과 같은 점대칭도형을 만들 수 있습니다.

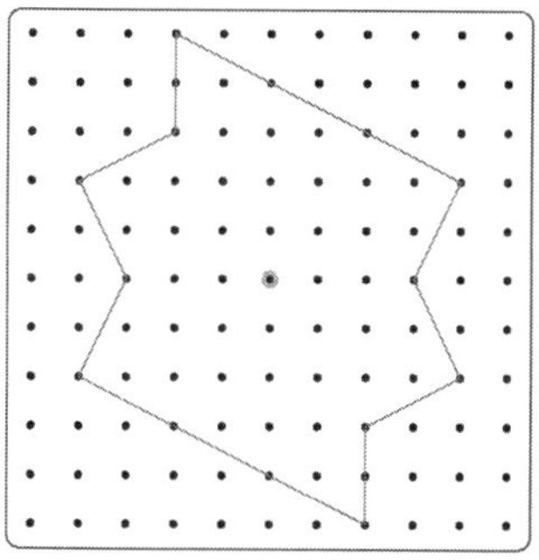

다음의 지오보드에서 대칭의 중심을 살펴보고 점대칭의 위치에 있는 도형도 완성해봅시다.

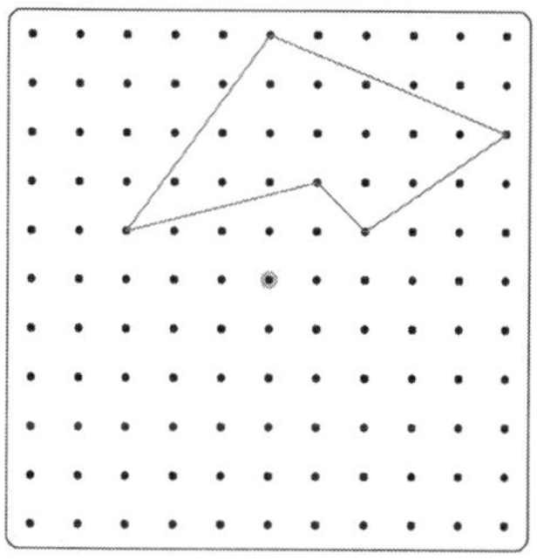

완성하면 다음과 같은 점대칭 위치에 있는 도형이 됩니다.

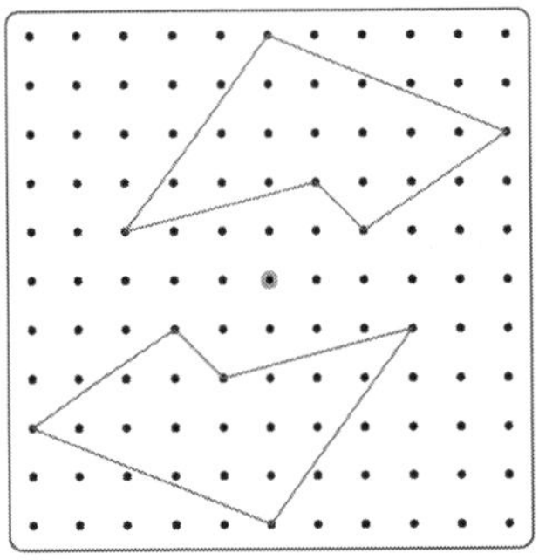

지오보드를 활용하여 합동과 대칭인 도형들을 만들며 공간 감각을 키워봅시다.

참고문헌

• 대구교육대학교 · 경상북도교육청(2012). 영재교육 협력사업 보고서 프로그램.

Challenge

■ 수학영재 핵심 용어 해설 2 : 도형 영역

1) 다음 지오보드에서 크기가 다른 정사각형을 만들어봅시다. 몇 가지 종류의 정사각형이 만들어지는지 찾아봅시다.

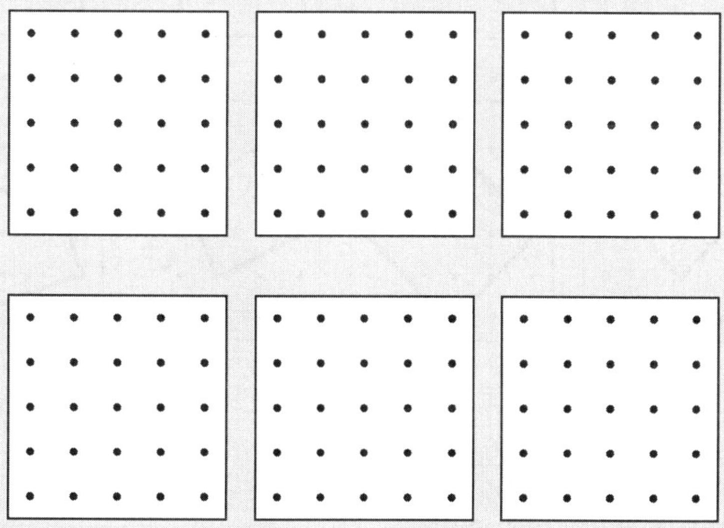

2) 다음 지오보드에서 점대칭의 위치에 있는 도형을 그려봅시다.

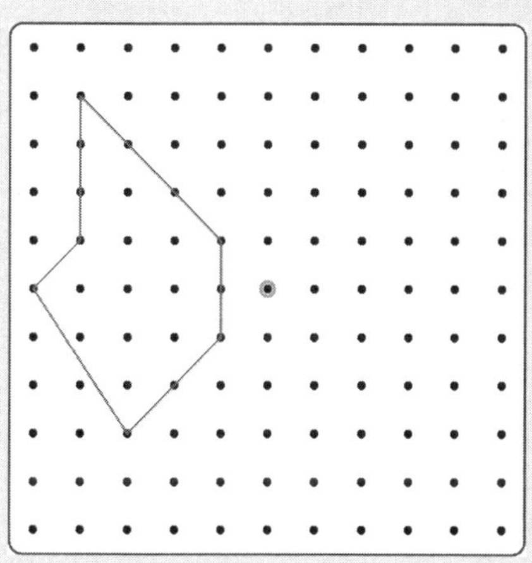

답안지

1)

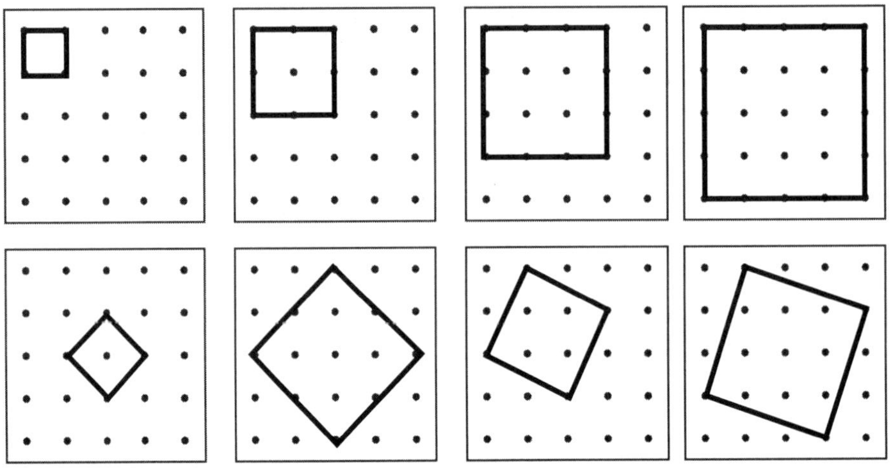

2)

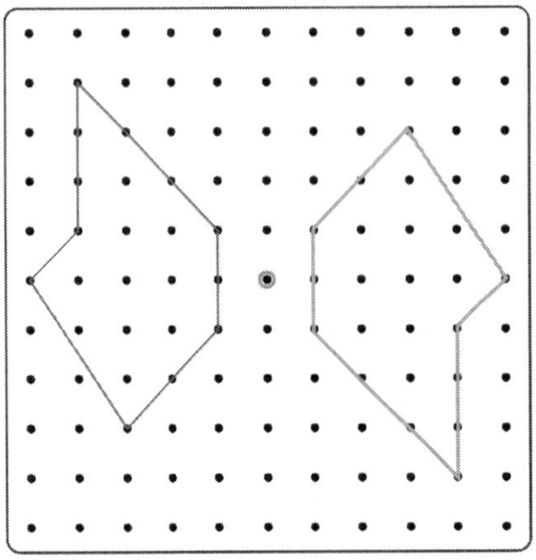

21 지오지브라(GeoGebra)

■ 수학영재 핵심 용어 해설 2 : 도형 영역

지오지브라는?

지오지브라는 지오(Geometry: 기하)와 지브라(Algebra: 대수)의 합성어로, 그림과 같이 수학적 대상을 위한 세 가지 다른 창인 기하창, 대수창, 스프레드시트 창을 이용해 기하, 대수, 미적분, 통계, 이산 수학, 3차원 기하를 다룰 수 있는 동적 수학 소프트웨어(Dynamic Mathematics Software)입니다.

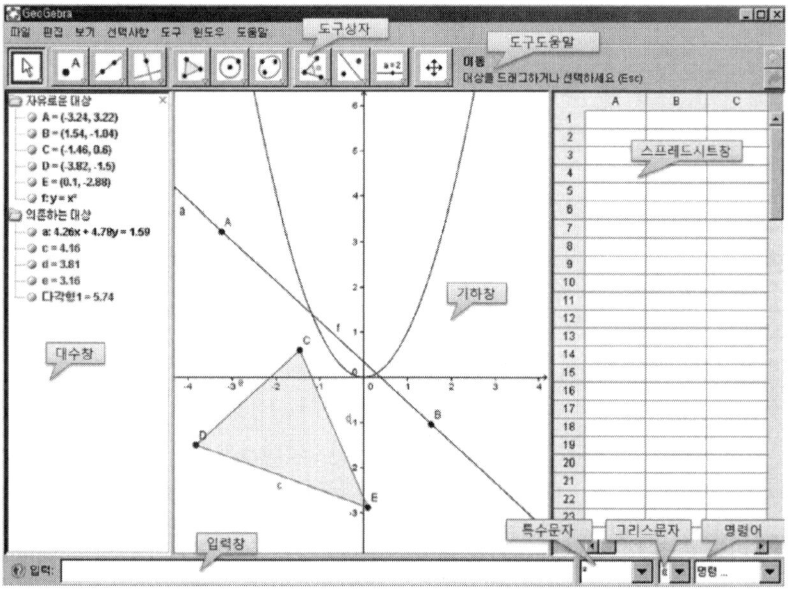

지오지브라의 화면

지오지브라의 특징

1 다양한 수학적 표현의 연결

지오지브라는 수학적 내용을 기하적으로는 점과 함수의 그래프로, 대수적으로는 점의 좌표와 방정식으로, 스프레드시트로는 셀 형식으로 표현할 수 있습니다. 또한 지오지브라는 동일한 대상의 모든 표현들이 서로 연결되어 있어 처음에 그 대상을 어떤 방법으로 생성하였든지, 어떤 표현에서든지 변화를 주면 다른 표현들도 자동으로 바뀌는 특징이 있습니다. 즉, 기하창에서 기하적 대상에 변화가 있으면 대수적 표현이 그에 따라 변화하며, 대수적 표현을 변경하게 되면 기하적 대상에 변화가 나타납니다. 이를 통해 학생들은 기하적 대상을 조작하면서 대수적 정보를 관찰하고 그 성질을 추론할 수 있습니다.

2 메타인지적 이동의 최소화

지오지브라는 사용 방법이 직관적이며, 사용되는 명령어와 수식은 학교 수학에서 사용되는 것과 대체로 일치하는 특징을 지닙니다. 따라서 학생들이 지오지브라의 사용법을 익히는 데에 필요한 시간을 최소화 할 수 있으며, 수학적 사실의 탐구에 더욱 집중할 수 있습니다. 즉, 지브라에서는 별도의 명령어를 학습하지 않고 수학적 대상을 구성하고, 그것을 조작하여 관찰할 수 있도록 설계되어 있습니다.

3 다양한 기능

지오지브라는 별도의 소프트웨어를 통해서만 각각이 구현되던 DGS(Dynamic Geometry Software), CAS(Computer AlgebraSystem), 스프레드시트, 3차원 기하 등의 기능을 하나의 인터페이스로 통합하여 제공하며, 또한 한 화면상에 표현이 가능한 특징을 가집니다.

4 지오지브라의 장점

• 무료로 제공되는 Java 소프트웨어로 학교현장에서 활용이 수월합니다.

• 사용법이 간단합니다.

- 학교 수학에서 제시되는 수학적 개념을 다룰 수 있는 모든 기능을 제공하고 있습니다.
- 도움말 기능의 활용이 비교적 수월합니다.
- 대수적 표현과 기하적 표현이 결합되어 있습니다.
- 온라인 사이트인 지오지브라 포럼(GeoGebra Forum)과 지오지브라 위키(GeoGebra Wiki)는 지오지브라에 대해 관심을 갖는 사람들이 서로 소통하며 자료를 공유하는 장소로, 이 사이트에서 전 세계의 사람들이 만든 다양한 자료들을 내려받아 활용할 수 있습니다.

지오지브라의 화면 구성

1 실행 화면

지오지브라의 초기 화면은 다음 그림과 같이 기본적으로 대수창, 기하창, 입력창으로 구성되어 있습니다.

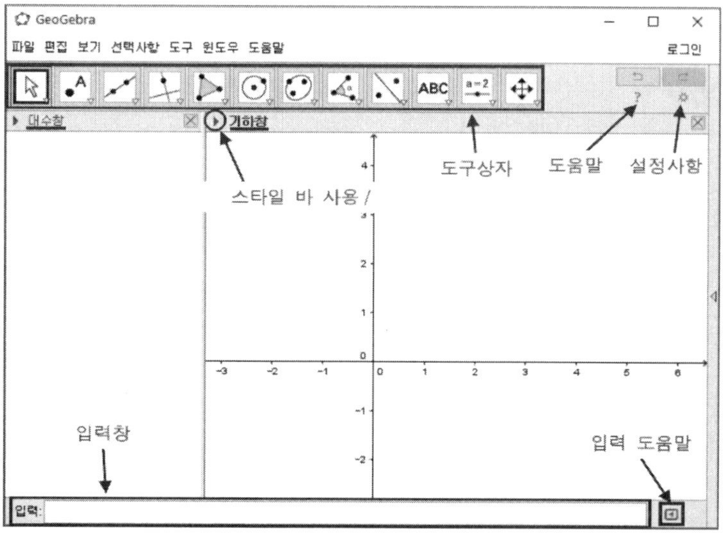

2 메뉴바의 구성

지오지브라의 메뉴에는 "파일", "편집", "보기", "선택사항", "도구", "윈도우", "도움말"이 있습니다. 또한, 다음 그림에서 메뉴의 "보기"를 클릭하면 "대수창", "스프레드시트 창", "CAS", "기하창", "구성단계" 등의 기능이 나타나는 것처럼 각각의 메뉴에는 다양한 기능들을 포함하고 있습니다.

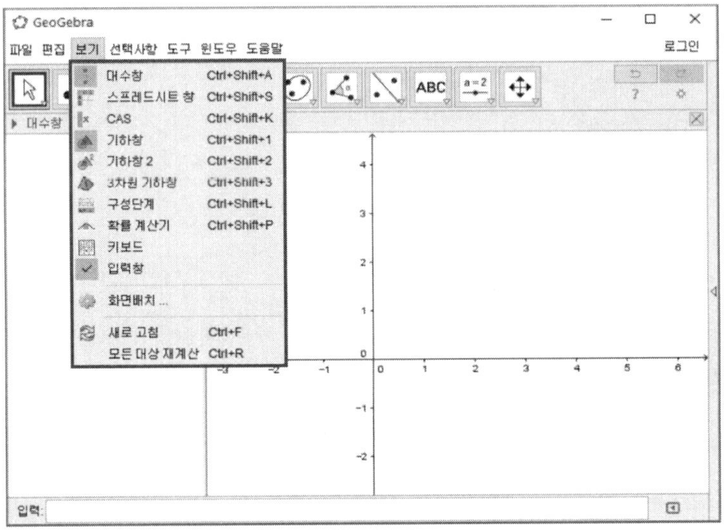

3 도구 상자

지오지브라에는 자주 사용하는 기능들을 모아 놓은 도구 상자가 있습니다. 다음 그림과 같이 마우스를 도구상자 아래에 있는 역삼각형(▽)에 올려놓으면 빨간색(▼)으로 바뀌고 도구의 이름과 사용법이 나타납니다.

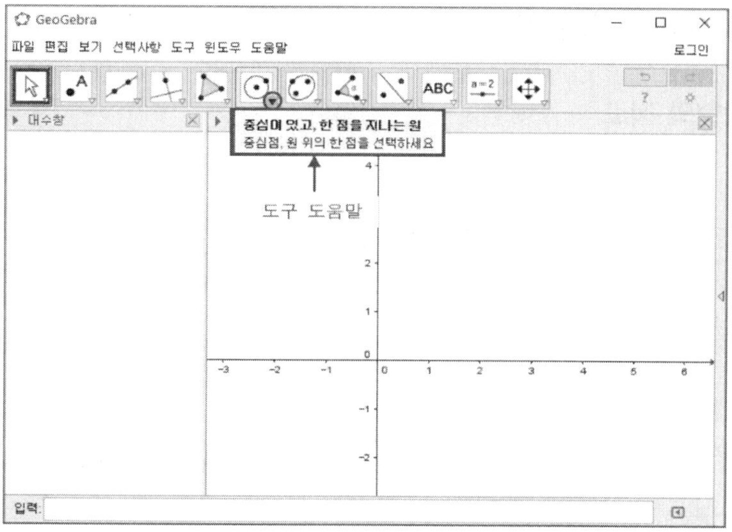

4 입력창과 입력 도움말

다음 그림과 같이 입력창 오른편의 ▶을 클릭하면 지오지브라의 내장 명령어를 볼 수 있습니다. 이때, 사용할 명령을 클릭한 후 오른쪽 하단의 붙이기 를 클릭하면 해당 명령이 입력창에 입력됩니다.

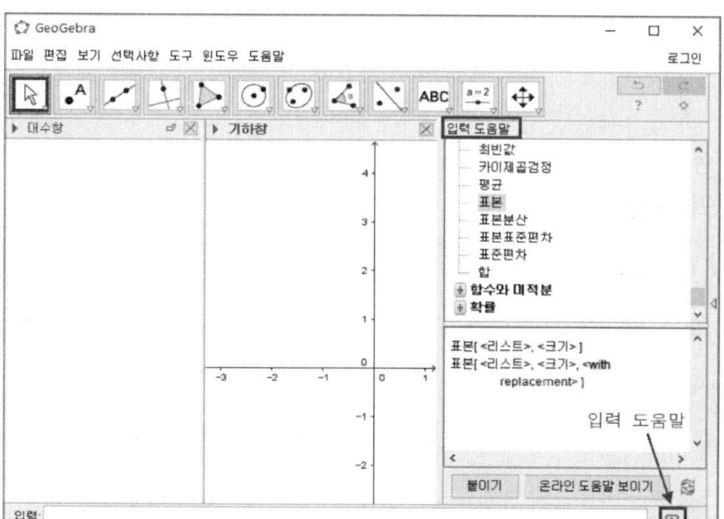

지오지브라의 활용

1 직사각형의 작도

① 도구 상자의 "두 점 사이의 선분"을 이용해서 두 점을 잡는다.

② 도구 상자의 "수직선"을 이용해서 수선을 긋는다.

③ 도구 상자의 "평행선"을 이용해서 ①에 평행한 선분을 긋는다.

④ 메뉴 상자의 "편집"에서 "대상보이기/숨기기"를 이용해서 직사각형의 모양에서 필요 없는 대상들을 숨기기를 한다.

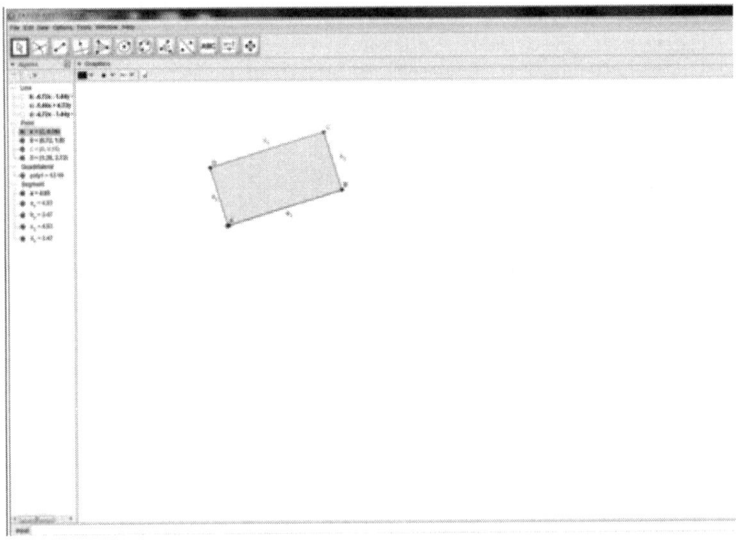

2 삼각형의 내심 작도

① 지오지브라에서 다각형 메뉴에서 삼각형을 그린다.

② 세 각의 이등분선을 작도한다(점 B, A, C를 클릭한 후 각의 이등분선 작도).

③ ②의 세 각의 이등분선의 교점인 내심을 찾는다.

④ 내심과 선분 AB의 수선 작도를 통해 내심에서 선분 AB에 수선을 긋고 수선의 발을 찾는다.

⑤ 내심과 수선의 발을 연결한 선분을 반지름으로 원을 그린 후, 삼각형의 내접원이

그려지는지 확인한다.

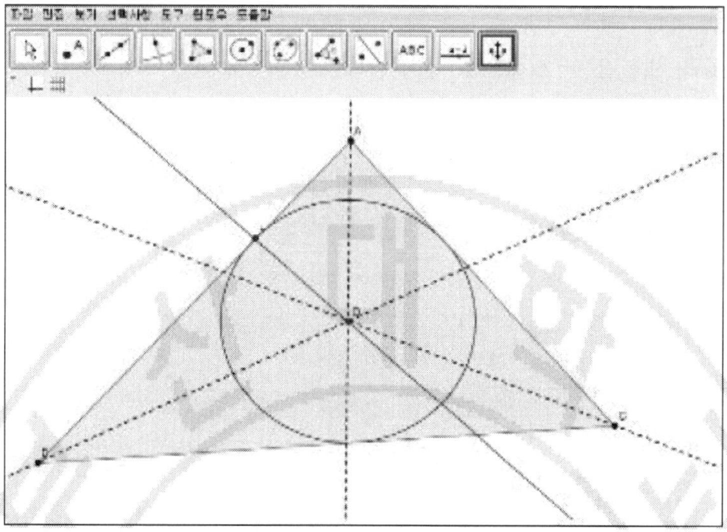

3 삼각형의 회전이동

① 도구 상자의 "다각형"을 이용해서 삼각형을 작도한다.

② 도구 상자의 "중점"을 이용해서 삼각형의 한 변의 중점을 작도한다.

③ 도구 상자의 "점 주위로 대상을 회전"을 이용해서 삼각형을 회전한다.

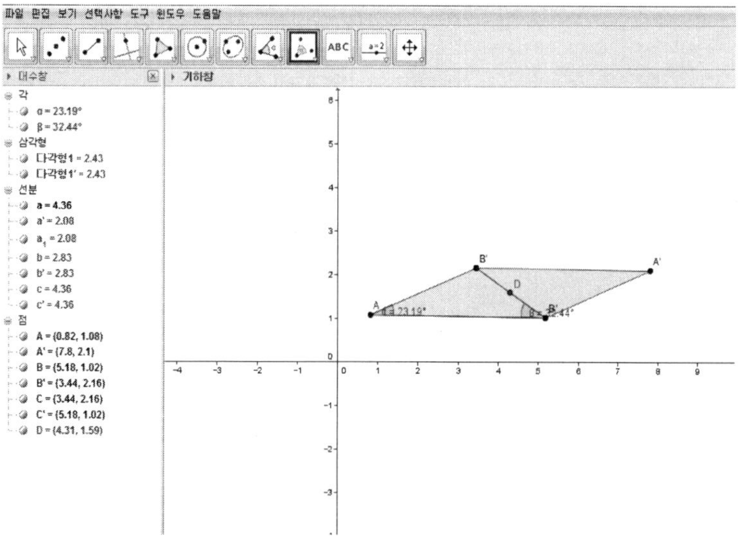

4 시어핀스키 삼각형 작도

① 정삼각형을 작도한다.

② 삼각형의 색깔을 검정색으로 설정한다.

③ 세 변의 중점을 만들어 안쪽 삼각형을 연결한 후 색상을 흰색으로 설정한다.

④ 새도구 만들기를 이용하여 다음 단계에서 검은색 삼각형의 밑변 양 끝점을 클릭하면 앞의 과정이 반복된다.

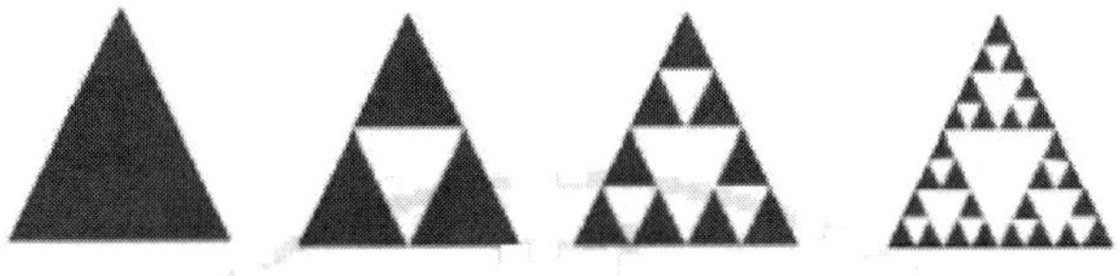

5 함수 $y=2x^2+2x+1$의 그래프

① 입력창에 "2x^2+2x+1"을 입력한다.

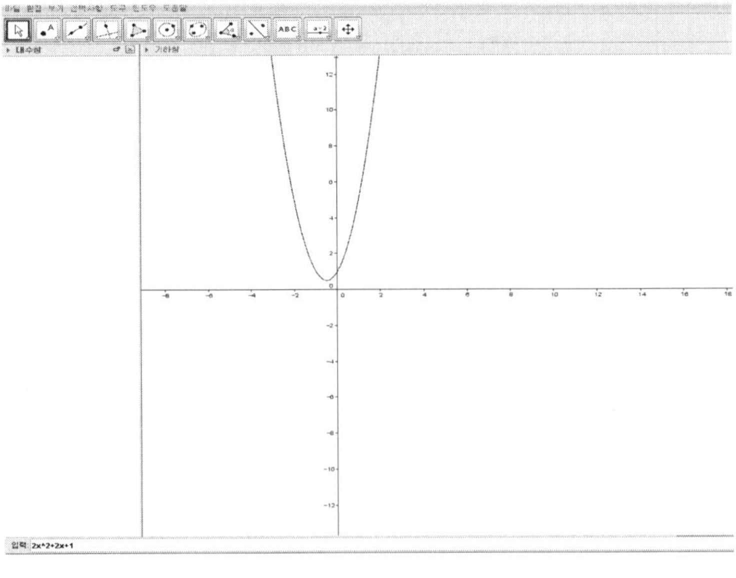

6 함수 $y=(x-1)^2$의 그래프에서 슬라이더와 애니메이션 기능 활용

① 도구 상자에서 “슬라이더”를 선택한 후에 기하창을 클릭하여 슬라이더를 만든다.

② 입력창에 “(a+1, a^2)”를 입력하고 엔터키를 누른다. 도구상자에서 “이동”을 선택하고 기하창에 있는 슬라이더 위의 점을 움직여 좌표가 변하는 것을 확인한다.

③ 한 점 위에서 마우스 오른쪽 버튼을 눌러 “자취 보이기”를 선택해 점의 자취를 남긴다.

④ 슬라이더 위에서 마우스 오른쪽 버튼을 눌러 “애니메이션 시작”을 선택하여 애니메이션을 만든다.

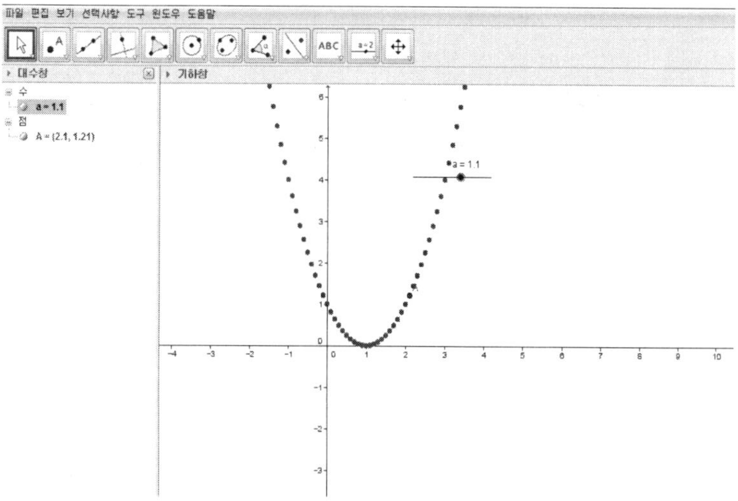

참고문헌

- 정은주(2014). GeoGebra 프로그램을 활용한 중학교 수학 영재반 수업 지도방안. 부산대학교 교육대학원 석사학위논문.
- 이상희, 이종학, 김원경(2012). 부등식 영역의 최대, 최소 문제에서 학생들의 수학적 사고에 GeoGebra가 미치는 영향. 교원교육, 28(4).

Challenge

■ 수학영재 핵심 용어 해설 2 : 도형 영역

1) 임의의 삼각형에서 페르마점을 작도해봅시다.(참고: 삼각형의 세 꼭짓점을 A, B, C라 할 때, $\overline{AP}+\overline{BP}+\overline{CP}$의 값이 최소가 되도록 하는 점 P를 페르마점이라 합니다.)

2) 함수 $y=ax+b$에서 계수 a,b가 변할 때, $y=ax+b$의 그래프가 어떻게 변하는지를 관찰할 수 있도록 슬라이더 기능을 활용해 만들어봅시다.

답안지

1) ① 도구 상자에서 “다각형”을 선택한 후에 세 점을 클릭하여 임의의 삼각형 ABC을 작도한다.

② 도구 상자에서 “정다각형”을 선택한 후에 삼각형 ABC의 각 두 꼭짓점을 시계방향으로 차례로 클릭한 후, 나타나는 정다각형 대화상자에 숫자 3을 입력하여 세 개의 정삼각형을 작도한다.

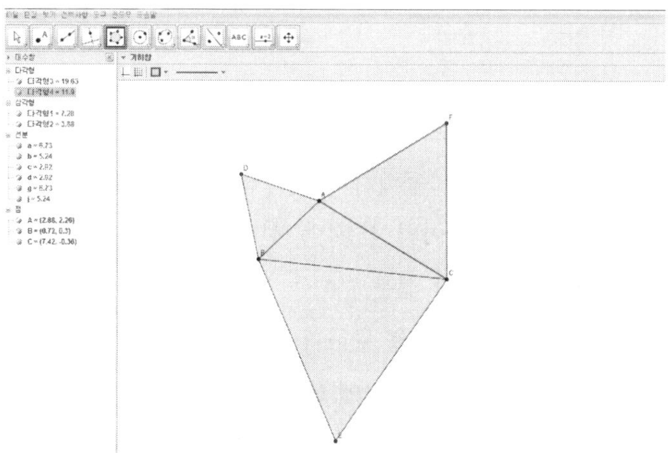

③ 도구 상자에서 “세 점을 지나는 원”을 선택하여 세 개의 정삼각형의 외접원을 각각 작도한다.

④ 도구 상자에서 “두 대상의 교점”을 선택하여 외접원이 만나는 점 G를 작도한다.

⑤ 도구 상자에서 “두 점 사이의 선분”을 선택하여 삼각형 ABC의 각 꼭짓점과 점 G를 차례로 연결한 세 선분 m, n, s를 작도한다.

⑥ 세 선분 m, n, s의 길이의 합을 구하기 위해 입력창에 “합=m+n+s”를 입력하고 엔터키를 누르면 대수창에 세 선분의 길이의 합이 나타난다.

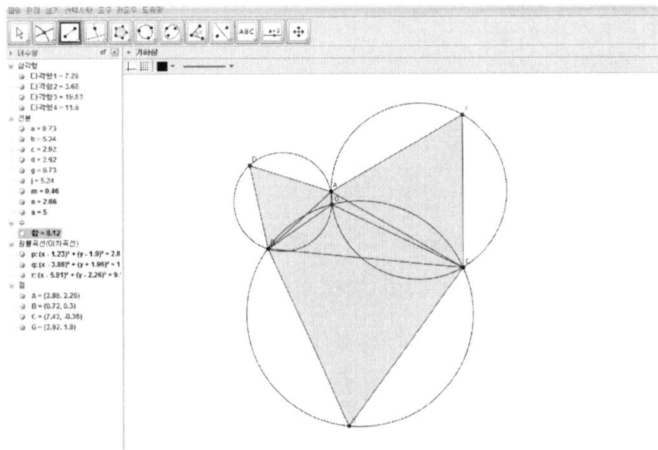

⑦ 점 G가 페르마점임을 직관적으로 파악하기 위해 도구 상자에서 “대상위의 점”을 선택한 후 삼각형 ABC를 클릭하여 삼각형 내부에 한 점 H를 작도한다.

⑧ 도구 상자에서 “두 점 사이의 선분”을 선택하여 삼각형 ABC의 각 꼭짓점과 점 H를 차례로 연결한 세 선분 t, a_1, b_1을 작도한다.

⑨ 세 선분 t, a_1, b_1의 길이의 합을 구하기 위해 입력창에 “비교=t+a_1+b_1”를 입력하고 엔터키를 누르면 대수창에 세 선분의 길이의 합이 나타나는데, 마우스로 점 H를 드레그하면서 대수창에서 두 합을 비교해본다.

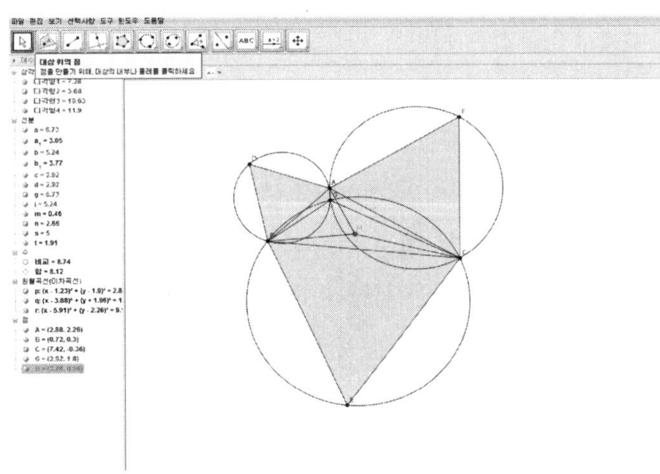

2) ① 도구 상자에서 “슬라이더”를 선택한 후에 기하창을 클릭하여 슬라이더 a와 b를 만든다.

② 입력창에 “f(x)=ax+b”를 입력하고 엔터키를 누른다.

③ 슬라이더 위에서 마우스 오른쪽 버튼을 눌러 “애니메이션 시작”을 선택하여 애니메이션을 만든다.

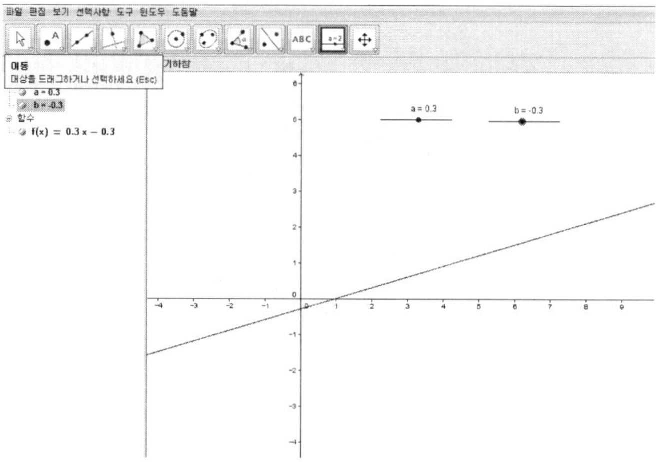

22 지오픽스(Geo Fix)를 활용한 육면체의 겨냥도와 전개도

■ 수학영재 핵심 용어 해설 2 : 도형 영역

지오픽스(Geo Fix)란?

지오픽스는 학생들이 손쉽게 입체도형에 대해 이해할 수 있게 도와주는 교구입니다. 지오픽스는 대부분 직사각형, 정사각형, 이등변삼각형, 정삼각형, 정오각형, 정육각형, 정팔각형으로 만들어져 있습니다. 지오픽스의 각 변은 튀어나온 부분과 들어간 부분을 가지고 있기 때문에 별도의 도구가 없이 손으로 두 변을 맞닿아 끼우면 연결이 됩니다. 모든 지오픽스의 조각은 면이 없는 선으로 이루어져 있는 대신 그 안에 끼울 수 있는 '창'이 존재합니다. 선을 이용한 도형의 생김새를 알고 난 뒤 이 '창'을 이용하여 면에 대한 개념까지 알 수 있습니다. '창'은 정삼각형, 정사각형, 이등변 삼각형, 직사각형으로 네 종류가 존재합니다.

지오픽스(Geo Fix)는 왜 필요할까요?

직사각형, 정사각형, 이등변삼각형, 정삼각형, 정오각형, 정육각형, 정팔각형으로 구성되어 있는 지오픽스는 다양한 모양을 만들 수 있고 입체도형을 만들 수 있다는 장점이 있습니다. 학생들은 자유롭게 도형을 만지고 새로운 도형을 만들면서 도형에 대한 개념과 공간에 대한 개념을 함께 깨우칠 수 있습니다. 수학 도형뿐 아니라 놀이터, 성 따라 만들기 등 다양한 활동을 통해 창의적 사고력까지 기를 수 있습니다.

정육면체와 직육면체의 겨냥도 탐구

1 정육면체와 직육면체의 겨냥도 알아보기

정육면체는 정사각형 6개, 직육면체는 직사각형 6개로 만들어진 입체도형입니다. 지오픽스를 이용하여 정육면체와 직육면체를 만들어 겨냥도를 알아봅시다.

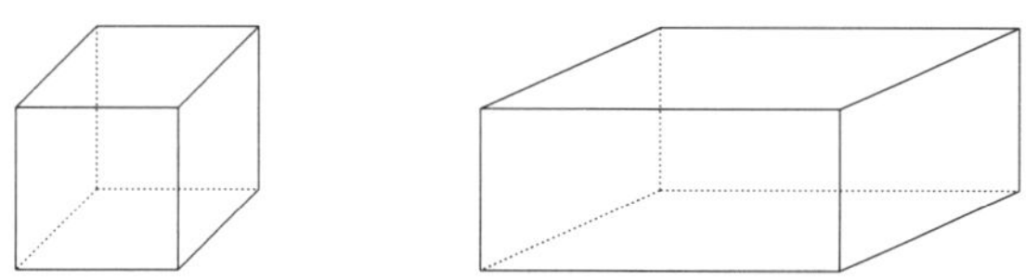

겨냥도는 위의 그림과 같이 정육면체와 직육면체에서 보이는 모서리는 실선으로 나타내고 보이지 않는 모서리는 점선으로 나타낸 그림입니다. 학생들이 겨냥도를 그릴 때 실수하는 부분이 바로 보이지 않는 부분을 실선으로 나타내어 그리는 경우입니다. 잘못 그려진 겨냥도의 예를 살펴보면 다음과 같습니다.

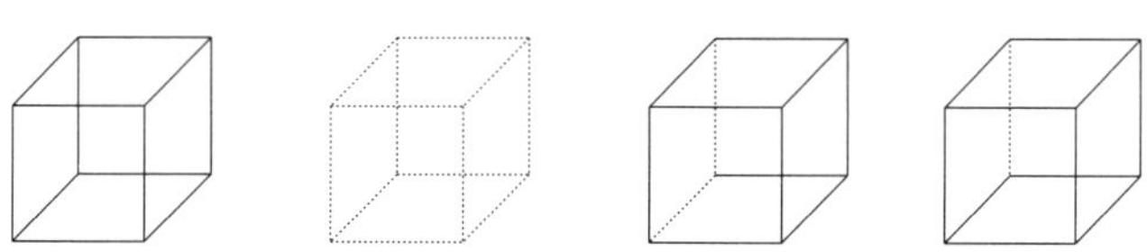

2 정육면체를 자를 때 나오는 면의 모양

정육면체를 자를 때 위치에 따라 잘린 면은 여러 가지 평면도형으로 만들 수 있습니다. 예를 들면 다음과 같이 정육면체에서 두 모서리의 한 점과 한 꼭짓점을 기준으로 자르면 세 변의 길이가 서로 다른 삼각형을 만들 수 있습니다. 그렇다면 정육면체를 잘라 다양한 모양의 평면도형을 만들어봅시다.

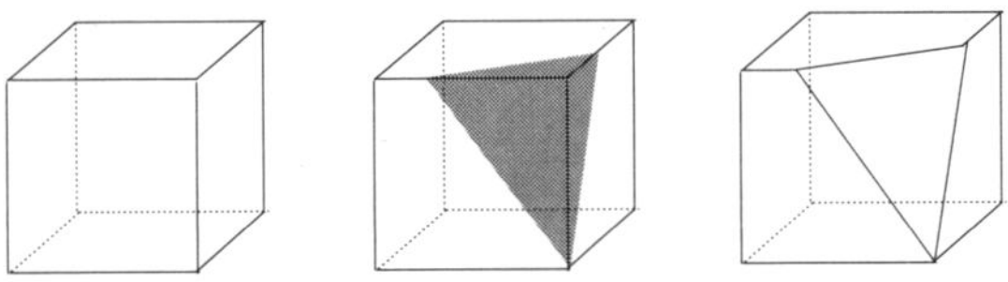

먼저, 정육면체를 이용하여 이등변삼각형과 정삼각형을 만들어 봅시다. 어떻게 자르면 이등변삼각형과 정삼각형이 나올 수 있는지 머릿속으로 생각해봅시다. 다음의 정육면체 겨냥도에 다양한 선을 그어 이등변삼각형과 정삼각형을 만들어봅시다.

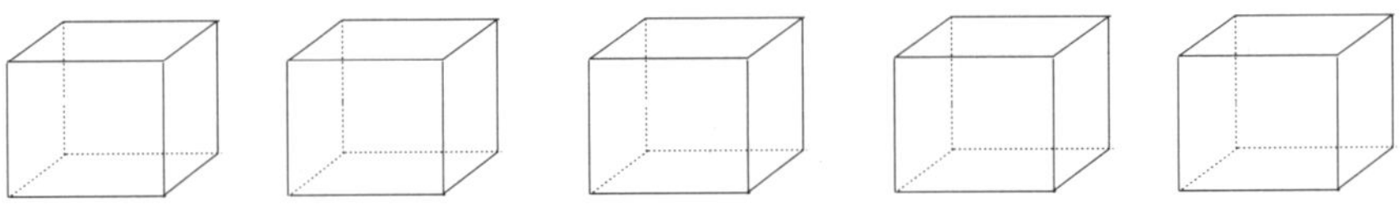

아마 여러 가지 방법으로 이등변삼각형과 정삼각형을 만들 수 있을 것입니다. 예를 들면 다음의 그림과 같이 두 꼭짓점에서 같은 거리의 지점과 면에 수직인 모서리에 나머지 꼭짓점이 오도록 자르면 됩니다. 이외에도 무수히 많은 방법으로 이등변삼각형을 만들 수 있습니다. 정삼각형은 세 꼭짓점으로부터 같은 거리의 지점을 지나도록 자르면 됩니다. 다른 방법으로 세 꼭짓점을 지나는 평면으로 자르면 정삼각형을 만들 수 있습니다.

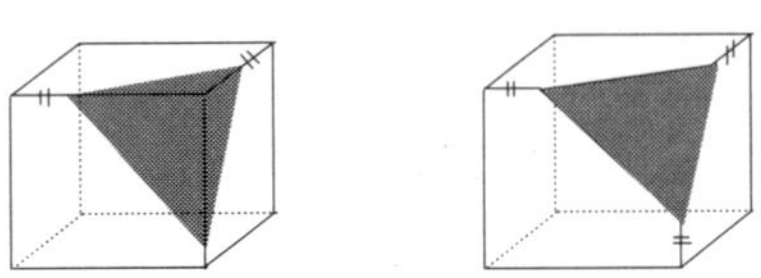

이번에는 사다리꼴을 만들어봅시다. 어떻게 자르면 사다리꼴이 나올 수 있는지 머릿속으로 생각해봅시다. 다음의 정육면체 겨냥도에 다양한 선을 그어 사다리꼴을 만들어봅시다.

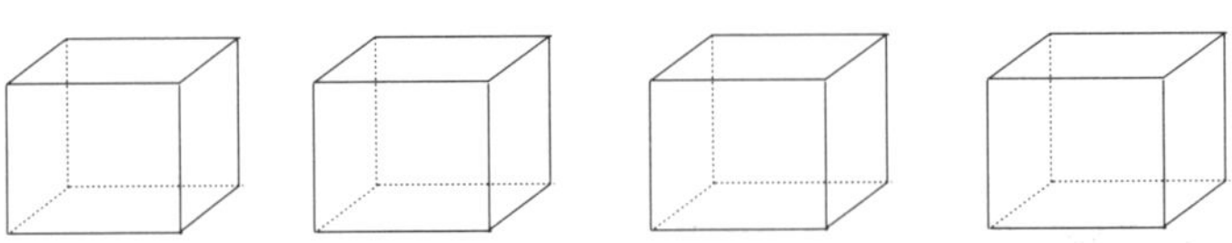

사다리꼴의 정의에 따라 마주보는 한 쌍의 변이 평행하면 사다리꼴이 되므로, 다음의 그림과 같이 마주보는 두 면의 두 모서리를 각각 지나도록 자르면 됩니다. 이외에도 어떤 방법이 있을지 생각해봅시다.

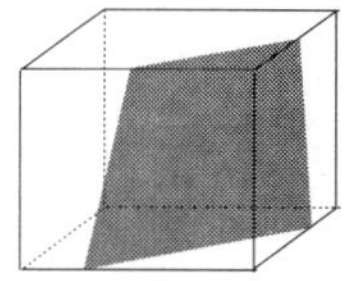

이제 평행사변형, 직사각형, 정사각형, 마름모를 만들어봅시다. 어떻게 자르면 평행사변형, 직사각형, 정사각형, 마름모가 나올 수 있는지 머릿속으로 생각해봅시다. 다음의 정육면체 겨냥도에 다양한 선을 그어 평행사변형, 직사각형, 정사각형, 마름모를 만들어봅시다.

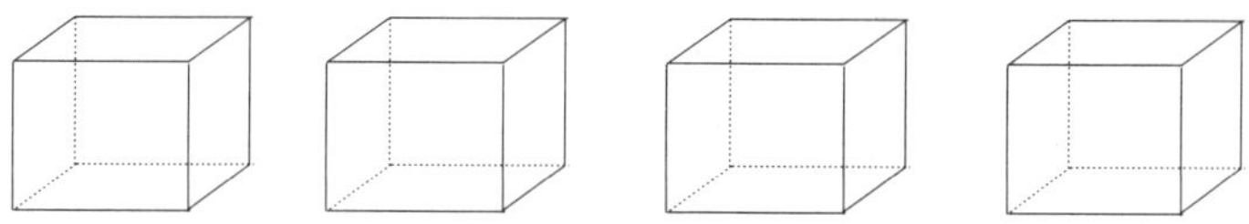

평행사변형은 마주보는 두 쌍의 변이 서로 평행하면 평행사변형이 되므로, 마주보는 두 면을 지나면서 같은 면의 마주보는 세 모서리를 지나거나 이웃한 두 모서리를 지나도록 자르면 됩니다. 다음의 그림과 같이 두 가지 경우를 생각할 수 있으며, 결론적으로 직사각형 모양으로 자르면 됩니다. 또한 다른 직사각형, 정사각형, 마름모도 같은 방법을 사용하면 만들 수 있습니다.

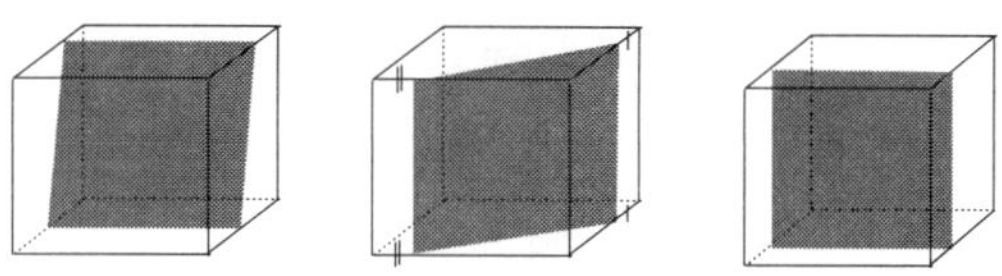

이번에는 오각형과 육각형을 만들어봅시다. 어떻게 자르면 오각형과 육각형이 나올 수 있는지 머릿속으로 생각해봅시다. 다음의 정육면체 겨냥도에 다양한 선을 그어 오각형과 육각형을 만들어봅시다.

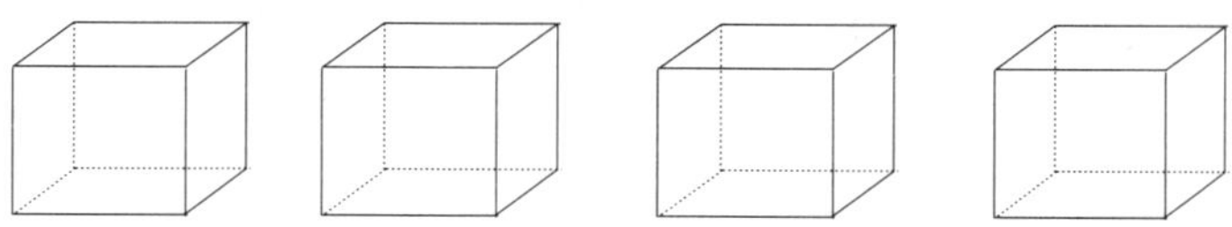

오각형과 육각형을 만들 때에는 정육면체의 면의 개수를 고려하여 자르면 만들 수 있습니다. 즉, 5개의 면이 지나는 평면으로 자르면 5각형이 되며, 6개의 면을 모두 지나는 평면으로 자르면 6각형을 만들 수 있습니다. 다음의 그림을 참고하여 만들어봅시다.

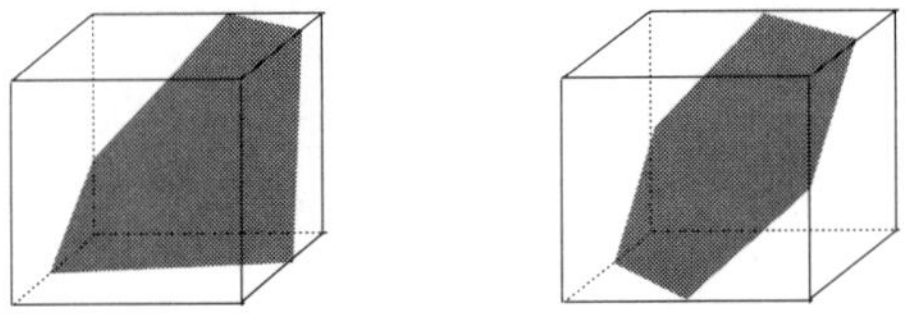

정육면체와 직육면체의 전개도 탐구

1 정육면체의 전개도 탐구하기

정사각형 6개를 변끼리 연결할 때, 가로로 연결된 정사각형의 개수를 고려하여 다음 표를 완성해 봅시다.

가로로 연결된 정사각형 수	6개	5개	4개	3개	2개	합계
서로 다른 모양	1개	3개	12개	18개	1개	35개

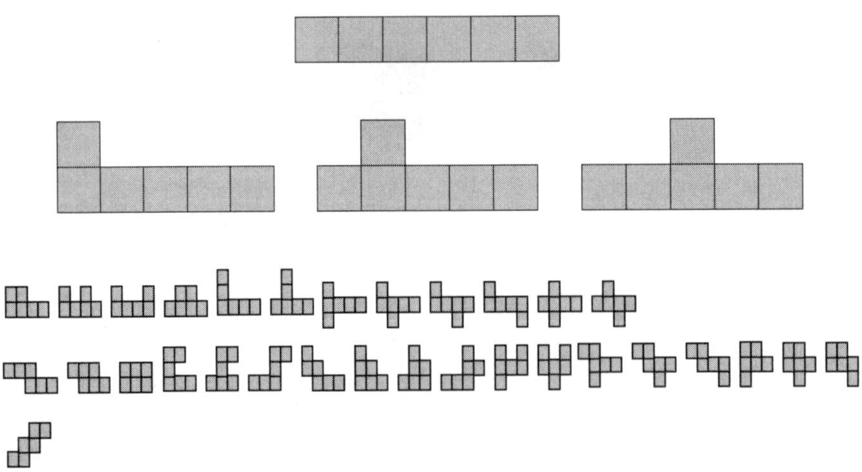

위와 같이 정사각형 6개를 이어서 만들 수 있는 모양은 35가지가 됩니다. 지오픽스를 이용하여 각각의 모양을 만들어봅시다. 그리고 모서리 부분을 접어 정육면체를 만들 수 있는지 알아봅시다. 위의 35가지 중에서 정육면체를 만들 수 있는 모양은 다음과 같이

11개를 찾을 수 있습니다.

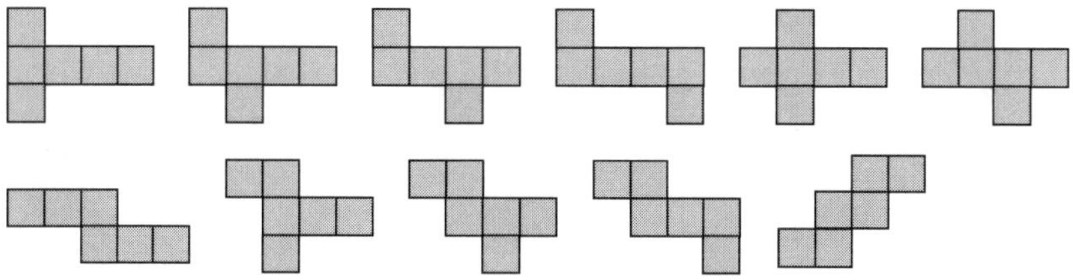

어떤 모양이 정육면체의 전개도가 될 수 있는지 알아보면 정사각형이 가로로 6개나 5개 연결된 모양은 될 수 없습니다. 또한, 정사각형이 가로로 4개 연결된 모양에서 위와 아래에 각각 1개씩 있어야 합니다.

2 직육면체의 전개도 탐구하기

지오픽스 조각 중 정사각형과 직사각형을 섞어 다음의 그림과 같이 직육면체를 만들어 봅시다. 각각의 모서리 부분을 다시 분해하여 직육면체의 전개도를 찾아봅시다.

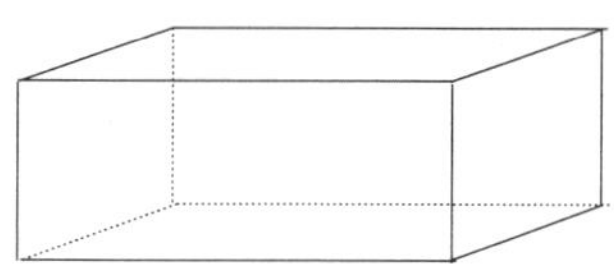

이때 무조건 모서리를 분해하여 찾기보다는 규칙을 정하여 모두 몇 가지를 찾을 수 있는지 알아봅시다.

• 유형 1 : 가로로 서로 다른 크기의 직사각형 4개를 연결하였을 때에는 다음의 그림과 같은 모양의 서로 다른 전개도를 30개 찾을 수 있습니다.

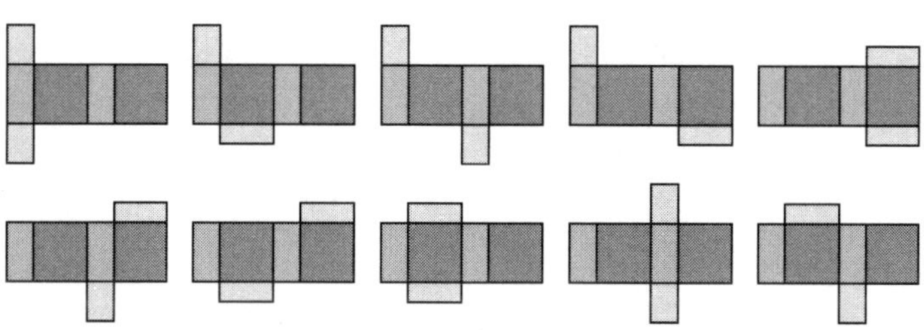

외 총 30가지

• 유형 2 : 가로로 서로 다른 직사각형 3개를 연결하였을 때에는 다음의 그림과 같은 모양의 서로 다른 전개도를 21개 찾을 수 있습니다.

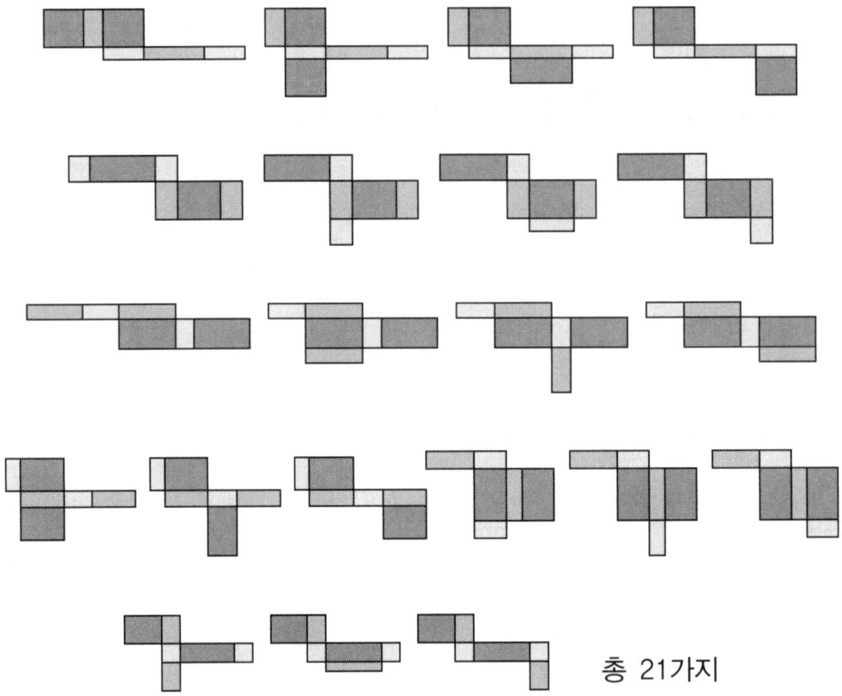

총 21가지

• 유형 3 : 가로로 서로 다른 직사각형 2개를 연결하였을 때에는 다음의 그림과 같은 모양의 서로 다른 전개도를 3개 찾을 수 있습니다.

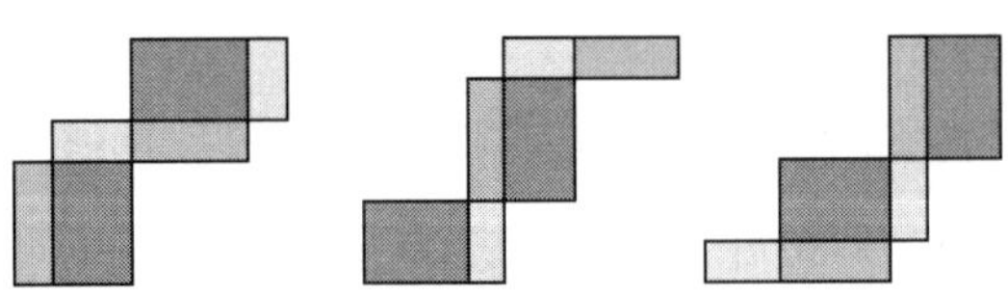

총 3가지

따라서 직육면체의 전개도 중 서로 다른 모양은 모두 54가지임을 알 수 있습니다.

참고문헌

• 송상헌(2001). 수학영재 지도원리 및 교수법의 실제. 2001학년도 수학영재 지도를 위한 교사 연수 교재. 대구교육대학교부설 초등교육연수원.

Challenge

■ 수학영재 핵심 용어 해설 2 : 도형 영역

1) 정육면체의 전개도는 모두 몇 개인지 써 봅시다.

2) 직육면체의 전개도는 모두 몇 개인지 써 봅시다.

답안지

1) 11가지

2) 54가지

23 칠교를 활용한 합동과 대칭 탐구

■ 수학영재 핵심 용어 해설 2 : 도형 영역

칠교란?

칠교가 언제 창안됐는지는 전해지지 않고 있으나, 칠교라는 글자가 주나라 때부터 있던 것으로 보아 그 이전부터 있던 놀이라 여겨집니다. 칠교의 유래는 고대 중국의 전설에서 찾아볼 수 있습니다. 중국의 어느 학자가 도기로 된 전(바닥에 까는 타일과 같은 것)을 가장 귀중한 보물로 여기고 있었는데, 어느 날 그만 그것을 땅에 떨어뜨리고 말았습니다. 이렇게 해서 전은 일곱 개의 조각으로 쪼개졌다고 합니다. 이러한 전설에서도 알 수 있듯이 칠교는 고대 중국에서 만들어진 가장 오래된 기하학적 퍼즐이며, 지금은 전 세계에서 모두 즐기고 있는 놀이가 되었습니다. 서양에는 청나라 때 전해졌으며 탱그램(Tangram)이라 부르게 되었고, 우리나라에서는 옛날부터 '칠교놀이'라 하여 전통 놀이 형태로 전해 오기도 합니다.

칠교는 왜 필요할까요?

칠교는 직각 이등변삼각형 5개, 정사각형 1개, 평행사변형 1개의 조각들로 구성되어 있는 퍼즐놀이입니다. 7개의 조각들을 이용하여 사람이나 동물, 여러 가지 사물의 모양이나 기하 도형을 맞추는 재미있는 놀이입니다. 칠교의 교육적 효과는 퍼즐 놀이를 통하여 칠교 조각들을 조작하면서 도형의 크기와 모양을 익히고, 여러 가지 기본 개념과 성질을 발견하거나 관계를 파악하는 데 유용하게 활용할 수 있을 것입니다. 또한 칠교는 도형의 넓이, 둘레의 길이, 각의 크기 등 측정에 관한 학습에서도 매우 다양하게 활용할 수 있습니다.

칠교는 어떻게 만들까요?

칠교는 큰 직각이등변삼각형 2개와 중간 크기의 직각이등변삼각형 1개, 작은 직각이등변삼각형 2개, 정사각형 1개, 평행사변형 1개, 총 7개의 조각들로 구성되어 있습니다.

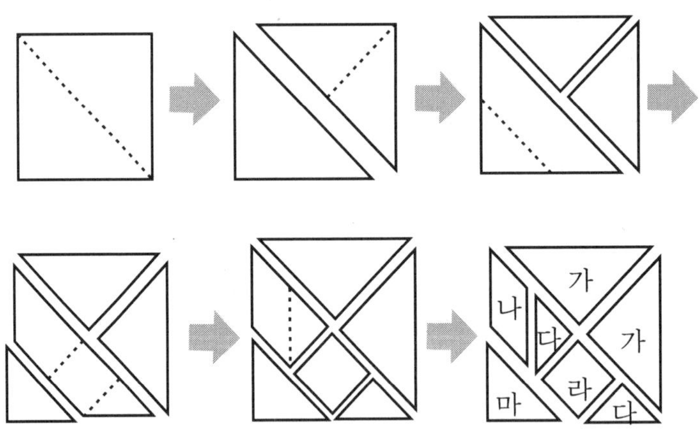

합동과 대칭 탐구

1 칠교를 활용한 합동 탐구

합동은 모양과 크기가 같아서 완전히 포개어지는 도형을 말합니다. 7가지 칠교 조각을 이용하여 합동이 되는 모양에는 어떤 것들이 있을까요? 조각의 개수를 달리하여 찾아보도록 합시다.

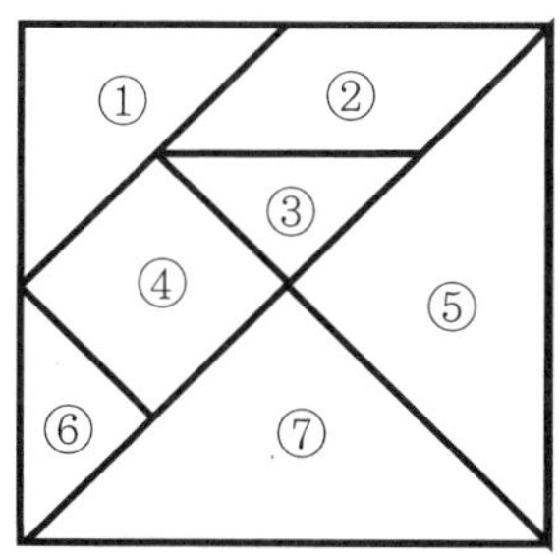

위의 그림과 같이 7가지 조각에 각각의 숫자를 정하여 봅시다. 그중에서 2개의 조각을 사용하여 서로 합동이 되는 조각을 찾아봅시다. 2개의 조각만 사용할 수 있다면 ③과 ⑥조각이 서로 합동이 되며, ⑤과 ⑦조각도 서로 합동이 됨을 알 수 있습니다. 따라서 사용하는 조각의 개수에 따라 합동이 되는 경우를 찾아보면 다음과 같은 표를 구할 수 있습니다.

조각의 개수	합동이 되는 경우
2개	③-⑥, ⑤-⑦
3개	①-③⑥, ②-③⑥, ④-③⑥
4개	⑤-①③⑥, ⑦-①③⑥, ⑤-②③⑥, ⑦-②③⑥ ⑤-③④⑥, ⑦-③④⑥
5개	③⑥⑦-①⑤
6개	②③⑤-④⑥⑦
7개	⑤⑦-①②③④⑥

2 칠교를 활용한 선대칭 탐구

선대칭도형은 대칭축을 중심으로 접었을 때 완전히 겹쳐지는 도형을 말합니다. 그렇다면 칠교의 7가지 조각에는 선대칭도형이 되는 모양이 있을까요? 칠교의 7가지 조각 중에서 1개를 선택하여 선대칭도형인가를 알아봅시다. 선대칭도형이 된다면 대칭축을 찾아봅시다. 다음의 그림과 같이 칠교 ④번 조각에서 대칭축을 찾을 수 있습니다. 따라서 ④번 조각은 선대칭도형이 됨을 알 수 있습니다.

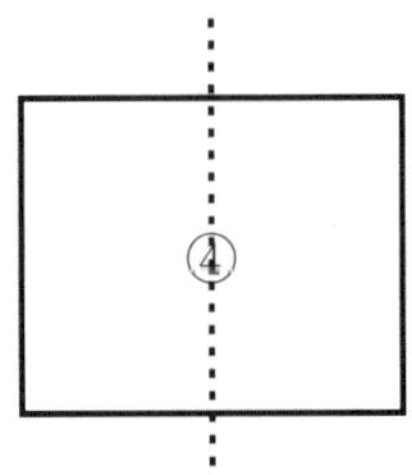

다른 6가지의 모양에서도 선대칭도형이 될 수 있는가를 알아보면 ②번 모양을 제외한 5가지 모양은 모두 직각삼각형의 모양을 가지고 있습니다. 따라서 다음 그림과 같이 모두 선대칭도형이 됨을 알 수 있습니다.

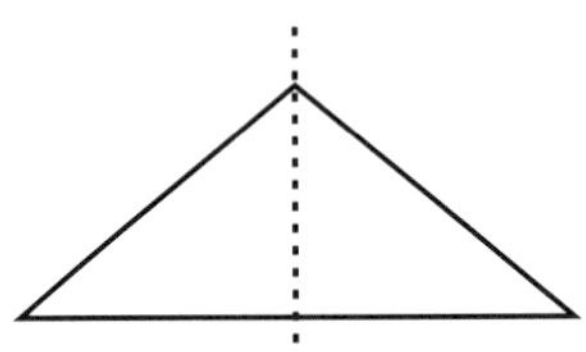

다음은 서로 다른 2개의 조각을 사용하여 선대칭도형을 만들어봅시다. 예를 들어 ③번과 ⑥번 조각에서 길이가 같은 변을 서로 붙이면 ①번, ②번, ④번 모양을 만들 수 있습니다. 그중에서 선대칭도형이 되는 모양은 ①번과 ④번임을 알 수 있습니다. 따라서 사용하는 조각의 개수에 따라 선대칭도형이 되는 경우를 찾아보면 다음과 같이 구할 수 있습니다.

조각의 개수	선대칭도형이 되는 경우
1개	①, ③, ④, ⑤, ⑥, ⑦
2개	③⑥, ⑤⑦, ①③ 외 다수
3개	①③⑥, ①⑤⑦, ②③⑥, ④③⑥ 외 다수
4개	⑤①③⑥, ⑦①③⑥, ⑤②③⑥, ⑦②③⑥ ⑤③④⑥, ⑦③④⑥ 외 다수
5개	①③⑤⑥⑦, ②③⑤⑥⑦, ③④⑤⑥⑦ 외 다수
6개	②③④⑤⑥⑦, ①③④⑤⑥⑦, ①②③⑤⑥⑦ 외 다수
7개	①②③④⑤⑥⑦

❸ 칠교를 활용한 점대칭 탐구

점대칭도형은 한 점을 중심으로 180° 돌렸을 때 완전히 겹쳐지는 도형을 말합니다. 그렇다면 칠교의 7가지 조각에는 점대칭도형이 되는 모양이 있을까요? 칠교의 7가지 조각 중에서 점대칭도형이 되는 조각을 알아봅시다. 점대칭도형이 된다면 대칭의 중심을 찾아봅시다. 다음의 그림과 같이 칠교 ②번 조각에서 대칭의 중심을 찾을 수 있습니다. 따라서 ②번 조각은 점대칭도형이 됨을 알 수 있습니다.

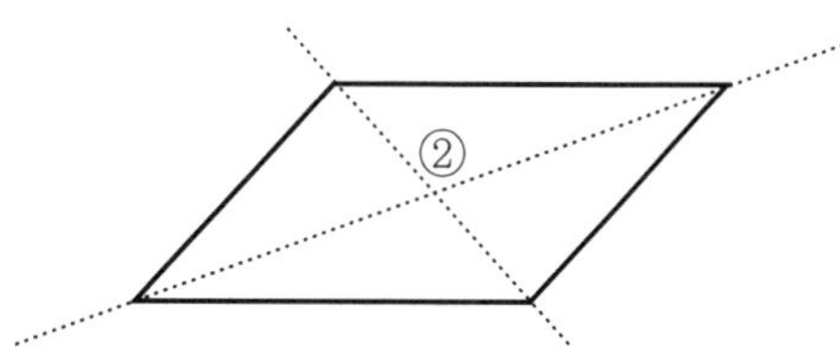

다른 6가지의 모양에서도 점대칭도형이 될 수 있는가를 알아보면 ④번 모양도 점대칭도형이 됨을 알 수 있습니다. 또한 ④번 모양은 점대칭도형도 되면서 선대칭도형도 된다는 사실을 발견할 수 있습니다.

다음은 서로 다른 2개의 조각을 사용하여 점대칭도형을 만들어봅시다. 예를 들어 ③번과 ⑥번 조각에서 길이가 같은 변을 서로 붙이면 ①번, ②번, ④번 모양을 만들 수 있습니다. 그중에서 점대칭도형이 되는 모양은 ②번과 ④번임을 알 수 있습니다. 따라서 사용하는 조각의 개수에 따라 점대칭도형이 되는 경우를 찾아보면 다음과 같이 구할 수 있습니다.

조각의 개수	점대칭도형이 되는 경우
1개	②, ④
2개	③⑥, ⑤⑦
3개	①③⑥, ①⑤⑦, ②③⑥, ④③⑥ 외 다수
4개	⑤①③⑥, ⑦①③⑥, ⑤②③⑥, ⑦②③⑥ ⑤③④⑥, ⑦③④⑥ 외 다수

Challenge

■ 수학영재 핵심 용어 해설 2 : 도형 영역

1) 3개의 칠교 조각을 사용하여 선대칭도형이 되는 모양을 만들어 봅시다(단 같은 모양의 칠교 조각을 사용할 수 있음).

2) 3개의 칠교 조각을 사용하여 점대칭도형이 되는 모양을 만들어 봅시다(단 같은 모양의 칠교 조각을 사용할 수 있음).

답안지

1) 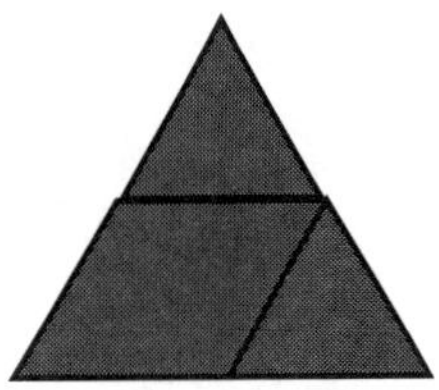

2) 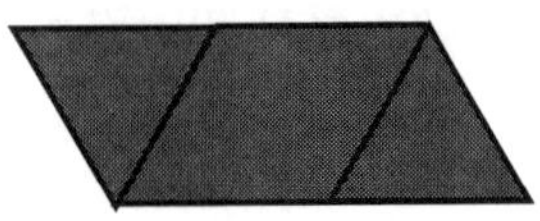

24 패턴블록(Pattern Block)을 활용한 합동과 대칭 탐구

■ 수학영재 핵심 용어 해설 2 : 도형 영역

패턴블록(Pattern Block)이란?

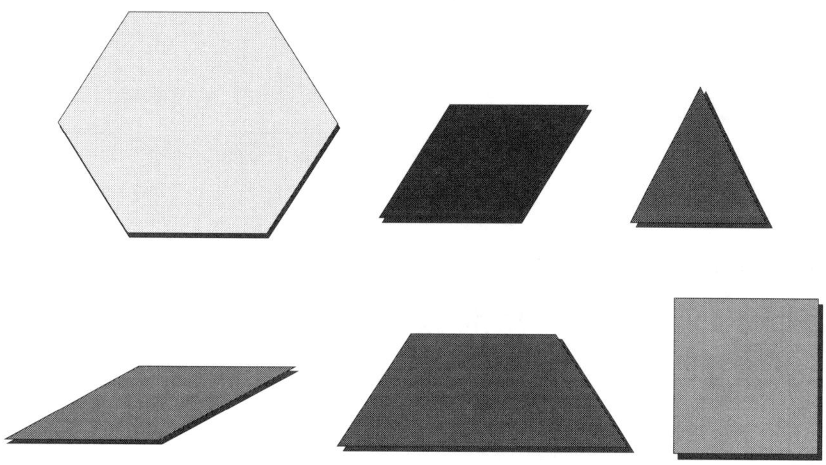

패턴블록이란 1960년대 초 미국의 초등과학 연구회가 평면 위에서의 패턴 탐구를 위해 개발한 기하학적 기본 도형 6가지로 구성된 교구입니다. 패턴블록은 계산 기능을 위한 보조 도구가 아니라 합동, 대칭, 닮음, 넓이, 둘레의 길이, 연속성, 함수, 분수, 그래프 그리기와 같은 수학적 주제를 학습할 수 있고, 학생들의 공간 감각을 익히며 유사성과 차이점을 인식하는 능력을 개발하는 데 활용됩니다.

패턴블록의 필요성

기본적으로 패턴블록은 6가지 색으로 구분된 6가지 도형들을 모아놓은 것입니다. 한 세트에는 녹색 삼각형 50개, 주황색 정사각형 25개, 파란색 평행사변형 50개, 회색 마름모 50개, 빨간색 사다리꼴 50개, 그리고 노란색 육각형 25개가 들어 있어 총 250개의 도형으로 구성되어 있습니다.

기본 도형들의 변의 길이가 같거나 두 배라는 점은 블록을 서로 맞추어 배열할 수 있게 해주고, 도형들 간의 관계를 탐구해 보는 데 유용하게 사용할 수 있습니다. 이러한 패턴블록을 이용하여 공간 추론, 도형 관계, 패턴 등을 학습해봅시다.

합동과 대칭 탐구

1 패턴블록을 활용한 합동 탐구

합동은 모양과 크기가 같아서 완전히 포개어지는 도형을 말합니다. 6가지 모양의 패턴블록을 이용하여 합동이 되는 모양에는 어떤 것들이 있을까요? 조각의 개수를 달리하여 찾아보도록 합시다.

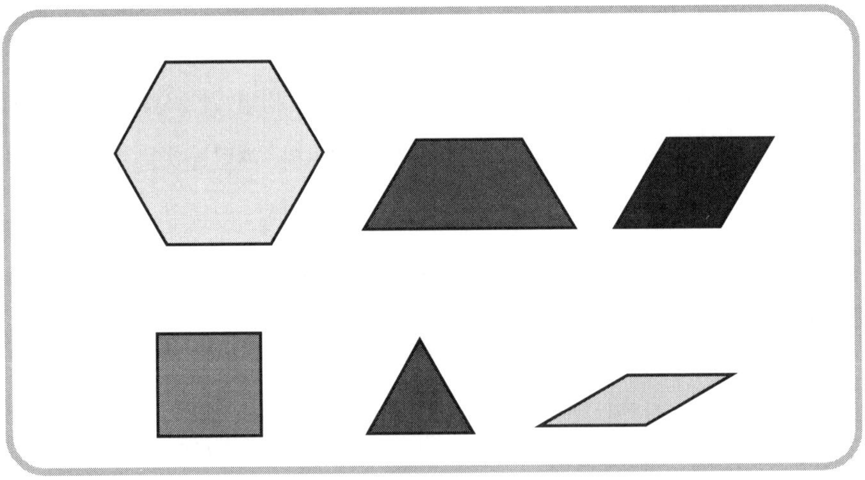

위의 그림과 같이 6가지 모양 중에서 노란색 정육각형과 합동이 되도록 다른 패턴블록을 사용하여 만들어봅시다. 먼저 조각 1개를 사용할 경우에는 같은 모양인 정육각형만 가능함을 알 수 있습니다. 다음은 조각 2개(같은 모양도 가능)를 사용하여 서로 합동이 되도록 만들어봅시다. 2개의 조각만 사용한다면 빨간색 사다리꼴 2개를 사용하여 완전히 겹쳐져 합동이 되는 모양을 만들 수 있습니다. 따라서 패턴블록의 사용 개수에 따라 노란색 정육각형과 합동이 되는 경우를 찾아보면 다음과 같은 표를 구할 수 있습니다.

사용한 블록의 수	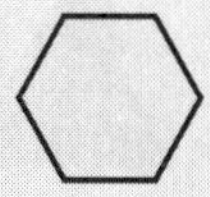					
1개	1					
2개		2				
3개		1	1			1
			3			
4개		1				3
			2			2
5개			1			4
6개						6

2 패턴블록을 활용한 선대칭 탐구

선대칭도형은 대칭축을 중심으로 접었을 때 완전히 겹쳐지는 도형을 말합니다. 그렇다면 패턴블록의 6가지 모양에서 선대칭도형이 되는 모양이 있을까요? 패턴블록의 6가지 모양 중에서 1개를 선택하여 선대칭도형이 되는지 알아봅시다. 선대칭도형이 된다면 대칭축을 찾아봅시다. 다음의 그림과 같이 빨간색 사다리꼴 모양에서 대칭축을 찾을 수 있습니다. 따라서 빨간색 사다리꼴 모양은 선대칭도형이 됨을 알 수 있습니다.

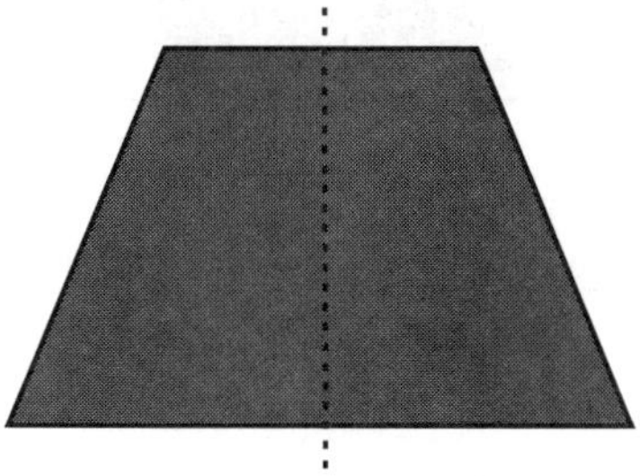

다른 5가지의 모양에서도 선대칭도형이 될 수 있는가를 알아보면 파란색 평행사변형을 제외한 4가지 모양은 모두 대칭축을 가지고 있는 선대칭도형이 됨을 알 수 있습니다.

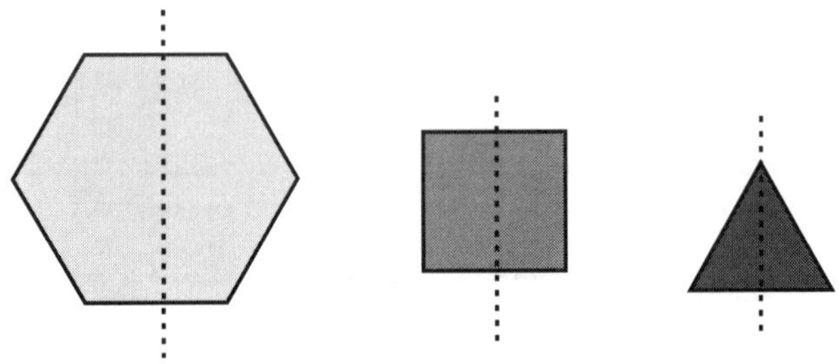

다음은 서로 다른 2개의 조각을 사용하여 선대칭도형을 만들어봅시다. 예를 들어 빨간색 사다리꼴과 주황색 정사각형 조각에서 길이가 같은 변을 서로 붙이면 모자 모양의 선대칭도형을 만들 수 있습니다. 따라서 사용하는 조각의 개수에 따라 선대칭도형이 되는 경우를 찾아보면 다음과 같은 표를 구할 수 있습니다.

조각의 개수	선대칭도형이 되는 경우
1개	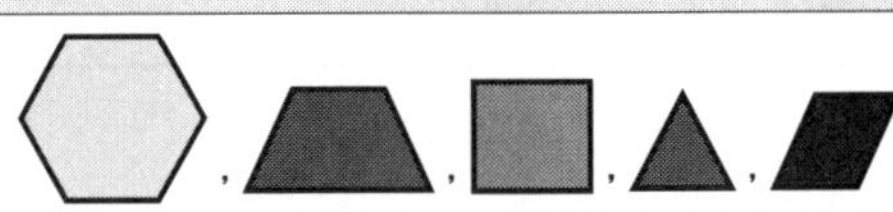
2개	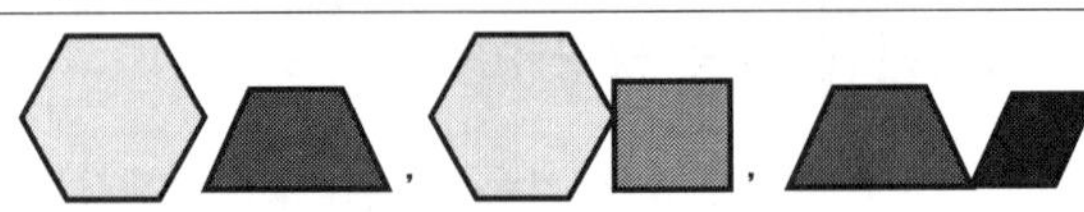 외 다수
3개	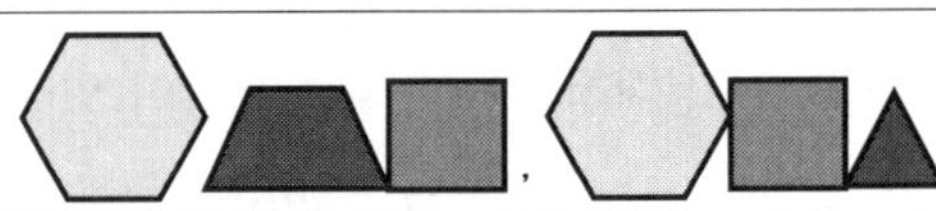 외 다수
4개	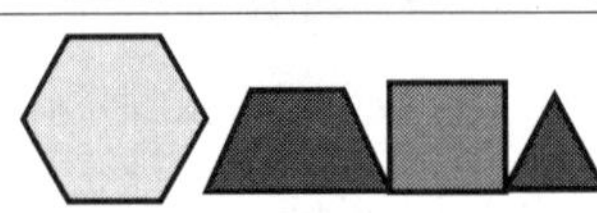 외 총 3가지
5개	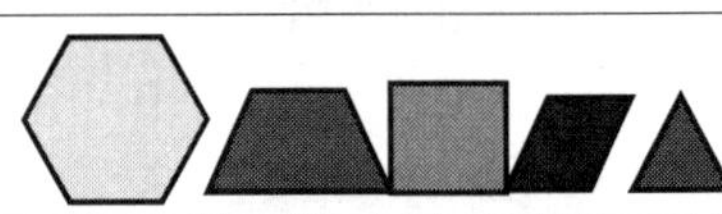

❸ 패턴블록을 활용한 점대칭 탐구

점대칭도형은 한 점을 중심으로 180° 돌렸을 때 완전히 겹쳐지는 도형을 말합니다. 그렇다면 패턴블록의 6가지 조각에는 점대칭도형이 되는 모양이 있을까요? 패턴블록의 6가지 조각 중에서 점대칭도형이 되는 조각을 알아봅시다. 점대칭도형이 된다면 대칭의 중심을 찾아봅시다. 다음의 그림과 같이 패턴블록의 파란색 평행사변형 조각에서 대칭의 중심을 찾을 수 있습니다.

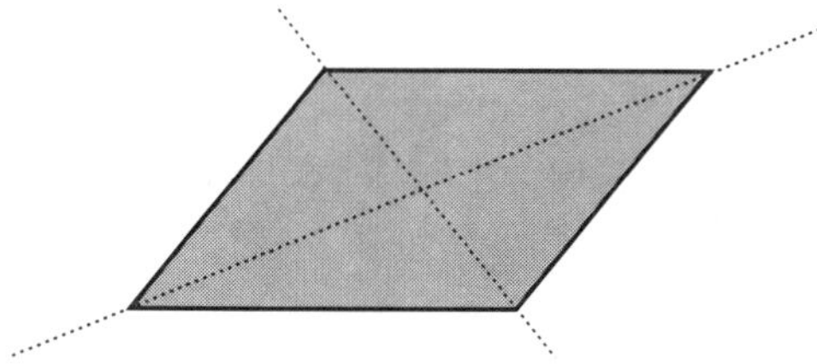

다른 5가지의 모양에서도 점대칭도형이 될 수 있는지 알아보면 노란색 정육각형, 주황색 정사각형, 회색 마름모 모양도 점대칭도형이 됨을 알 수 있습니다. 또한 노란색 정육각형, 주황색 정사각형, 회색 마름모 모양은 점대칭도형이 되면서 선대칭도형도 된다는 사실을 발견할 수 있습니다.

다음은 서로 다른 2개의 조각을 사용하여 점대칭 도형을 만들 수 있는지 생각해 봅시다. 서로 다른 모양을 이어 붙여서 만들 수 있는 모양은 많이 있으나 대부분의 경우 선대칭도형은 되지만 점대칭도형은 되지 않는다는 사실을 알 수 있습니다. 그중에서 사용하는 조각의 개수에 따라 점대칭도형이 되는 경우를 찾아보면 다음과 같이 구할 수 있습니다.

조각의 개수	점대칭도형이 되는 경우
1개	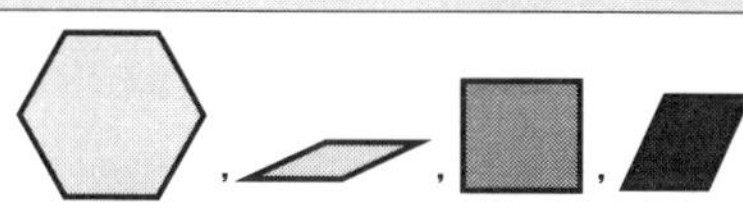
2개	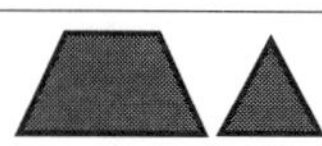

참고문헌

• 한국교육개발원(1998). 영재교육자료: 초등학교 수학.

Challenge

■ 수학영재 핵심 용어 해설 2 : 도형 영역

1) 3개의 패턴블록 조각을 사용하여 선대칭도형이 되는 모양을 만들어봅시다(단 같은 모양의 패턴블록 조각을 사용할 수 있음).

2) 4개의 패턴블록 조각을 사용하여 점대칭도형이 되는 모양을 만들어봅시다(단 같은 모양의 패턴블록 조각을 사용할 수 있음).

답안지

■ 수학영재 핵심 용어 해설 2 : 도형 영역

1) 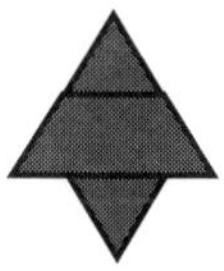 외 다수

2) 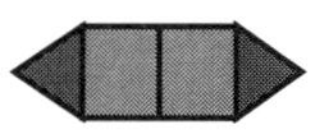 외 다수

25 펜토미노(Pentomino)를 활용한 바닥 채우기

■ 수학영재 핵심 용어 해설 2 : 도형 영역

펜토미노(Pentomino)란?

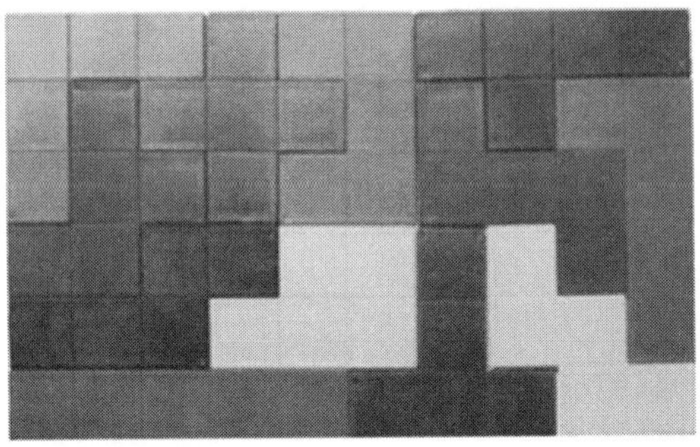

펜토미노는 고대 로마에서 유래된 퍼즐로서, 5개의 단위 정사각형을 변끼리 붙여 이루어진 도형으로 모양을 만드는 놀이입니다. 20세기 이전에도 많은 사람들에 의해 풀어진 것으로 추정되고 있는데 최초로 사료화된 것은 샘 로이드와 함께 세계적으로 가장 유명한 퍼즐 디자이너인 헨리 듀드니(Henry Dudeny)가 1907년 다양한 퍼즐을 집대성해서 소개한 그의 저서 《캔터배리 퍼즐(The Canterbury Puzzles)》에 8x8의 퍼즐을 풀어내는 방법을 소개하면서 시작되었습니다. 또한 이 퍼즐이 "펜토미노"라는 이름으로 명명된 것은 1953년 솔로몬 골롬(Solomon. W. Golomb) 박사가 하버드의 수학클럽에서 강의 도중 최초로 사용하면서부터입니다. 그 이후에도 펜토미노 퍼즐은 여러 사람들에게 사랑받으며 여러 유형의 풀이법들이 계속해서 개발되었으며 현재도 펜토미노 퍼즐을 교육적으로 활용하는 방법을 소개하는 다양한 교재들이 개발되고 있습니다.

펜토미노의 구성

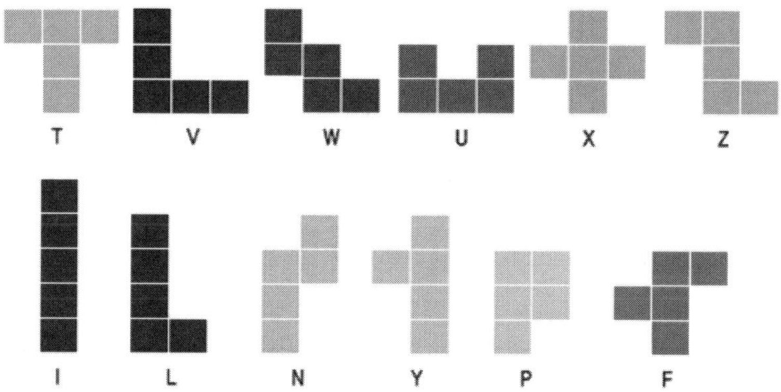

펜토미노의 어원을 살펴보면 고대 그리스어의 수를 나타내는 단위, 즉 수사에서 '5, 다섯'을 나타내는 '펜토'와 우리말로 바꾸자면 조각, 덩어리 정도로 해석될 수 있는 '미노'가 합성되어 만들어진 말로서 '다섯 조각'을 뜻합니다. 5개의 단위 정사각형을 변끼리 붙여 이루어진 도형으로 모양을 만듭니다. 이때 만들 수 있는 조각은 모두 12가지의 알파벳 모양인데, 각 조각들이 5개의 정사각형으로 만들어졌기 때문에 펜토미노라 합니다.

바닥 채우기

1 펜토미노의 전개도 탐구

12개의 펜토미노 중에서 테두리를 가위로 오린 다음 모서리를 따라 접었을 때, 뚜껑이 없는 정육면체 상자를 만들어봅시다. 찾아낸 12개의 펜토미노가 모두 뚜껑이 없는 상자가 될 수 있을까요? 전부 되지 않는다면 몇 개나 나올지 예상해봅시다. 상자가 될 수 있는 펜토미노와 그렇지 않은 펜토미노를 구분하여 다음의 표를 완성해봅시다.

상자를 만들 수 있는 것	상자를 만들 수 없는 것

12개의 펜토미노 가운데 뚜껑이 없는 상자를 만들 수 있는 것은 모두 8개(알파벳 L, Y, N, T, X, W, Z, F)입니다. 상자를 만들 수 없는 것은 나머지 4개(알파벳 I, P, U, V)가 됩니다.

2 크기가 두 배인 도형 채우기

이제 12가지 펜토미노 조각을 이용하여 도형을 채워봅시다. 먼저 펜토미노 조각과 같은 모양이지만 크기가 2배가 되는 도형을 만들어 봅시다. 그 후 12가지 펜토미노 조각 중 4개를 이용하여 빈칸을 채워봅시다.

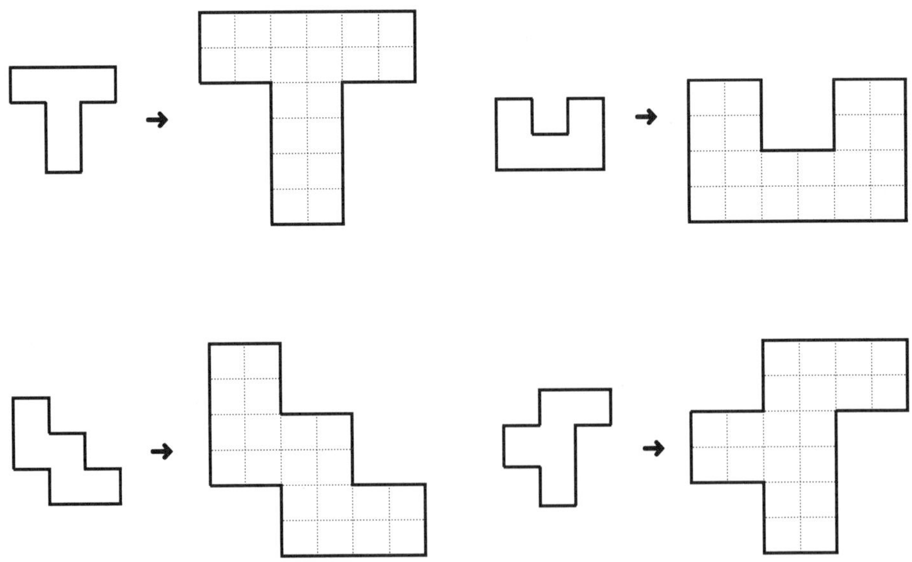

알파벳 T를 2배 확대한 도형은 펜토미노 조각 중 알파벳 I, V, Z, P를 사용하여 채울 수 있습니다. U를 2배 확대한 도형은 알파벳 L, V, P, N을 사용하여 채울 수 있으며, W를 2배 확대한 도형은 알파벳 L, Z, P, F를 사용하여 채울 수 있고, 마지막 F를 2배 확대한 도형은 펜토미노 조각 중 알파벳 F, V, Z, L을 사용하여 채울 수 있습니다.

12가지 모양 중에서 10가지는 빈칸을 모두 채울 수 있지만 알파벳 V와 X는 아직까지 완성된 경우가 발견되지 않았다고 합니다. 혹시 만들 수 있을 것 같다면 한번 도전해 봅시다. 또한 크기를 3배 확대한 모양을 펜토미노 조각 9개를 사용하여 도형을 채울 수 있습니다. 다양한 방법으로 모양을 확대하여 도형 채우기를 도전해봅시다.

❸ 서로 합동인 도형 채우기

12가지 펜토미노 조각을 모두 이용하여 서로 합동이 되는 3개의 도형을 만들어 봅시다. 다음의 그림과 같이 2가지 모양의 합동이 되는 도형을 만들 수 있습니다. 각각의 모양에 12개의 펜토미노 조각을 사용하여 채워봅시다.

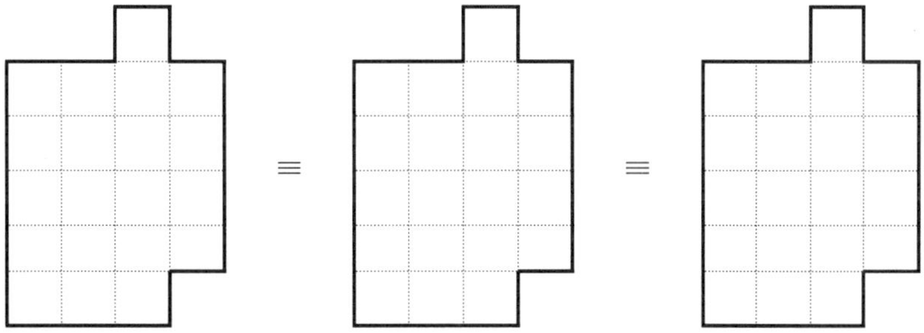

위의 세 가지 합동인 도형을 펜토미노 조각으로 채우기 위해서는 각각 알파벳 I, F, P, W와 알파벳 N, V, L, Y와 알파벳 Z, T, U, X를 나누어 이용하면 서로 다른 조각을 사용하여 합동인 도형을 만들 수 있습니다.

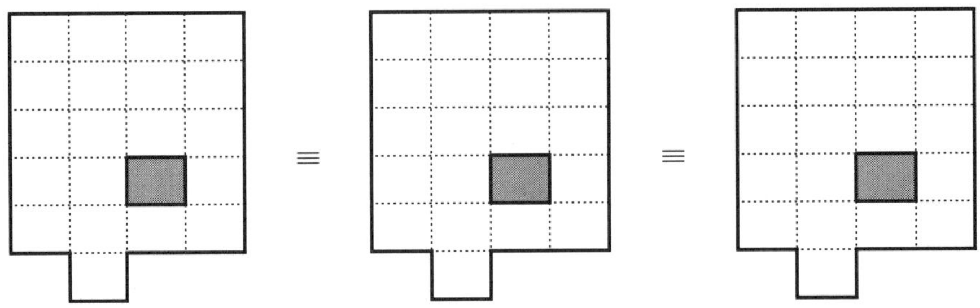

위의 도형을 서로 다른 펜토미노 조각을 사용하여 합동이 되도록 만든 사람은 아직 없다고 합니다. 현재까지 나온 결과에서는 '만들 수 있는가' 혹은 '만들 수 없는가'에 대한 결론이 나지 않아 아직도 많은 사람들이 도전하고 있다고 합니다. 여러분이 최초로 해결한 사람이 되도록 도전해봅시다.

4 직사각형(4×5) 도형 채우기

직사각형(4×5)을 서로 다른 펜토미노 조각 4개를 사용하여 도형을 채워봅시다. 서로 다른 조각을 이용하여 채운다면 아마 여러 가지 방법을 찾을 수 있을 것입니다. 여러분도 한번 직사각형(4×5)을 다양한 방법으로 채워봅시다.

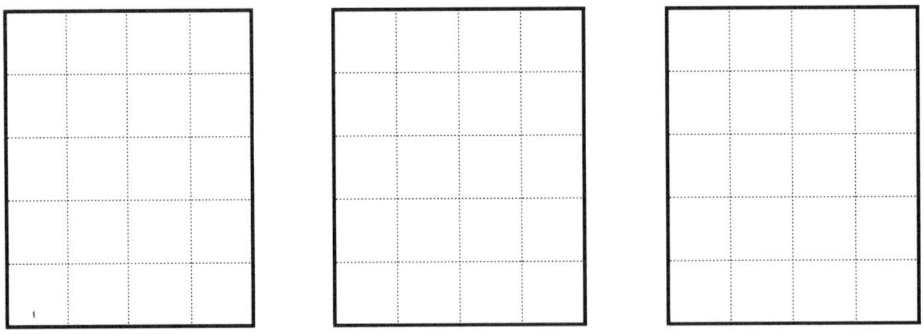

직사각형(4×5) 모양의 도형을 서로 다른 펜토미노 4개의 조각을 사용하여 채울 수 있는 경우는 모두 25가지입니다. 여러 가지 방법 중 예를 든다면 (I, P, U, Y), (I, P, U, V), (L, P, U, Y), (L, P, V, Y), (N, P, U, Y), (N, T, V, Y) 등의 방법으로 도형을 채울 수 있습니다.

5 직사각형(6×10, 5×12, 4×15, 3×20) 도형 채우기

펜토미노 12개의 조각을 모두 사용하면 '가로×세로'가 각각 '6×10, 5×12, 4×15, 3×20'인 4가지의 서로 다른 직사각형 모양을 만들 수 있습니다. 각각의 직사각형 모양을 12가지 펜토미노 조각을 사용하여 도형을 채울 수 있는 방법에는 어떤 것들이 있는지 알아봅시다. 먼저 '6×10' 모양의 직사각형을 채워봅시다.

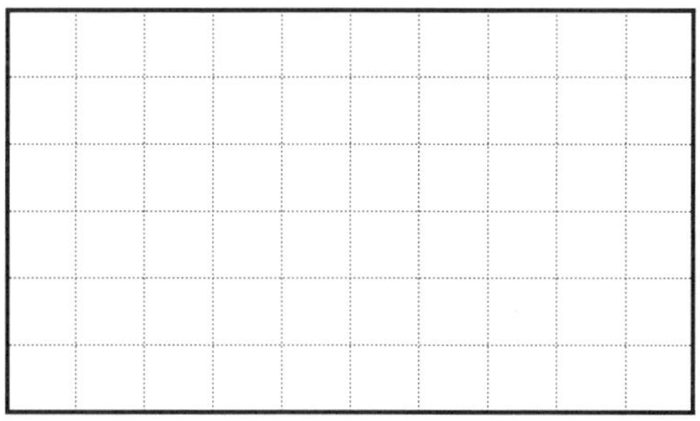

'6×10' 형태의 직사각형은 다음 그림 이외에도 컴퓨터를 이용하여 현재까지 2339가지를 만들 수 있다고 합니다. 여러분들은 만드는 사람에 따라 서로 다른 모양의 직사각형을 찾을 수 있을 것입니다.

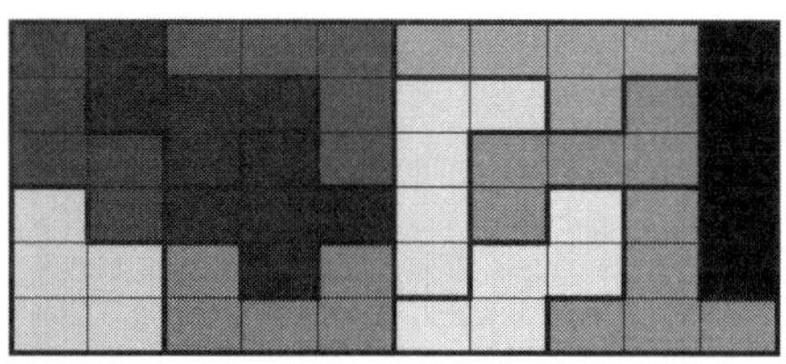

이어서 '5×12', '4×15' 모양의 직사각형을 채워봅시다.

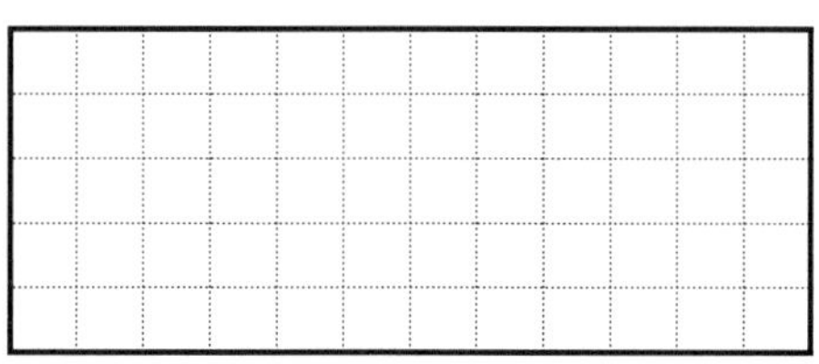

'5×12' 직사각형

'4×15' 직사각형

12가지 펜토미노를 이용하여 다양한 방법으로 도형을 채워보았습니다. 몇 개씩 골라 잘 조합하면 새롭고 흥미로운 도형이 생겨나게 됩니다. 이러한 직사각형의 모양 이외에도 다양한 모양의 도형을 펜토미노를 사용하여 채우기를 할 수 있습니다. 펜토미노를 창의적으로 조합하여 재미있는 모양을 만들어봅시다.

참고문헌

- 한국교육개발원(1998). 영재교육자료: 초등학교 수학.

Challenge

■ 수학영재 핵심 용어 해설 2 : 도형 영역

1) 펜토미노 조각을 사용하여 다음의 도형을 채워봅시다.

2) 펜토미노 조각을 사용하여 다음의 도형을 채워봅시다.

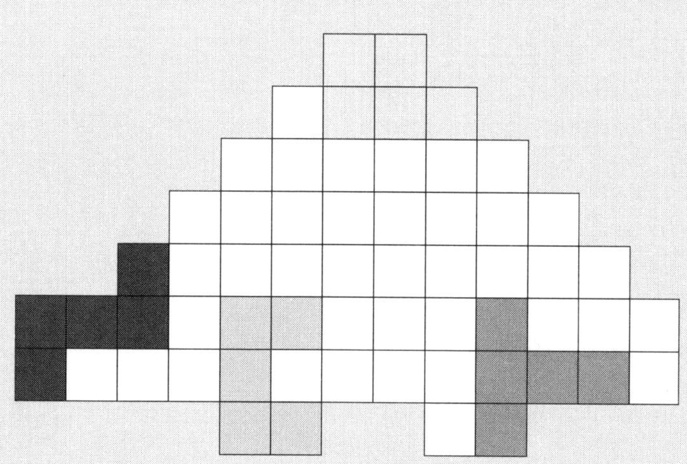

답안지

■ 수학영재 핵심 용어 해설 2 : 도형 영역

1) 

2) 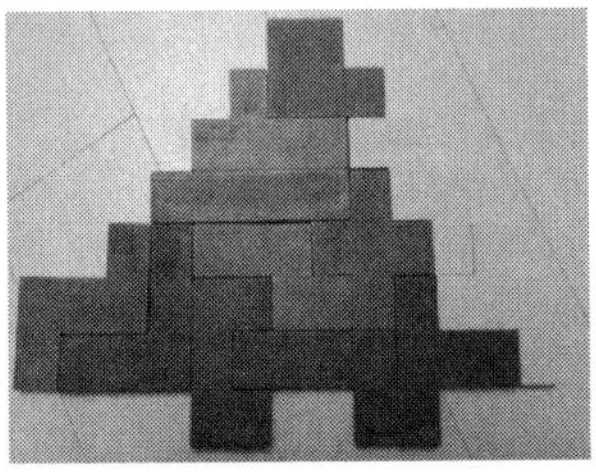

26 피타고라스 정리

■ 수학영재 핵심 용어 해설 2 : 도형 영역

피타고라스 정리란?

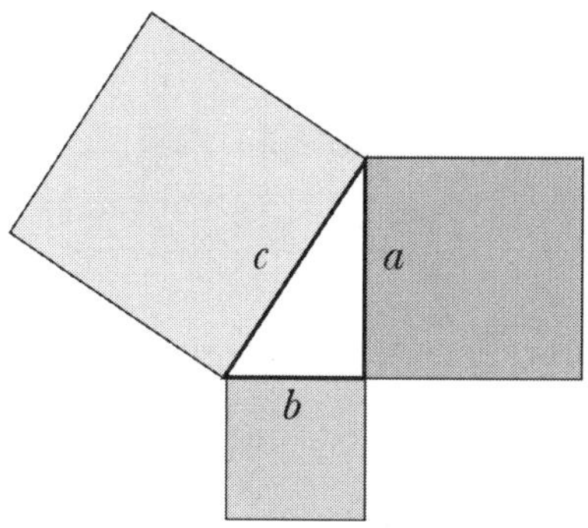

직각삼각형 옆에 있는 정사각형들의 넓이를 비교해봅시다. 직각삼각형의 빗변을 한 변으로 하는 정사각형의 넓이는 직각삼각형의 다른 두 변을 각각 한 변으로 하는 정사각형의 넓이와 어떤 관계가 있을까요? 빗변을 한 변으로 하는 정사각형의 넓이는 다른 두 변을 각각 한 변으로 하는 정사각형의 넓이의 합과 같습니다. 이를 기호를 나타낸다면, 빗변의 길이를 c, 다른 두 변의 길이를 각각 a, b라고 하면 다음과 같은 식으로 쓸 수 있습니다.

$$a^2 + b^2 = c^2$$

피타고라스 정리의 유래

피타고라스 정리는 원래 피타고라스가 발견한 게 아니라 이전부터 있던 '직각삼각형의 정리'를 고대 그리스의 수학자이자 철학자인 피타고라스(Pythagoras, BC 582~497)가 처음으로 증명한 것입니다. 피타고라스는 당시 신전 바닥의 돌을 보고 힌트를 얻었다고 합니다.

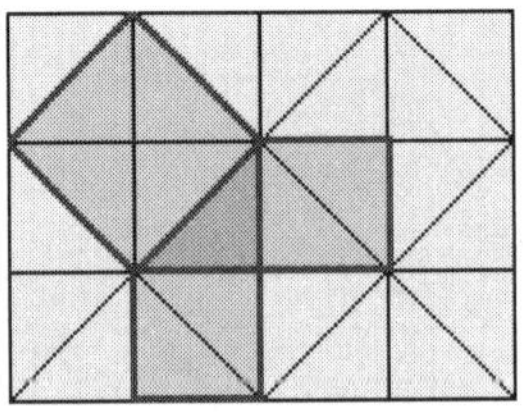

그림에서 진한색의 직각삼각형 주위를 보면, 빗변을 한 변으로 하는 정사각형에는 네 개의 돌이 들어가고, 다른 두 변을 한 변으로 하는 정사각형에는 돌이 각각 2개씩 들어갑니다. 2+2=4는 너무도 당연합니다. 피타고라스는 이것을 일반화하여 일반적인 직각삼각형의 경우까지 적용했을 것입니다.

피타고라스 정리의 증명 탐구

지금까지 피타고라스 정리는 여러 가지 방법으로 증명되었습니다. 대개는 도형의 분할을 이용한 것이며, 그 가운데 대표적인 것들로는 피타고라스의 증명, 유클리드의 증명, 바스카라의 증명, 캄파의 증명, 가필드의 증명 등이 있고, 이 외에도 지금까지 알려진 것만 200가지가 넘습니다. 여기서는 유클리드와 바스카라, 가필드 등의 증명들을 간략하게 살펴보겠습니다.

1 유클리드의 증명

기하학의 아버지 유클리드는 '직각삼각형의 정리'를 다음과 같이 증명했습니다.

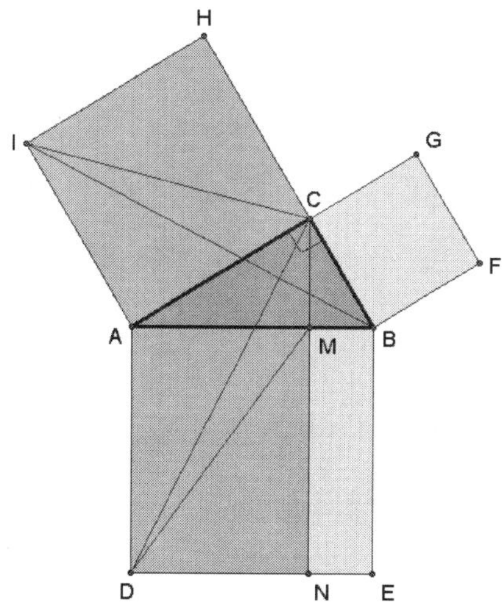

왼쪽 그림에서 ∠C=90°인 직각삼각형 ABC에 대하여 세 변의 길이를 각각 한 변의 길이로 하는 정사각형 ADEB, ACHI, BFGC를 그립니다.

점 C에서 변 AB에 내린 수선의 발을 M, 그 연장선과 변 DE와 만나는 점을 N이라고 합니다. 이때

□ACHI = 2△ACI ······························ ①

△ACI = △ABI ······························ ②
(밑변의 길이와 높이가 각각 같다)

△ABI≡△ADC ······························ ③
(밑변의 길이와 높이가 각각 같다)

△ADC = △ADM ······························ ④

또, □ADNM = 2△ADM ······························ ⑤

①, ②, ③, ④, ⑤에 의해

□ACHI = □ADNM ······························ ⑥

동일한 방법으로

□ACHI = □ADNM ······························ ⑦

⑥, ⑦에서

$$\square ADEB = \square ACHI + \square BFGC$$

$$\therefore \overline{AB}^2 = \overline{BC}^2 + \overline{CA}^2$$

2 바스카라의 증명

인도의 수학자이자 천문학자인 바스카라(Bhaskara, 1114~1185)는 '직각삼각형의 정리'를 증명하면서 다음과 같은 두 개의 그림을 그려 놓고 "보라!"는 말 이외에는 더 이상 설명을 하지 않았다고 합니다.

이해를 돕기 위해 설명을 하자면

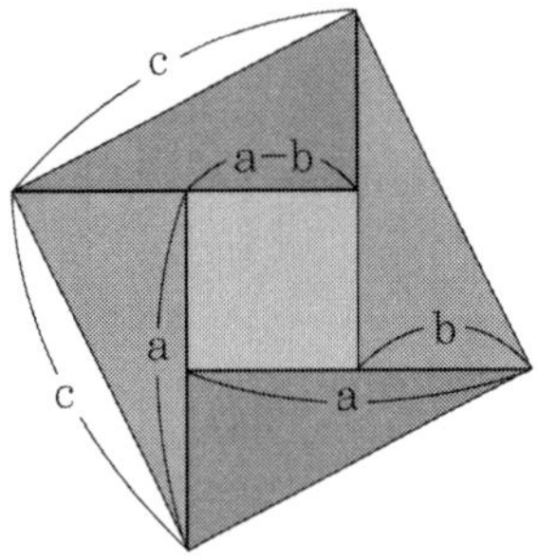

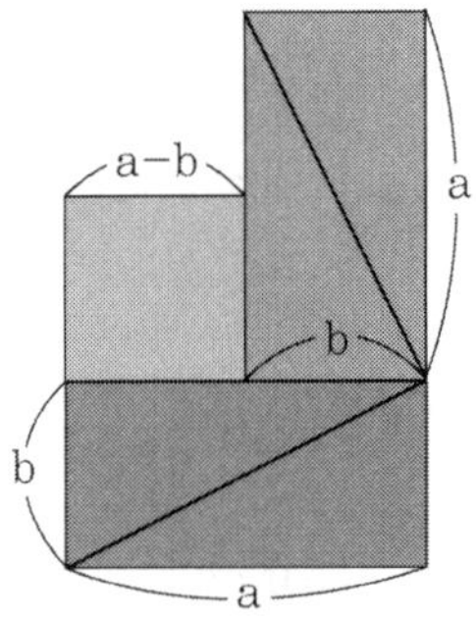

왼쪽 그림에서

전체의 넓이 $c^2 = \frac{ab}{2} \times 4 + (a-b)^2$

$c^2 = 2ab + a^2 - 2ab + b^2$

$\therefore c^2 = a^2 + b^2$이다. ························· ①

또한 왼쪽 그림을 오른쪽 그림과 같이 떼어 옮길 수 있는데 이 경우 전체의 넓이는 다음과 같습니다.

$c^2 = (a-b)^2 + 2ab = a^2 - 2ab + b^2 + 2ab = a^2 + b^2$

$\therefore c^2 = a^2 + b^2$

3 가필드의 증명

미국의 20대 대통령 가필드(James Abram Garfield, 1831~1881)는 대통령이 되기 5년 전인 1876년 하원의원 시절에 독창적인 피타고라스 정리에 대한 증명법을 발견했습니다. 그는 상원의원들과 수학에 대해 토론하던 중에 이 증명법을 발견했습니다.

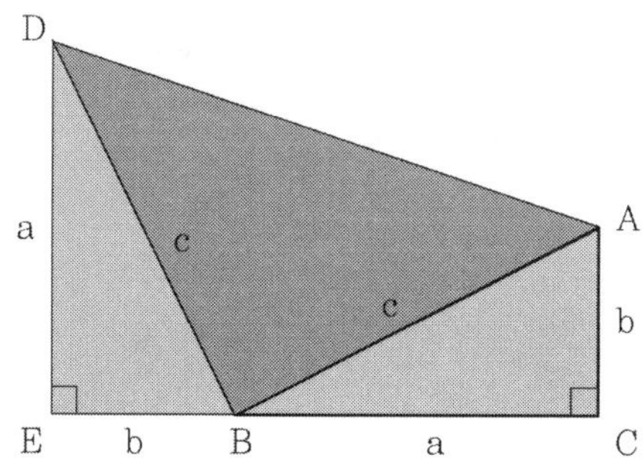

그림에서

$$\square\text{DECA} = \triangle\text{DEB} + \triangle\text{ABC} + \triangle\text{DBA}$$

$$\frac{(a+b)}{2}(a+b) = \frac{ab}{2} + \frac{ab}{2} + \frac{c^2}{2}$$

($\angle$DBA$=90°$이므로 $\triangle$DBA는 직각이등변 삼각형이다)

양변에 2를 곱하면

$$(a+b)^2 = 2ab + c^2$$

$$a^2 + 2ab + b^2 = 2ab + c^2$$

$$\therefore\ a^2 + b^2 = c^2$$

4 삼각형의 닮음을 이용한 증명

17세기 영국의 수학자 존 월리스(John Wallis, 1616~1703)는 삼각형의 닮음을 이용해 피타고라스 정리를 다음과 같이 증명했습니다.

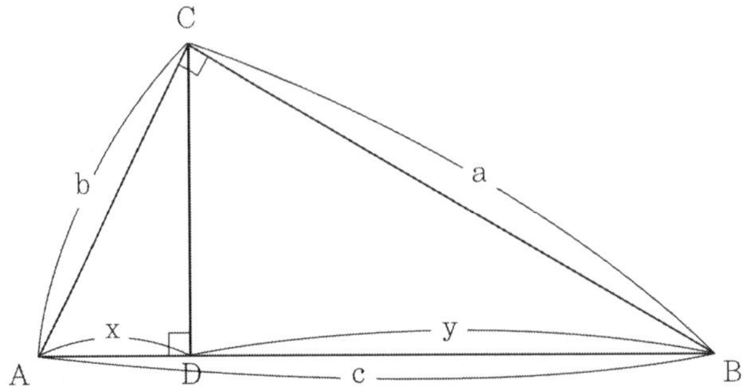

그림의

△ADC와 △ABC에서

∠ADC = ∠ACB(직각) ·· ①

∠CAD = ∠BAD(공통) ·· ②

∠ACD = ∠ABD ·· ③

(삼각형에서 나머지 두 각의 크기가 각각 같으면 나머지 한 각의 크기도 같다)

①, ②, ③에 의해

△ADC ∽ △ABC(세 각의 크기가 같다)

그러므로 서로 대응하는 변의 비는 같다

$b : x = c : b$

$\therefore b^2 = cx$(비례식의 내항과 외항의 곱은 같다) ···· A

마찬가지로

△CDB ∽ △ABC

$a^2 = cy$ ·· B

A와 B에 의해

$a^2 + b^2 = cy + cx = c(x+y) = c^2$

Challenge

■ 수학영재 핵심 용어 해설 2 : 도형 영역

1) 피타고라스 정리를 활용한 예를 찾아 탐구해봅시다.

답안지

■ 수학영재 핵심 용어 해설 2 : 도형 영역

1) 다양한 예가 있지만, 그중 정다각형의 대각선의 길이를 구하는 방법은 다음과 같습니다. 한 변의 길이가 a인 정사각형의 대각선을 i라 할 때, i의 길이를 피타고라스 정리를 이용해 다음과 같이 무리수 $\sqrt{2}$의 곱으로 구할 수 있습니다.

$a^2 + a^2 = i^2$

$2a^2 = i^2$

$i = \sqrt{2a^2} = \sqrt{2} \times \sqrt{a^2}$

$i = \sqrt{2}\,a$

27 테셀레이션(Tessellation)

테셀레이션(tessellation)이란?

사진 속에 있는 스페인의 그라나다에 위치한 이슬람식 건축물인 알함브라(Alhambra) 궁전은 테셀레이션 패턴으로 가장 유명한 곳입니다. 테셀레이션(tessellation)이란 마루나 욕실 바닥에 깔려 있는 타일처럼 한 가지 이상의 도형을 이용해 어떠한 틈이나 포개짐이 없이 평면이나 공간을 완벽하게 덮는 것입니다. 라틴어인 'tessella'에서 유래된 것으로 이는 고대 로마 모자이크에 사용되었던 작은 정사각형 모양의 돌 또는 타일을 의미합니다. 이러한 테셀레이션은 기원전 4세기에 이슬람 문화의 벽걸이 융단, 퀼트, 옷, 깔개, 가구의 타일, 건축물에서 찾아 볼 수 있으며 페르시아, 그리스, 비잔틴, 아라비아 등 세계 곳곳에서 찾아볼 수 있습니다. 순우리말로는 '쪽매맞춤'이라고 합니다.

테셀레이션을 미술작품에서 찾아 볼 수 있나요?

테셀레이션을 미술의 한 장르로 정착시키는 데 공헌한 인물이 네덜란드 화가인 에셔(Maurits Cornelis Escher, 1898～1972)입니다. 에셔는 1919년부터 1922년까지 하를렘 건축공예학교에 들어가 판화제작 기술을 배웠습니다. 그는 1922년 알람브라 궁전을 처음 방문한 후, 1936년 두 번째로 방문하였습니다. 그곳에서 계속해서 반복되는 형상들이 평면을 규칙적으로 분할하는 무어인의 장식 미술에 크게 감동을 받았으며 그때까지 하던 풍경화 작업을 멈추고 기하학적 원리에 따른 자신의 내면의 환상을 그리기 시작하였습니다. 그것은 무어인의 추상적 형상이 아닌 새나 물고기, 동물 등 알아보기 쉬운 형상들로 평면을 대칭 배열해 전체 패턴을 구상하는 작업이었습니다.

1944년 무렵부터 초현실주의적 색채를 띤 그의 작품은 3차원적 구성을 2차원적으로 표현해 사실과 상징, 시각적 환영, 시각과 개념의 관계 등을 다루어 실제 경험으로는 모순된 것에 합리적 느낌을 나타냈습니다. 공간착시와 불가능한 장면의 사실적 묘사, 정다면체를 소재로 한 작품을 만들었으며, 판화작품에서는 수학적 개념이 핵심적 역할을 하였습니다.

에셔의 작품에서 두드러진 특징은 현실과 비현실 사이에서 착각을 불러일으키도록 연출된 것입니다. 또한, 반복과 순환입니다. 다양한 형태의 공간분할에 큰 관심을 기울였고 반사, 미끄럼 반사, 평행이동, 회전의 기법을 이용하여 규칙적 공간분할에 사용될 수 있는 변형 패턴들을 탐색하였습니다. 테셀레이션은 모양을 일정한 거리만큼 움직이는 '평행이동', 거울에 반사된 것처럼 모양을 뒤집는 '반사', 한 점을 중심으로 모양을 돌리는 '회전', 평행이동과 반사를 결합한 '미끄러짐 반사'의 네 가지 변형을 통해 만들 수 있습니다.

에셔의 작품 하늘과 바다(1938), 대칭 45(1941), 도마뱀(1943), 높고 낮음(1947), 폭포(1961) 등과 같은 작품을 보면 서로 대립되는 개념들을 테셀레이션 기법을 이용하여 한 화면에 담고 있습니다. 도마뱀 그림 속에서 스케치북에 그려진 도마뱀은 스케치북을 빠져나와 살아 있는 생물로 활동하다 다시 그림 속으로 들어가는 장면을 살펴볼 수 있습니다. 스케치북에 있는 도마뱀들이 빈틈없이 공간을 채우고 있는 테셀레이션을 연출하고 있음을 알 수 있습니다. 작품에서 규칙적인 공간분할을 의미하는, 즉 동일한 모양을 이용해 평면이나 공간을 빈틈이나 겹쳐지는 부분 없이 채우는 테셀레이션을 찾아보았나요? 이제 테셀레이션을 직접 만들어봅시다.

평면 테셀레이션 탐구

1 평면 테셀레이션 – 비주기적 테셀레이션

평면 테셀레이션은 한 가지 이상의 도형을 이용해 어떠한 틈이나 포개짐이 없이 평면을 완벽하게 덮는 것입니다. 평면 테셀레이션의 조건은 '한 점에서 모이는 평면도형들의 각의 합이 360°가 되어야 한다'입니다. 이러한 조건을 만족하는 평면 테셀레이션은 주기적 테셀레이션과 비주기적 테셀레이션으로 나눌 수 있습니다. 이 중 비주기적 테셀레이션은 다음과 같은 펜로즈 타일입니다.

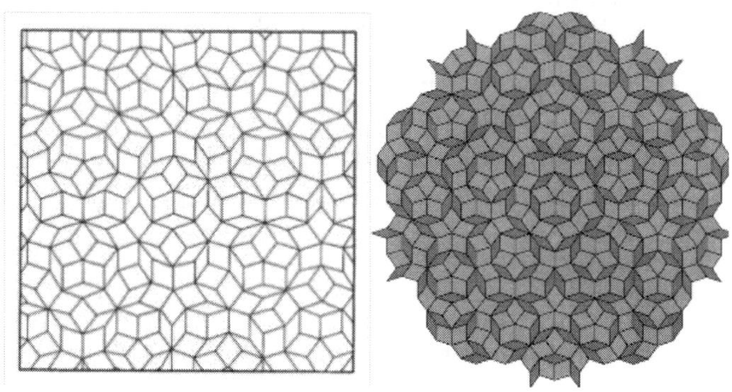

반복되는 기본 도형이 어떤 규칙으로 평면 덮기를 하는지 쉽게 찾을 수 있나요? 다음 절부터는 주기적 테셀레이션에 대해 소개하겠습니다.

2 평면 테셀레이션 – 주기적 테셀레이션

평면 테셀레이션 중 주기적 테셀레이션도 3가지로 구분할 수 있습니다. 우선, 한 가지 정다각형을 사용하여 어떤 꼭짓점에서도 한 가지 배열을 갖는 테셀레이션을 정테셀레이션(regular tessellation)이라고 합니다. 정테셀레이션으로 가능한 정다각형은 한 꼭짓점에 똑같은 정다각형이 모여서 360°를 이루어야 하므로 정삼각형은 6개, 정사각형은 4개, 정육각형은 3개 모여서 360°를 이룰 수 있다. 다음 그림과 같이 정오각형은 정테셀레이션에 사용하기 어렵습니다.

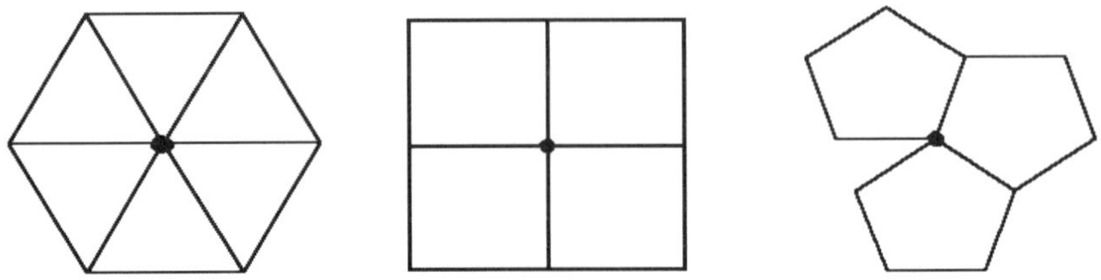

다음과 같이 정테셀레이션은 정삼각형과 정사각형, 정육각형만으로 이루어져 세 가지만 됨을 알 수 있습니다.

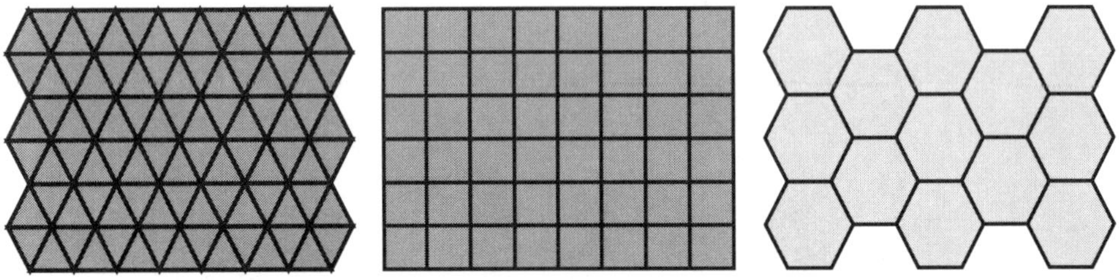

주기적 테셀레이션 중 몇 가지 정다각형을 사용하여 어떤 꼭짓점에서도 한 가지 배열을 갖는 테셀레이션을 준정테셀레이션(semiregular tessellation)이라고 합니다. 한 꼭짓점에 두 가지 이상의 정다각형이 모여서 360°를 이루어야 하므로 가장 간단하게 정삼각형 3개와 정사각형 2개가 모이는 배열을 살펴볼 수 있습니다. 한 꼭짓점을 기준으로 정삼각형 3개가 모이면 180°, 정사각형 2개가 모이면 180°이므로 360°가 됨을 알 수 있습니다. 정삼각형 3개와 정사각형 2개로 이루어진 준정테셀레이션은 다음과 같이 2가지를 찾을 수 있습니다.

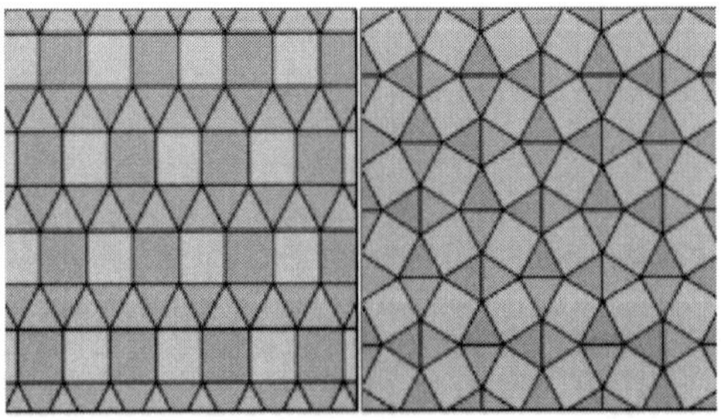

이 배열을 한 꼭짓점에 정삼각형 3개, 정사각형 2개이지만 배열이 다르기 때문에 왼쪽의

그림은 (3,3,3,4,4), 오른쪽 그림은 (3,3,4,3,4)로 표현하기도 합니다.

준정테셀레이션 중 정육각형을 사용한 예는 다음과 같이 정삼각형과 정육각형 배열 2가지, 정삼각형과 정사각형 및 정육각형 배열 1가지를 찾을 수 있습니다. 이 배열을 숫자로 표현하면 왼쪽에서부터 (3,3,3,3,6), (3,6,3,6), (3,4,6,4)로 나타낼 수 있습니다.

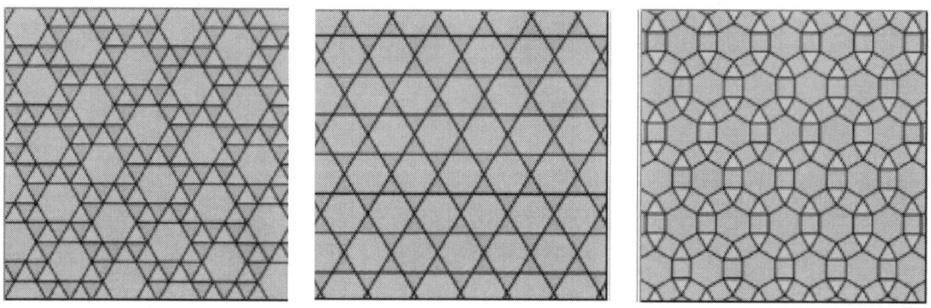

준정테셀레이션 중 나머지는 다음의 예와 같이 정팔각형과 정십이각형을 이용한 배열을 찾을 수 있습니다. 왼쪽의 배열부터 (4,8,8), (3,12,12), (4,6,12)로 나타낼 수 있습니다. 준정테셀레이션은 다음의 예까지 포함하여 8가지뿐입니다.

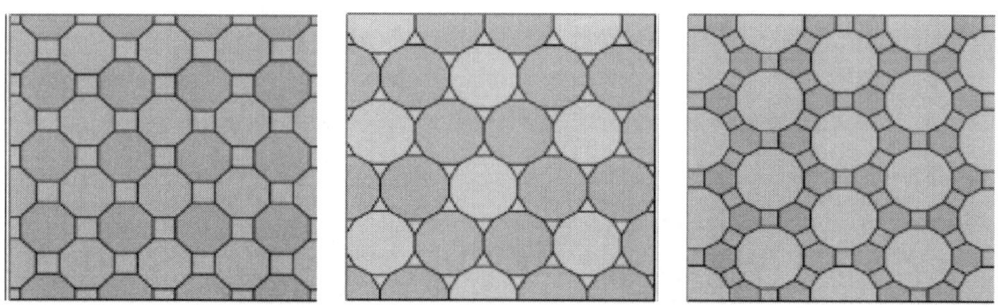

주기적 테셀레이션 중 몇 가지 정다각형을 사용하여 어떤 꼭짓점에서 두 가지 이상의 배열을 갖는 테셀레이션을 반정테셀레이션(demiregular tessellation)이라고 합니다. 그 예는 다음과 같으며 다양한 배열을 찾을 수 있습니다.

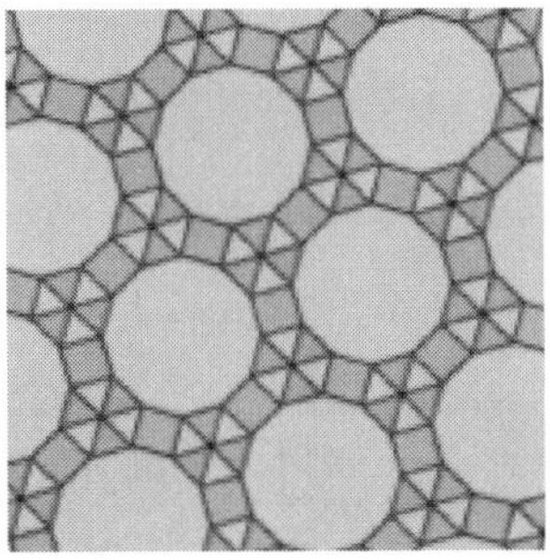

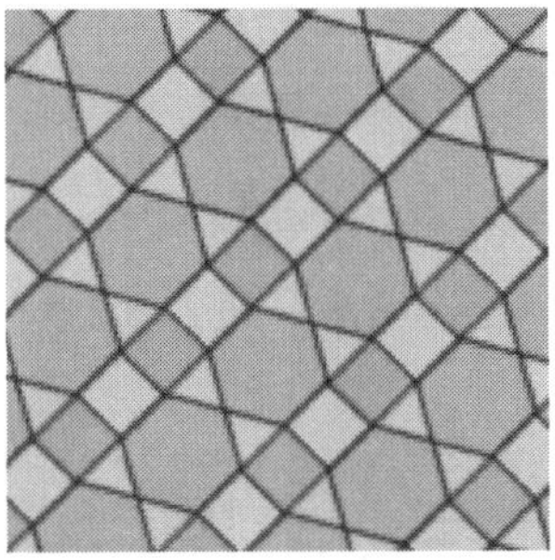

3 입체 테셀레이션

입체 테셀레이션이란 한 가지 이상의 도형을 이용해 어떠한 틈이나 포개심이 없이 공간을 완벽하게 덮는 것입니다. 평면이 아니라 공간을 완전히 덮는다는 점에서 입체임을 알 수 있습니다. 입체 테셀레이션의 조건은 한 꼭짓점에 모이는 도형이 정다각형일 경우를 생각해야 규칙적으로 찾을 수 있습니다. 이는 정다면체와 준정다면체에서 소개하고 있습니다.

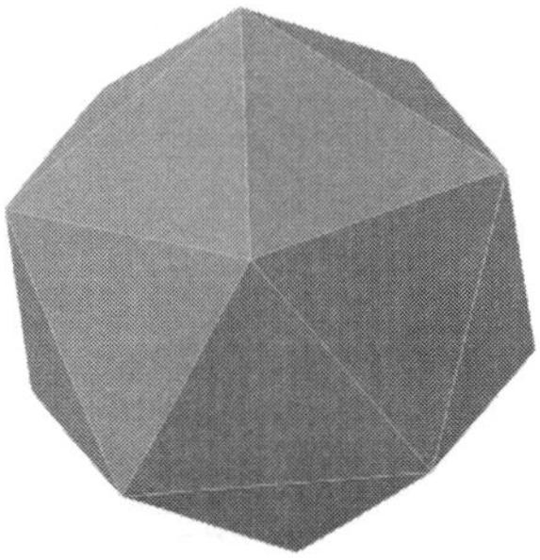

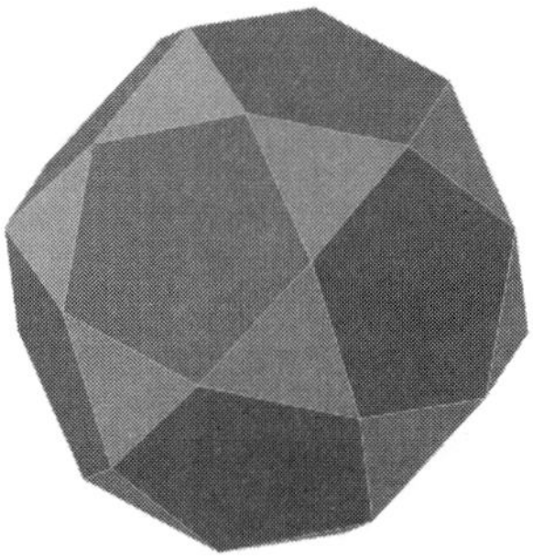

참고문헌 및 사이트

- 네이버 지식백과 / 두산백과 /
- http://blog.naver.com/anmh1221?Redirect=Log&logNo=100196460901

Challenge

■ 수학영재 핵심 용어 해설 2 : 도형 영역

1) 정테셀레이션을 만들 수 있는 정다각형을 소개하고 그려봅시다.

2) 준정테셀레이션의 종류를 한 꼭짓점에 모이는 정다각형의 패턴에 따라 소개해봅시다.

답안지

1) 정삼각형, 정사각형, 정육각형

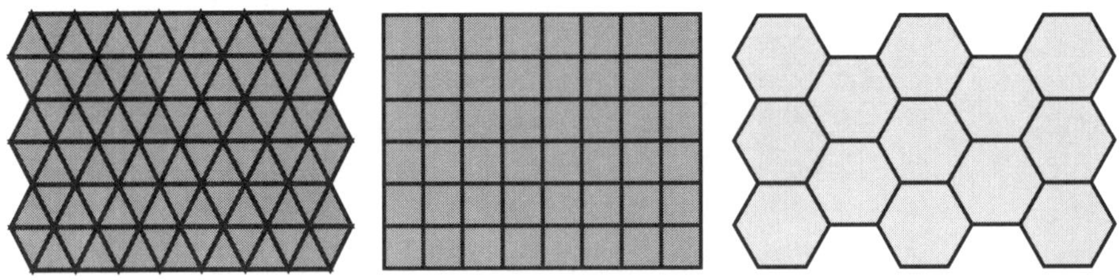

2) 우선, 한 꼭짓점에 3개의 정다각형이 모이는 경우는 (3,12,12), (4,8,8), (4,6,12)입니다. 그리고, 4개의 정다각형, 5개의 정다각형, 6개의 정다각형이 모이는 경우는 (3,6,3,6), (3,4,6,4), (3,3,4,3,4), (3,3,3,4,4), (3,3,3,3,6)입니다. 따라서, 준정테셀레이션의 총 개수는 8개가 됩니다.

28 4D 프레임 탐구

■ 수학영재 핵심 용어 해설 2 : 도형 영역

4D 프레임이란?

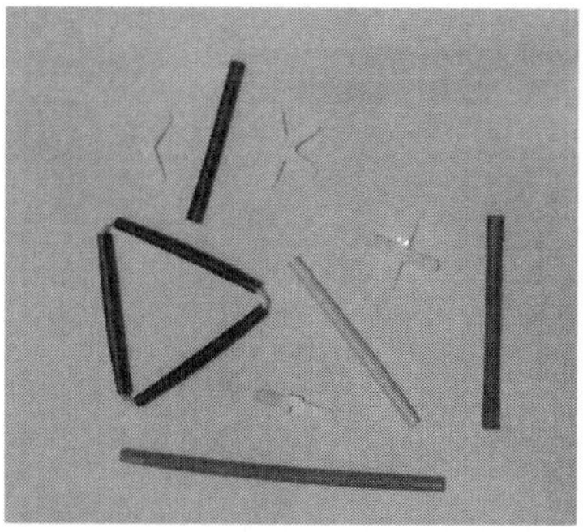

4D 프레임의 사전적 의미는 '4차원(4 dimension) + 프레임(frame)'을 뜻하는 합성어입니다. 4차원을 뜻하며 하나로서 별다른 의미를 지니지 못하는 한 개체(점: 0차원)가 또 다른 개체와 만남으로써 선(1차원), 면(2차원) 그리고 입체(3차원)를 통해 궁극적으로 표현하고자 하는 사람의 생각과 내면의식까지 나타낸다고 합니다. 4D 프레임은 도형의 기본 단위를 연결하여 뼈대를 이뤄서 점차적으로 다양한 입체도형 및 창조적 작품을 만들 수 있는 조립교구입니다. 이것은 학생들의 흥미를 유발하고 기하학적 성질을 이해시키며 공간지각 능력을 향상시킬 수 있습니다.

4D 프레임의 장점은 자유로운 상상을 구체적인 구조물로 무한히 표현할 수 있고, 연결봉과 연결봉을 연결대로 이어서 0°~360°까지 다양한 각도를 경험할 수 있다는 것입니다. 그리고, 가위 하나만 가지고 연결봉과 연결대를 원하는 길이와 모양대로 자르고 이어서 무엇이든 만들 수 있고 연결발의 자유로운 꺾임으로 평면에서 복잡한 입체 구조물까지 제한 없이 표현할 수 있으며 교구의 재료가 가볍고, 적은 재료로도 튼튼한 구조물을 표현하기에 적합합니다.

4D 프레임의 구성요소는?

4D 프레임의 구성 요소는 크게 연결봉과 연결발이며 연결봉과 연결발의 종류는 다음과 같습니다. 연결봉의 종류는 3cm부터 15cm까지 다양함을 알 수 있습니다.

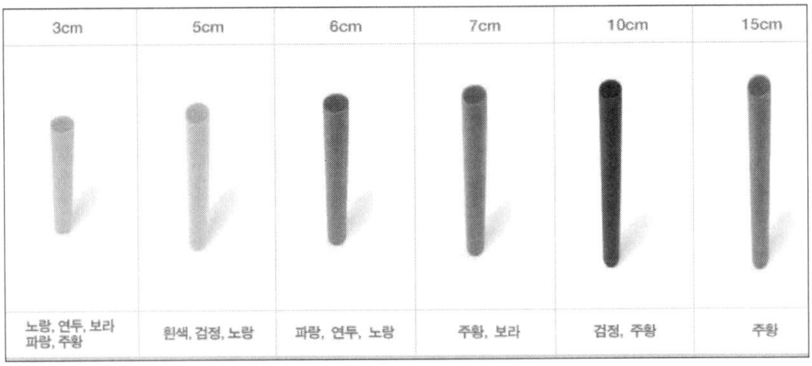

연결발의 종류는 다음과 같이 다양합니다. 연결발의 종류에 따라 발 사이의 각도가 다른 것을 살펴볼 수 있는데 일자발은 2발이라고도 하며 각도가 180도이고, 3발은 120도, 4발은 90도가 되어 각도가 달라집니다. 단지 발의 수에 따라 각도가 변하는 것뿐만 아니라 발을 위아래로 꺾거나 옆으로 젖히면 입체적으로 발과 발 사이의 각도를 조절할 수 있어 다양한 입체도형을 만들 수 있습니다.

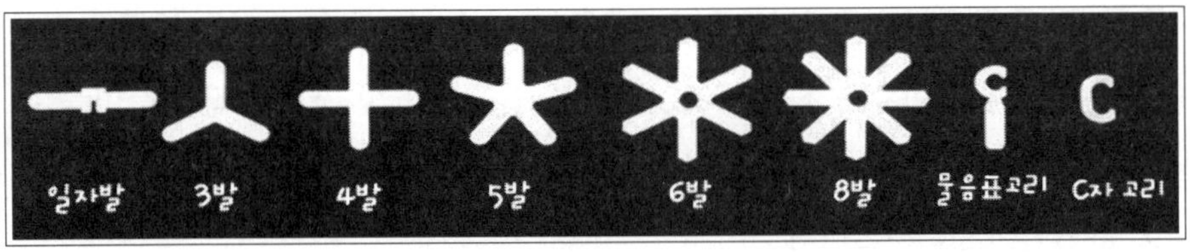

4D 프레임의 사용 방법은 다양합니다. 연결해서 끼우기, 자유롭게 구부리기, 자르기, 연결발의 구멍에 연결봉 끼우기, 연결발 꺾기, 연결봉 배 가르기가 있습니다.

4D 프레임 활용 방법 탐구

1 교과서 속의 도형 탐구

4D 프레임으로 평면도형이나 입체도형을 마음껏 만들 수 있습니다. 삼각형, 사각형 이외의 평면도형, 각기둥, 각뿔 이외의 입체도형 등을 만들어 수업시간에 점, 선, 면의 구성과 성질을 탐구하는 데 사용할 수 있습니다.

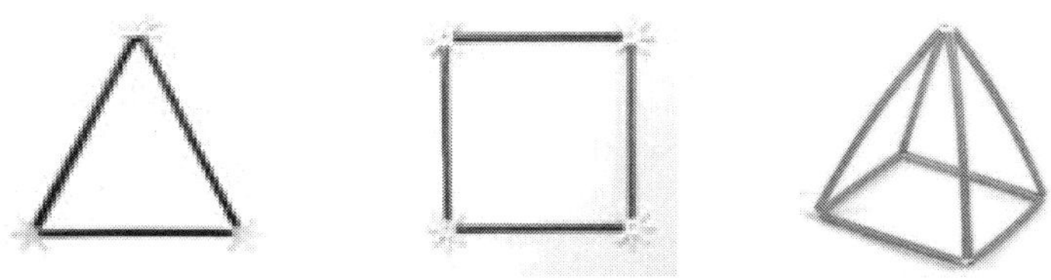

2 정다면체 탐구

4D 프레임으로 정다면체를 만들어봅시다. 정다면체가 5가지라는 사실은 '15. 정다면체를 통한 입체도형 탐구'에서 자세히 알아보겠습니다. 4D 프레임으로 만들 때, 사용되는 연결발의 종류와 개수, 연결봉의 개수를 미리 예상하여 만들어봅니다. 연결발과 연결봉은 입체도형의 구성요소 중 무엇과 일치할까요? 연결봉은 선이니 모서리와 연결됩니다. 그리고 연결발은 연결봉을 모으는 역할을 하니 꼭짓점이 됩니다. 정사면체를 만들 때는 한 꼭짓점에 정삼각형이 3개 모이기 때문에 연결발로 3발이를 사용할 수 있습니다. 그리고 꼭짓점이 4개이기 때문에 3발이를 4개 준비해야 합니다. 3발이 대신에 6발이를 사용할 수도 있습니다. 6발이의 3발만 사용할 수도 있고 가위로 3개를 잘라 3발이로 만들어 사용할 수도 있습니다. 모서리는 6개이므로 똑같은 길이의 연결봉을 6개 준비하면 다음과 같은 정사면체를 만들 수 있습니다.

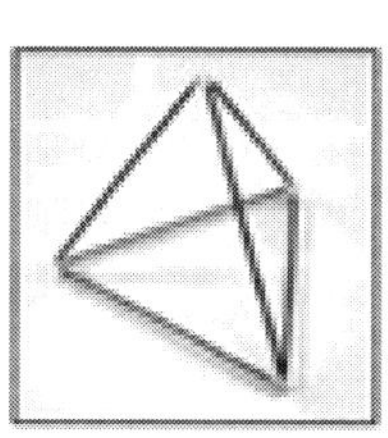

정육면체, 정팔면체, 정십이면체, 정이십면체를 만들기 전에도 사용되는 연결발의 종류와 개수, 연결봉의 개수를 꼭짓점, 모서리, 면의 수와 비교하여 미리 예상하여 준비할 수 있습니다. 예상한 후 만들어봅시다.

정다면체의 종류	연결발의 종류와 개수	연결봉 개수	면의 개수	꼭짓점의 개수	모서리의 개수
정육면체	3발이나 6발 8개	12개	6	8	12
정팔면체	4발이나 8발 6개	12개	8	6	12
정십이면체	3발이나 6발 20개	30개	12	20	30
정이십면체	5발 12개	30개	20	12	30

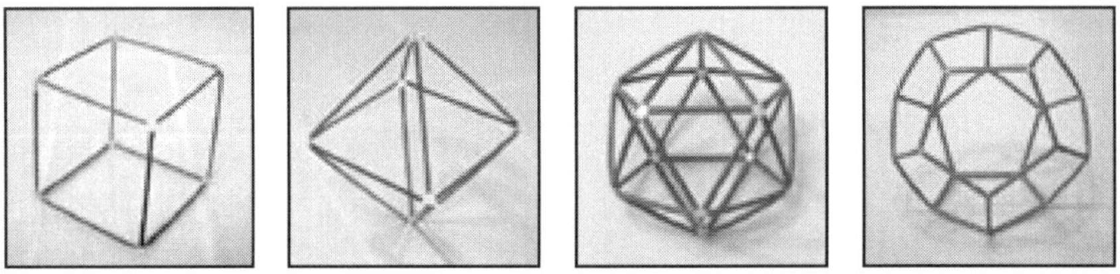

정다면체를 처음 만드는 경우에는 정다각형들을 모아보는 활동을 함으로써 만들 수 있는 정다면체의 종류를 찾아보고 앞에서 제시한 방법으로 만드는 것이 효과적입니다. 그 후, 정다면체의 꼭짓점, 모서리, 면에 대한 구성 요소를 파악하여 그들 사이의 관계를 탐구할 수 있습니다. 또한 연결발 중 C자 고리를 사용하여 다음과 같이 전개도를 만들어 정다면체의 전개도를 탐구할 수도 있습니다.

❸ 순환하는 정다면체 탐구

정다면체는 서로 끝없이 순환하는 성질이 있습니다. 정다면체들의 모서리의 중점을 이은 정다면체를 찾아보면 어떤 순서로 순환하는지 알아볼 수 있습니다. 다음의 그림을 살펴보면 정사면체 속에 정팔면체, 정팔면체 속에 정이십면체, 정이십면체 속에 정십이면체, 정십이면체 속에 정육면체, 정육면체 속에 정사면체 순으로 정다면체가 순환하는 것을 알 수 있습니다.

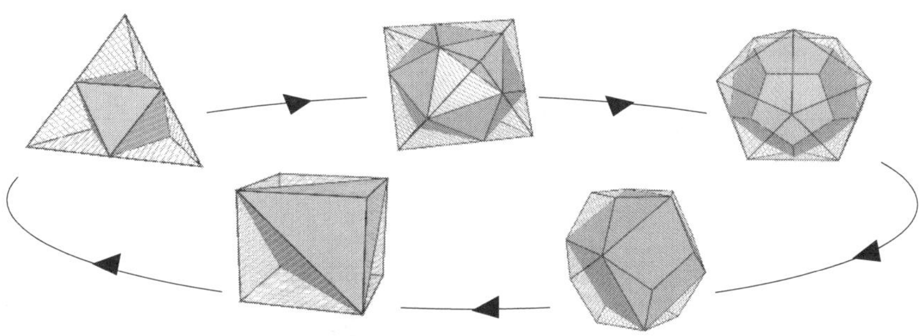

4D 프레임으로 정사면체 속에 숨은 정팔면체를 표현해볼까요? 다음의 사진과 같이 정사면체의 모서리의 중점에 가위질을 합니다. 이웃한 중점과 연결하려면 6발 연결발을 꺾어서 고정시킵니다. 그리고 모서리의 길이의 반이 되는 연결봉을 연결합니다.

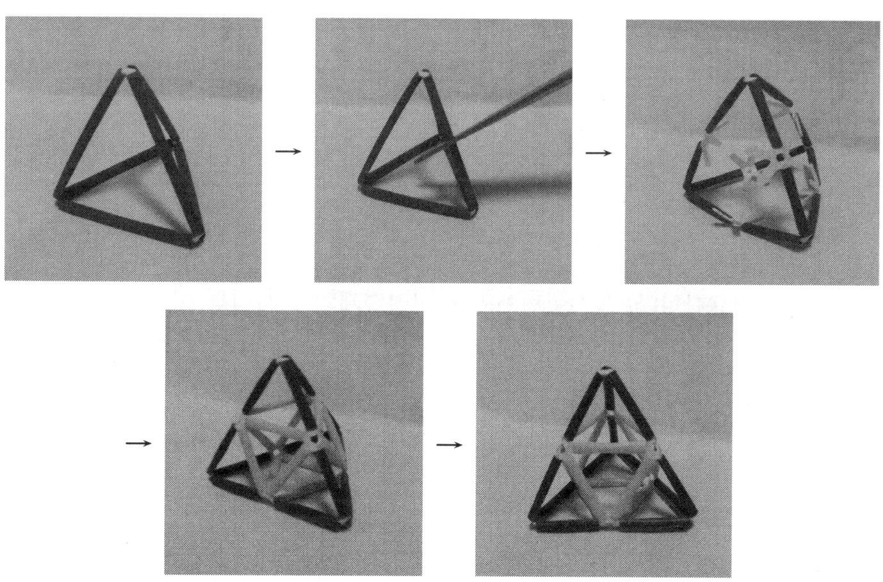

정사면체 속에 숨은 정팔면체가 보이나요? 정육면체 속에 숨은 정사면체는 다음과 같이 만들 수 있습니다.

정다면체 5종류가 모두 순환하는 모습을 4D 프레임으로 만들면 다음과 같습니다. 여러분도 한 번 만들어보세요.

4 준정다면체 탐구

정다면체의 모서리를 이등분하여 자른 준정다면체를 4D 프레임으로 만들어봅시다. 정사면체의 모서리를 이등분하여 자르면 정사면체이니 만들 수 있지요? 정육면체와 정팔면체의 모서리를 이등분한 육팔면체는 면, 모서리, 꼭짓점을 고려하여 연결발은 6발 12개, 연결봉은 24개 필요합니다. 정십이면체와 정이십면체의 모서리를 이등분한 십이이십면체는 연결발은 6발 30개, 연결봉은 60개가 필요합니다. 이렇게 준비하여 만든 모습은 다음과 같습니다.

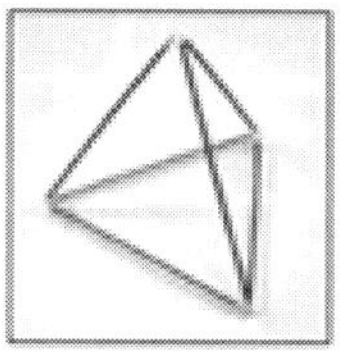
정사면체

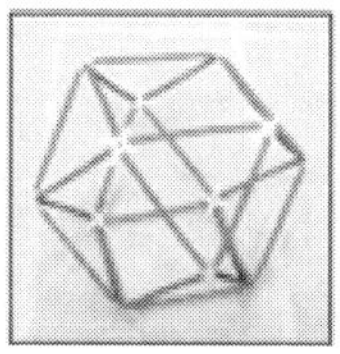
육팔면체

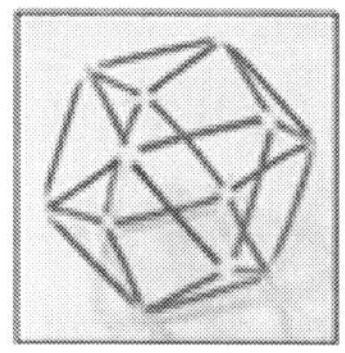
육팔면체

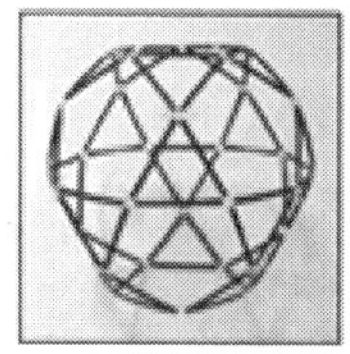
십이이십면체

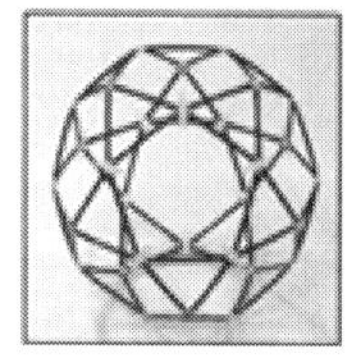
십이이십면체

정다면체의 모서리를 3등분하여 자른 준정다면체를 4D 프레임으로 만들기 위해서도 준정다면체의 꼭짓점, 모서리, 면을 고려하여 다음 표와 같이 예상하여 만들어봅니다.

정다면체의 종류	각 꼭짓점에 새로 생기는 다각형	원래의 면에 남은 다각형	준정다면체의 이름	연결발의 종류와 개수	연결봉 개수
정사면체	정삼각형	정육각형	깎은 정사면체	8발 12개	18개
정육면체	정삼각형	정팔각형	깎은 정육면체	8발 24개	36개
정팔면체	정사각형	정육각형	깎은 정팔면체	6발 24개	36개
정십이면체	정삼각형	정십각형	깎은 정십이면체	8발 60개	90개
정이십면체	정오각형	정육각형	깎은 정이십면체	6발(3발) 60개	90개

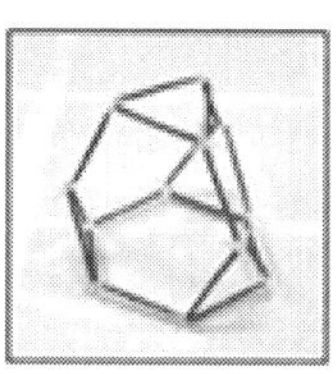
깎은 정사면체

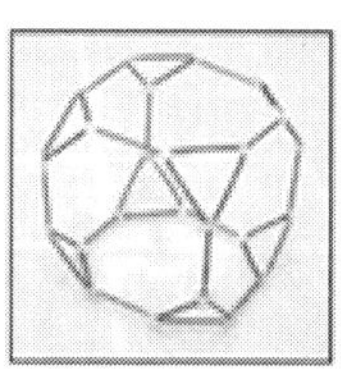
깎은 정육면체

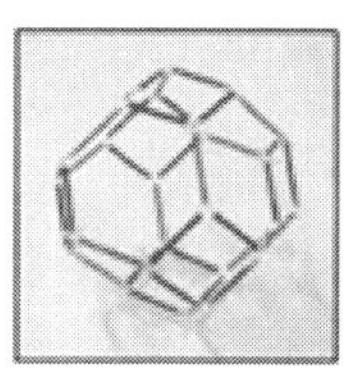
깎은 정팔면체

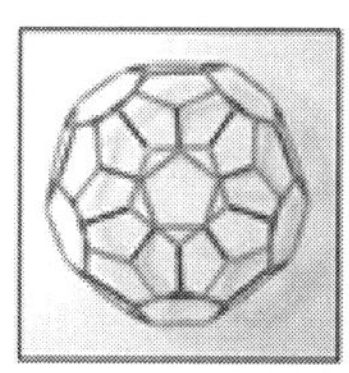
깎은 정이십면체

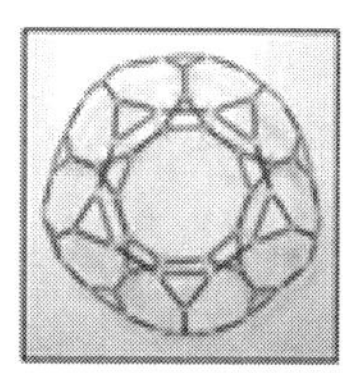
깎은 정십이면체

5 지오데식 돔

지오데식 돔의 단계에 따라 모양을 살펴봅시다. 삼각형의 개수가 많아지고, 점점 더 완벽한 구에 가까워집니다. 2, 4, 6단계는 구를 정확히 반으로 자른 반구가 되지만, 1, 3, 5단계는 구를 정확히 둘로 나눌 수 없습니다.

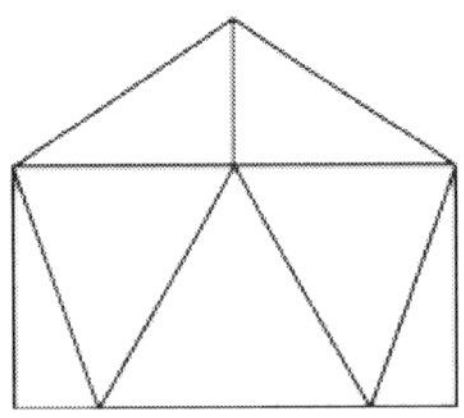

▶1단계 지오데식 돔

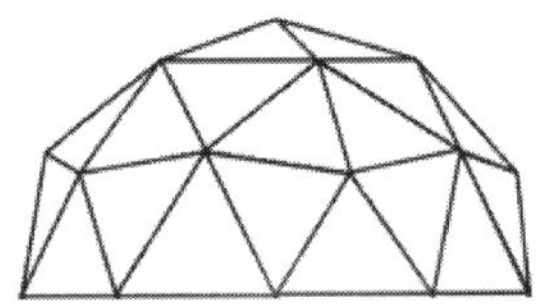

▶2단계 지오데식 돔

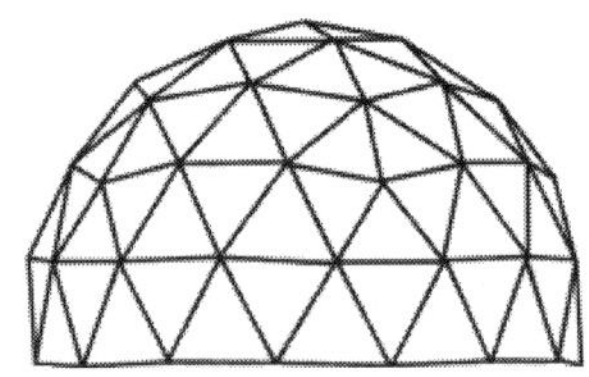

▶3단계 지오데식 돔

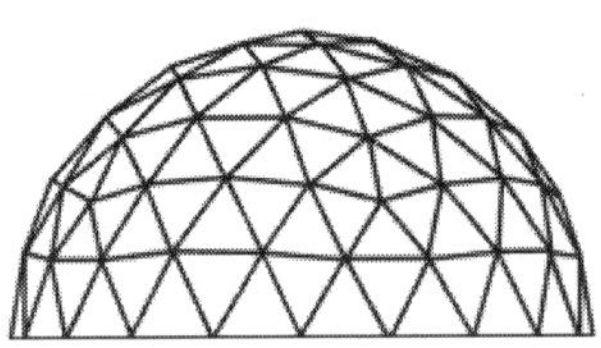

▶4단계 지오데식 돔

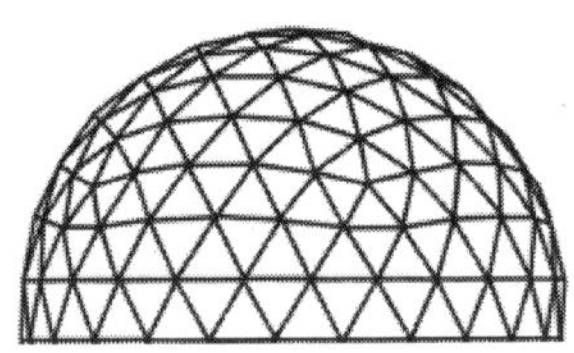

▶5단계 지오데식 돔

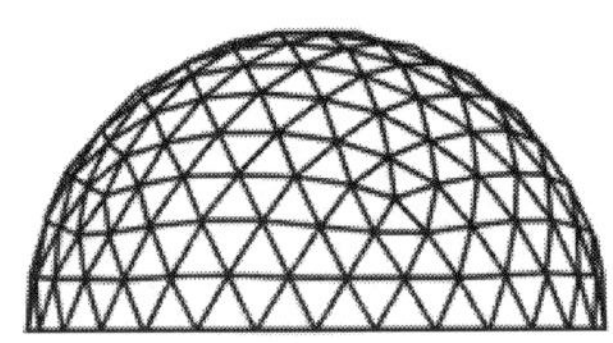

▶6단계 지오데식 돔

4D 프레임으로 2단계 지오데식 돔을 만들려고 합니다. 다음의 왼쪽 사진은 맨 위 꼭짓점에 5발 연결발을 사용하고 첫 번째 행에 6발 연결발만 사용하며 3단계 정삼각형 분할 면들을 연결하며 두 번째 행에서 5발 연결발과 6발 연결발을 교대로 사용하면서 연결하였습니다. 이때 맨 위 꼭짓점 부분이 올라와 있는데 이것을 큰 지오데식 돔으로 만들기 위해서 우측의 사진과 같이 윗부분을 눌러줍니다. 여기에 아랫부분에 정삼각형들을 더 연결하면 3단계 지오데식 돔이 됩니다.

 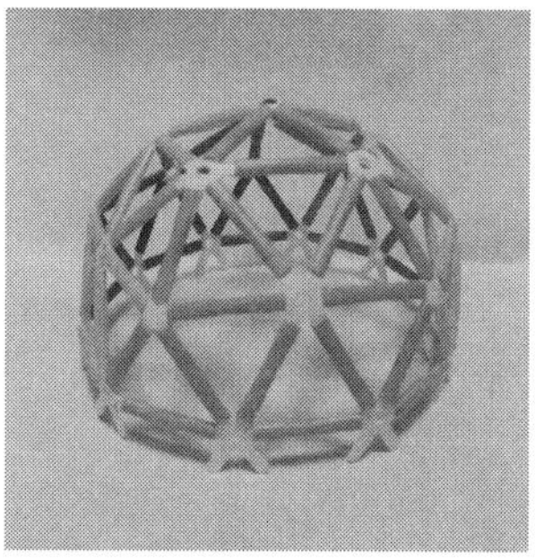

6 다양한 입체도형

4D 프레임으로는 다양한 입체도형을 만들 수 있습니다. 3차원의 뫼비우스 띠와 곡선 계란형도, 4차원의 클라인 병도 만들 수 있으며, 창의적인 입체모형으로 로봇이나 여러 가지 탈 것 등을 만들 수 있습니다. 학교 수업에서 창의적인 산출물 만들기에 활용해도 효과적입니다.

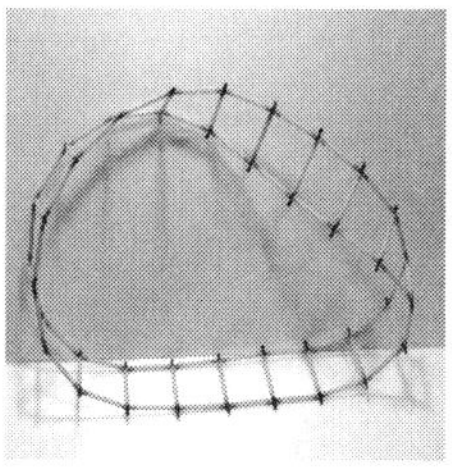 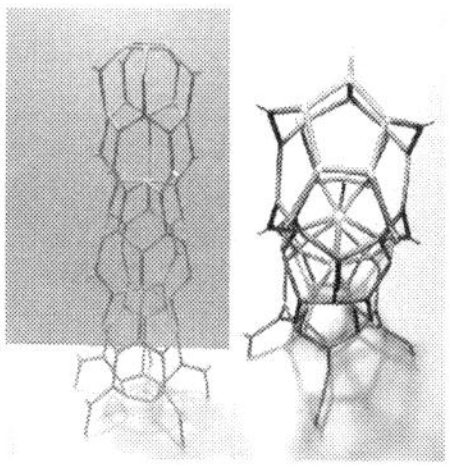 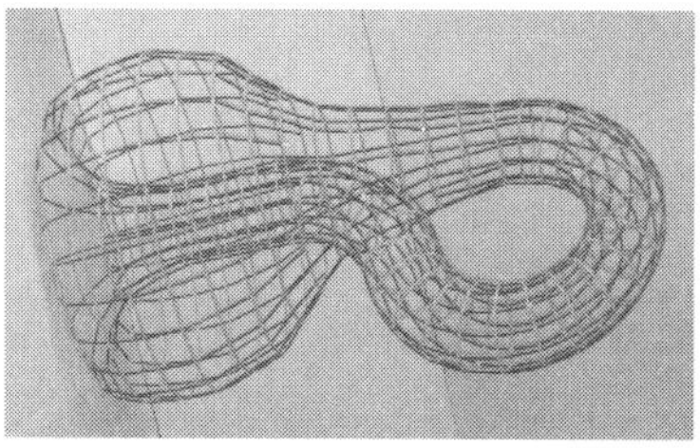

참고문헌 및 사이트

- 네이버 지식백과
- 포디수리과학창의연구소(2012). 제3의 흙 포디프레임. 서울: 포디랜드.
- http://www.4dframe.com/

Challenge

■ 수학영재 핵심 용어 해설 2 : 도형 영역

1) 4D프레임으로 축구공을 만들어봅시다.

답안지

1)

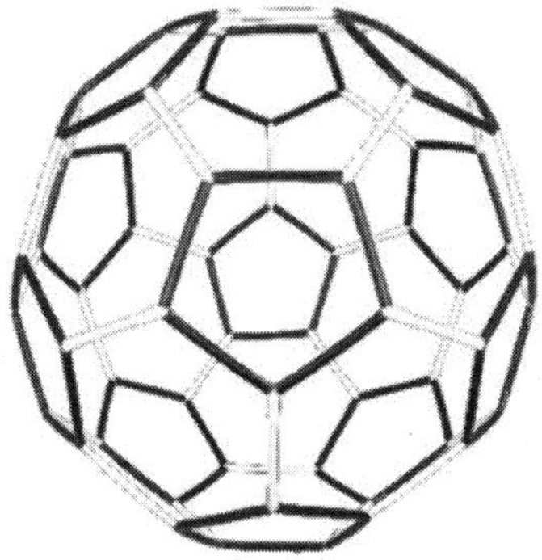

29 GSP(Geometer's SketchPad)

GSP(Geometer's SketchPad)란?

GSP는 잡아끌기(drag), 점이나 선의 조작, 애니메이션 등의 기능을 활용하여 도형을 탐구할 수 있는 동적인 기하프로그램입니다.

GSP의 개요

1 전통적 방식의 수업을 넘어서는 영재교육

GSP는 학생들이 직접 움직이는 도형을 그리고 탐구할 수 있는 프로그램으로 전통적 수업에서는 불가능했던 내용들을 역동적으로 탐구하고 이해할 수 있도록 도와줍니다. 또한, 초등학교, 중학교, 고등학교는 물론 영재교육의 도형 영역에서 다루는 내용을 탐구하는 데 도움을 주는 매우 강력한 공학적 도구입니다.

2 수학의 역동적인 시각화

영재 학생들은 GSP로 그림을 그리고 마우스를 끌면서 여러 가지 도형의 성질을 탐구할 수 있습니다. 또한, GSP로 구현한 모든 수학적 성질은 계속해서 유지되므로 유사한 성질과 일반화를 자연스럽게 탐구하고 구현할 수 있습니다.

3 여러 가지 문서에서 활용할 수 있는 GSP

GSP는 빠르게 반응하는 인터페이스로 사용하기가 쉽게 디자인되어 있습니다. 따라서 영재 학생들은 기다림 없이 수업 활동에 열중할 수 있으며, 각각 혼자서 독립적으로 또는 협동학습으로 제시된 문제를 탐구하고 해결할 수 있습니다. 또한, 영재 교사들은 GSP를 사용하여 만든 그림들을 한글 문서로 변환하여 영재 학생들의 활동지나 시험문제 등에 활용할 수 있고, GSP로 그린 그림이나 측정값을 스프레드시트, 워드프로세서, 다른 그림 프로그램에 삽입하거나 웹에 올릴 수도 있습니다.

4 GSP의 설치

수학사랑(http://www.mathlove.kr/) ▶ 수학소프트웨어 ▶ GSP ▶ GSP5 평가판을 자유롭게 내려받아서 설치할 수 있습니다. 다만, 평가모드는 사용시간(20분)과 기능의 제한(프린트, 저장, 복사, 붙이기)이 있습니다. 정품은 수학사랑 쇼핑몰(http://shop.mathlove.kr/shop/)에서 구입할 수 있습니다.

GSP5 메뉴 소개

1 파일 메뉴

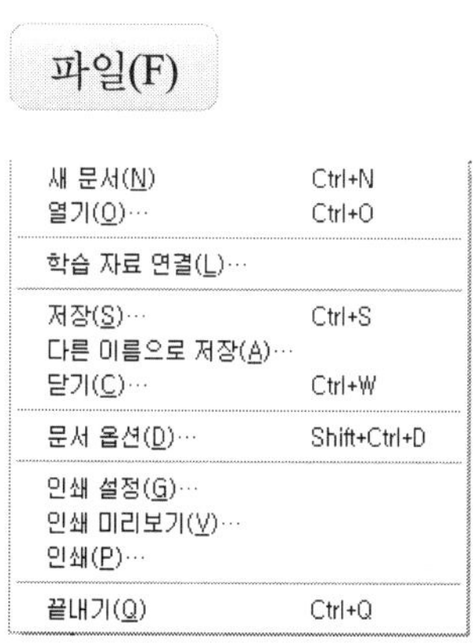

파일 메뉴에는 GSP의 문서를 다루기 위한 명령들이 있습니다. 기본적인 명령에 익숙하지 않으면 컴퓨터의 사용 설명서를 참고할 수 있습니다.

2 편집 메뉴

편집 메뉴에는 최근 작업의 취소 또는 재실행, 클립보드를 사용한 작업, 동작버튼 만들기, 개체의 선택, 개체의 속성 또는 GSP의 선택사항과 관련된 명령이 있습니다.

3 보기 메뉴

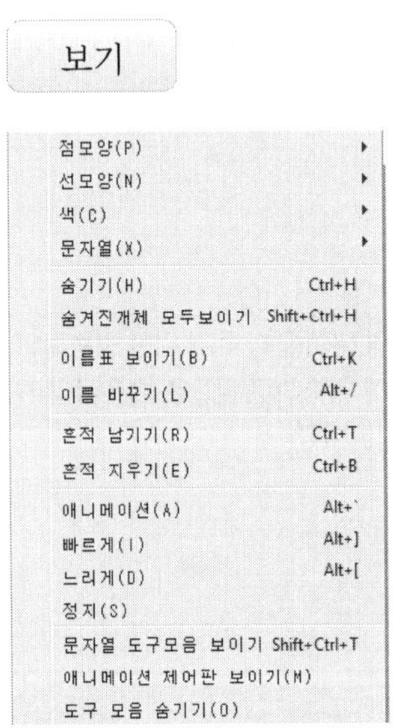

보기 메뉴의 명령으로 스케치에 있는 개체의 모양과 개체를 다룰 도구의 모양을 조절할 수 있습니다.
이러한 명령으로 스케치의 시각적인 면을 향상시킬 수 있고, 수학적인 내용을 구체화하여 의사소통을 효과적으로 할 수 있습니다. 적당한 선의 두께와 색을 이용하고 불필요한 개체를 숨겨 스케치의 중요한 부분에 주목하도록 할 수 있습니다. 이름표, 글상자 등은 스케치의 목적이나 숨겨져 있는 수학적인 내용을 설명하는 데 도움을 줍니다. 흔적 남기기와 애니메니션을 사용하여 원리를 시각적으로 보여주는 동적인 스케치를 만들 수 있습니다.

4 작도 메뉴

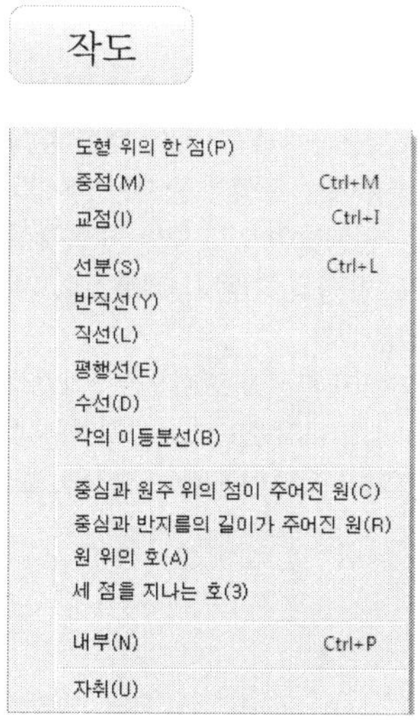

작도 메뉴는 여러 가지 중요한 도형을 작도할 수 있는 명령을 제공합니다. 이런 명령들 중 대부분은 GSP의 원 도구와 선 도구를 이용하여 만들 수 있지만, 작도 메뉴에서 제공하는 기능을 사용하면 좀 더 빠르고 간편하게 작도 할 수 있습니다.

5 변환 메뉴

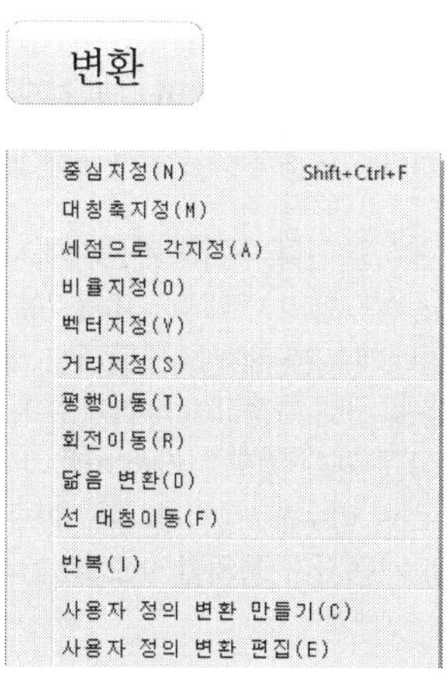

변환 메뉴는 스케치에 있는 도형들을 평행이동, 회전이동, 닮음변환, 선대칭 이동을 할 수 있습니다. 이 기본적인 변환을 바탕으로 어떤 기하학적 변환을 적용하면 테셀레이션, 축소 또는 확대 모형, 만화경, 프랙털 등 더 많은 것을 만들 수 있습니다.

6 측정 메뉴

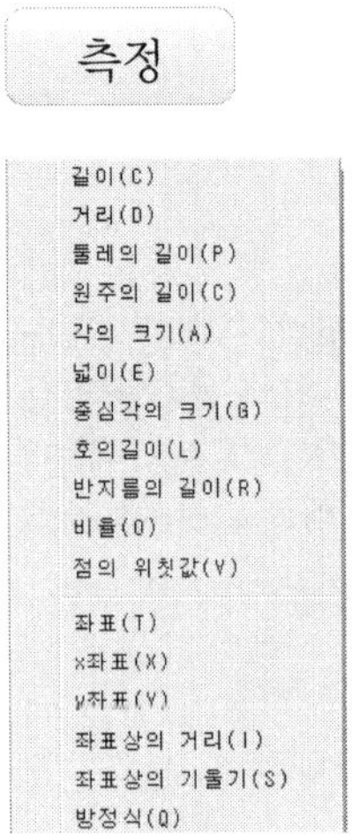

측정 메뉴에 있는 명령들은 선택된 개체에 대한 측정값을 만듭니다. 메뉴의 윗 부분에는 도형에 관계된 양(길이, 각, 비율, 넓이)을 측정하는 명령들이 있고, 메뉴의 아랫쪽에는 좌표와 관계된 양(좌표, 방정식, 기울기, 좌표상의 거리)을 측정하는 명령들이 있습니다.
측정값을 실행할 때, 명령이 활성화 되지 않으면 선택의 실행 조건을 다시 정확히 살펴봐야 합니다. (실행조건에 해당하는 개체의 선택이 많거나 적으면 명령이 활성화 되지 않습니다.)

7 수 메뉴

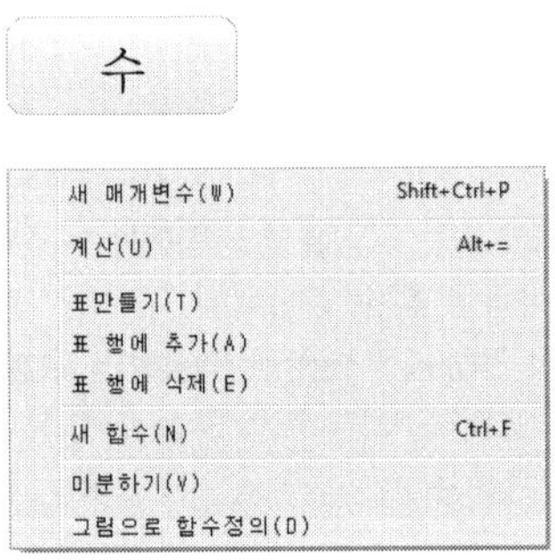

수 메뉴에서는 매개변수를 만들고, 계산식 또는 측정값을 자료로 표 만들기, 그림 등 여러 가지 방법으로 함수를 정의합니다. 매개변수를 만들어서 단위를 붙여 다른 값으로 설정할 수 있고, 다시 수정하는 등 함수의 정의역 안에서 움직일 수 있는 값을 만들 수 있습니다.
측정값들로 새로운 계산식을 만들기 위해 계산기를 사용할 수 있습니다. 예를 들어, 삼각형의 세 내각의 합을 계산하거나 반지름에 대한 원둘레의 비를 계산하기 위해서 계산기를 사용합니다. 끌기 등을 하여 측정값이 바뀌면 표에 들어있는 값(매개변수, 측정값, 계산값)도 따라서 바뀝니다. 함수식을 입력하여 새로운 함수를 정의합니다. 함수식은 GSP에 내장된 함수와 사용자가 정의할 수도 있습니다.

8 그래프 메뉴

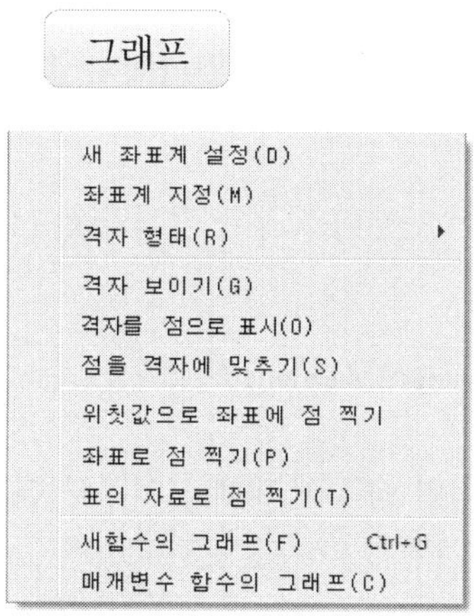

그래프 메뉴로 좌표계를 만들거나, 좌표축 위에서 여러 가지 그래프에 대한 작업을 할 수 있습니다. 좌표계에 격자를 보이거나 숨기기, 점을 격자에 맞추기, 위칫값으로 좌표축이나 경로 위에 점 찍기, 좌표로 점 찍기, 표의 자료로 점 찍기, 함수의 그래프, 매개함수의 그래프 등을 나타내는 작업을 할 수 있습니다. 주로 해석기하적이거나 대수적인 성질을 탐구하는 데 사용되는 명령들로 이루어져 있습니다. 측정 메뉴의 명령들을 사용해서 좌표계 위의 다양한 양(점의 좌표, 좌표상의 거리, 선 개체의 기울기, 원과 직선의 방정식) 등을 측정합니다.

GSP5의 기본적인 작도 방법

1 일정한 길이의 선분을 작도하는 방법

가끔 일정한 길이의 선분(예를 들어, 정확하게 길이가 0.8cm인 선분)을 만들어야 할 때가 있습니다. 선분 도구를 이용하여 선분을 만들 때 선분의 길이를 측정한 후, 한 끝점을 길이가 0.8cm가 될 때까지 끌어줍니다. 그러나, 이 선분은 0.8cm의 고정된 길이로 작도된 것은 아닙니다. 즉, 다시 끝점을 드래그하면 현재 선분의 길이가 다른 길이로 변합니다.

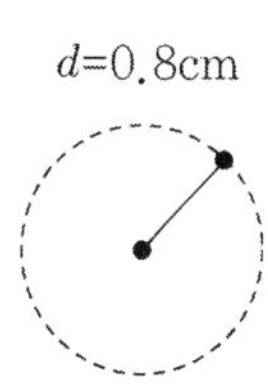

1. [수] > [새 매개변수]를 선택하여 새로운 매개변수를 만든다. 매개변수의 이름을 d로 두고 0.8cm로 설정한다.

   만약 거리의 단위가 cm가 아니면 [편집] > [선택사항] > 단위를 이용하여 작업을 실행하기 전에 단위를 cm로 설정한다.

2. 점 도구를 사용하여 점을 작도하면 이 점이 선분의 첫 번째 끝점이 된다.
3. 점과 매개변수를 선택하고 [작도] > [중심과 원주 위의 점이 주어진 원]을 선택하여 반지름이 매개변수에 의해 결정되는 원을 작도한다.
4. 원의 반지름을 작도하려면 선분 도구를 사용한다. 이 선분이 고정된 길이의 선분이다.
5. 매개변수와 원을 숨긴다.
6. 선분의 길이가 어떻게 변하는지 끝점 중 하나를 끌어본다.

다음에 다른 고정된 길이로 선분의 길이를 변화시키려면 숨겨진 개체 보이기와 매개변수 편집을 사용합니다.

2 일정한 크기의 각을 작도하는 방법

고정된 크기를 가진 각(예를 들어, 정확히 33°인 각)을 작도해야 할 때가 있습니다. 세 점을 선택하고, 각을 끌어 33°가 되도록 조정하여 작도할 수도 있지만 이 각은 33°에 고정된 것은 아닙니다. 다시 끌면 현재의 각이 다른 각으로 바뀔 수 있기 때문입니다. GSP에서 고정된 각을 작도한다는 것은 끌어도 그 각이 바뀌지 않도록 작도하는 것입니다. 각을 고정시키는 가장 쉬운 방법은 변환 메뉴를 이용하는 것입니다.

1. 점 도구를 이용하여 두 점 A와 B를 작도한다.

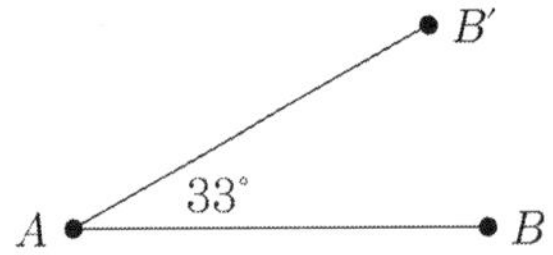

2. 점 A를 선택하고 [변환] > [중심 지정]을 선택한다. 점 A는 회전이동과 닮음변환을 할 때, 중심으로 지정된다.
3. 점 B를 선택하고 [변환] > [회전이동]을 실행한다.
4. 대화상자에서, 회전하고자 하는 각을 입력한다. 회전각을 입력하고 실행 버튼을 클릭한다.

5. GSP는 원하는 각만큼, 점 B를 회전시킨 점 B′을 작도한다. 이제 점 A, B, B′를 끌더라도 GSP는 이 각의 크기를 유지할 것이다. 왜냐하면, 점 B′는 점 B를 이 각만큼 회전이동 하여 만든 점이기 때문이다.

이제 점 A, 점 B 그리고 점 B′를 연결하여 반직선 또는 직선을 작도합니다.

❸ 길이가 같은 선분을 작도하는 방법

가끔 주어진 선분과 길이가 같은 선분을 작도하고자 할 때가 있습니다. 예를 들어, 주어진 삼각형 또는 다각형과 합동이고 위치를 옮기거나 회전을 해도 여전히 합동이 되는 삼각형 또는 다른 다각형을 작도하기를 원합니다. 원래의 선분 AB와 정확히 길이가 같은 선분 CD를 새로 만들려면 [작도] > [중심과 반지름의 길이가 주어진 원 명령]을 사용할 것입니다.

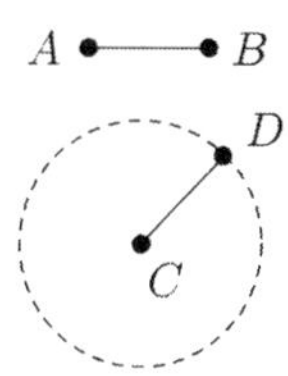

1. 시작 점 C를 작도하기 위해서 점 도구를 사용한다. 이 점이 새로운 선분의 첫 끝점이 된다.
2. 점 C와 원래 주어진 선분 AB를 선택한다. 반지름이 주어진 선분에 의해 결정되는 원을 작도하기 위해서 [작도] > [중심과 반지름의 길이가 주어진 원]을 선택한다.
3. 원의 반지름을 작도하기 위해서 선분 도구를 사용한다. 이것이 주어진 선분과 길이가 같게 되는 선분이다. 새로운 선분의 끝점을 D로 정한다.
4. 원을 숨긴다.
5. 원래의 선분 길이를 변화시키고 새로운 선분의 끝점 C와 D를 드래그하여 작도 결과를 확인해본다.

4 크기가 같은 각을 작도하는 방법

원래 주어진 각 ABC와 합동인 새로운 각을 만들기 위해서는 [변환] > [회전이동] 명령을 사용해야 합니다.

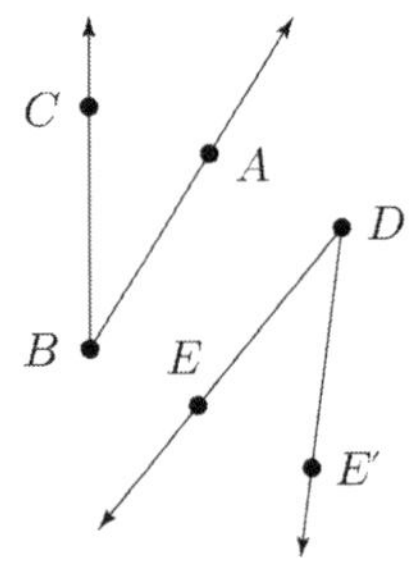

1. 반직선 도구를 이용하여 반직선 DE를 작도한다. 이 반직선이 새로운 각을 만들기 위한 시초선이 될 것이다. (만약 이미 존재하는 선 개체가 있다면 반직선 대신에 시초선으로 사용할 수 있다.)
2. 화살표 도구를 이용해서 반직선의 끝점 D 또는 다른 선분 개체의 회전의 중심이 될 점을 더블 클릭한다. 이 점이 새로운 각의 꼭짓점이 된다.
3. 점 A, B, C를 선택한 후 [변환] > [세 점으로 각 지정]을 선택한다.
4. 점 E나 시초선을 결정하는 다른 점을 선택한다.
5. 지정된 각으로 점 E를 회전이동하기 위해서 [변환] > [회전이동]을 선택한다. 이렇게 회전이동된 점이 E′이다.
6. 반직선 도구를 이용하여 점 D에서 새로운 점 E′을 지나는 반직선을 작도한다.
7. 원래 각을 변화시키거나 새로운 각의 시초선을 결정하는 점 D와 E를 드래그하여 작도 결과를 확인할 수 있다.

반직선 DE 대신에 존재하는 선 개체를 사용하려 한다면 다른 선분에 합동이 되도록 작도했던 선분을 사용할 수 있습니다.

영재교육에서의 활용

1 삼각형으로 바닥 덮기

STEP 01

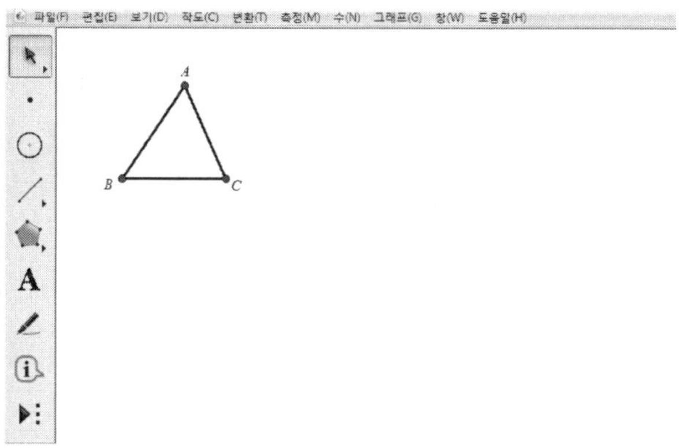

선분 도구를 활용하여 삼각형을 그린다.

STEP 02

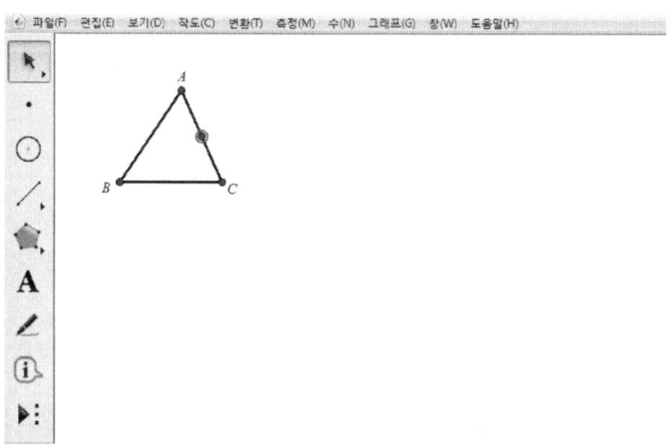

화살표 도구로 선분 AC를 선택한다. 작도(C) 작도 메뉴를 눌러 활성화된 중점(M) 중점을 클릭한다.

STEP 03

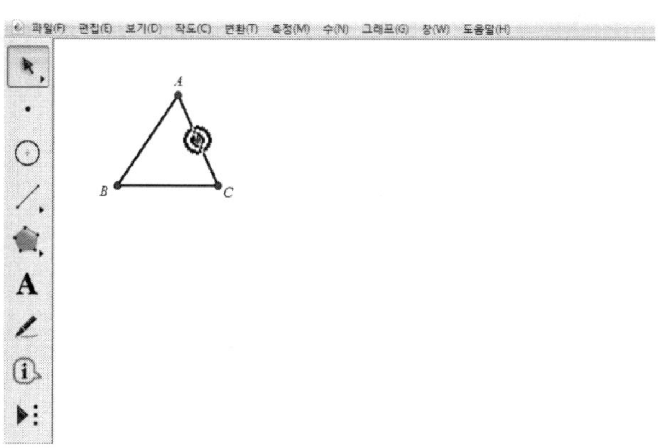

중점을 더블클릭하여 회전의 중심으로 지정한다.

STEP 04

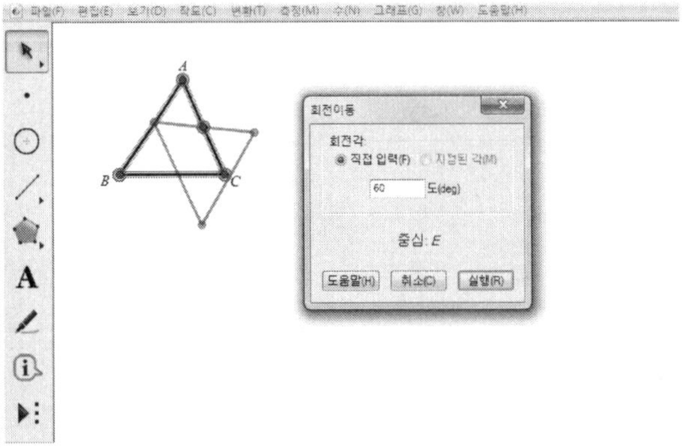

화살표 도구로 삼각형을 모두 선택한다. **변환(T)** 변환 메뉴의 **회전이동(R)** 회전 이동을 실행한다.

STEP 05

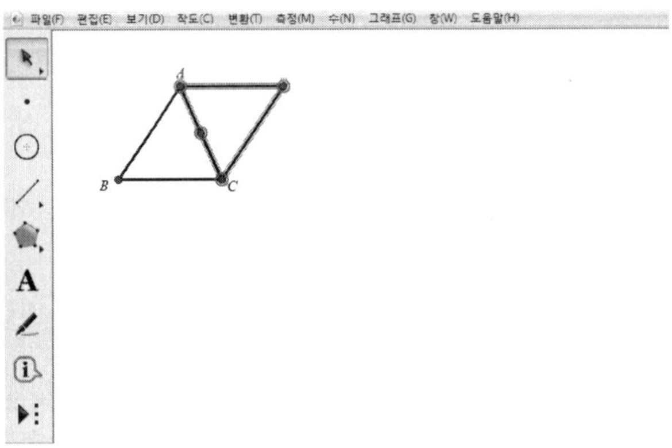

180도 회전하도록 입력하고 **실행(R)** 실행을 선택하여 삼각형을 회전 이동한다.

STEP 06

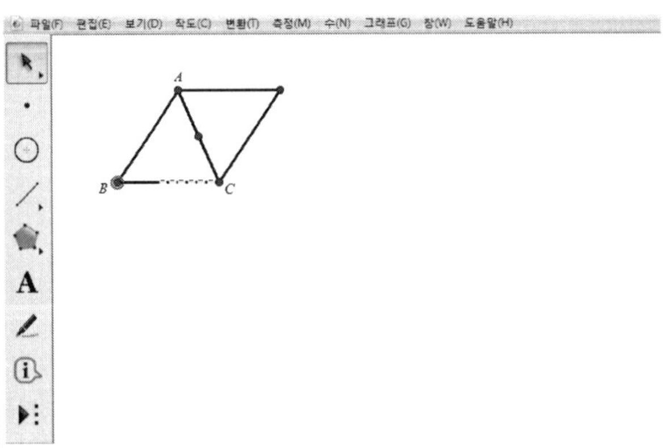

화살표 도구로 점 B와 점 C를 차례로 선택하고 **변환(T)** 변환 메뉴의 **벡터 지정(V)** 벡터 지정을 선택한다.

STEP 07

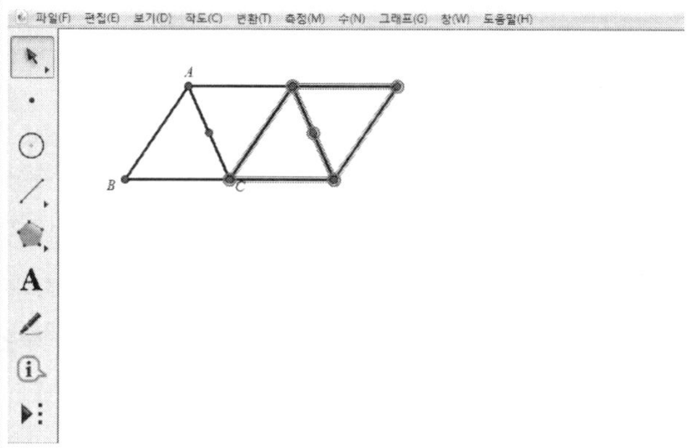

화살표 도구로 두 삼각형을 모두 선택한다. **변환(T)** 변환 메뉴의 **평행이동(R)** 평행 이동을 선택하고 지정된 벡터를 실행한다.

STEP 08

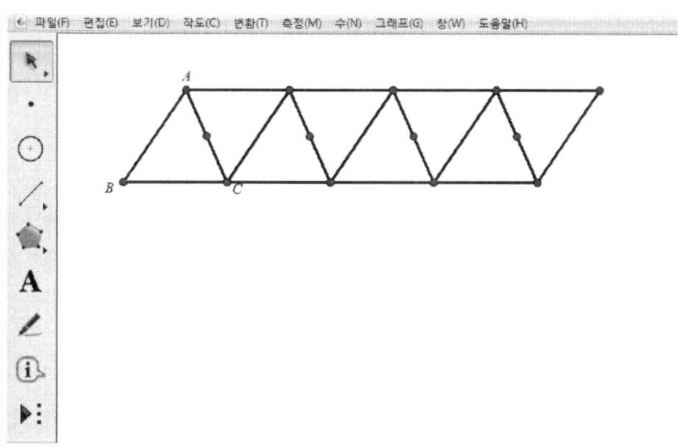

변환(T) 변환 메뉴의 **평행이동(R)** 평행 이동을 선택하고 지정된 벡터를 실행한다. 한 번 더 반복한다.

STEP 09

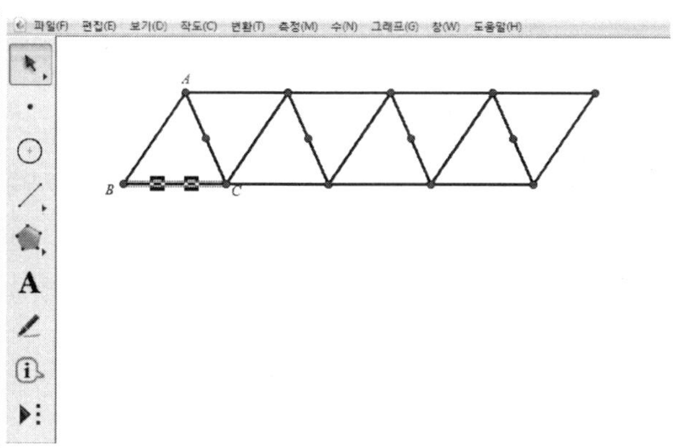

화살표 도구로 선분 BC를 더블클릭하여 대칭축으로 지정한다.

STEP 10

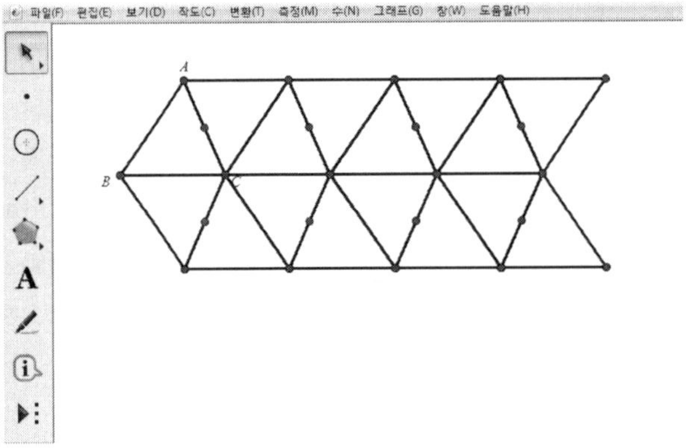

화살표 도구로 지금까지 만든 도형 전체를 선택한다. **변환(T)** 변환 메뉴의 **선대칭이동(F)** 선대칭이동을 선택한다.

STEP 11

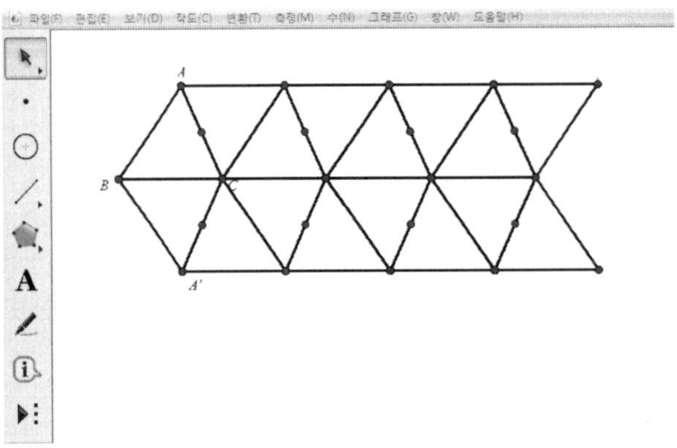

A 글 도구를 사용하여 점 A가 대칭이동 된 점을 선택한다. 점 A'라는 이름표를 붙인다.

STEP 12

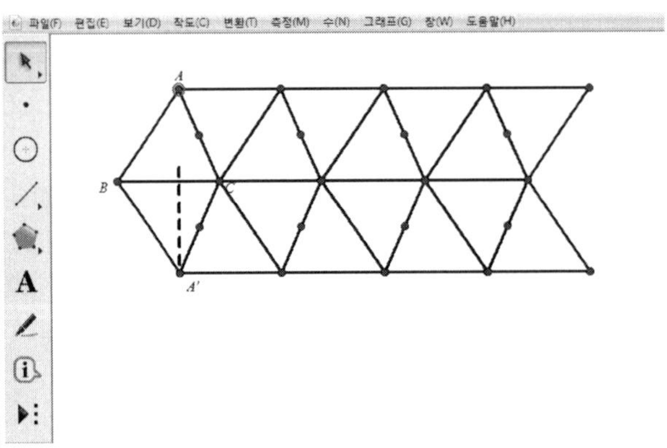

화살표 도구로 점 A와 점 A'를 차례로 선택하고 **변환(T)** 변환 메뉴의 **벡터 지정(V)** 벡터 지정을 선택한다.

STEP 13

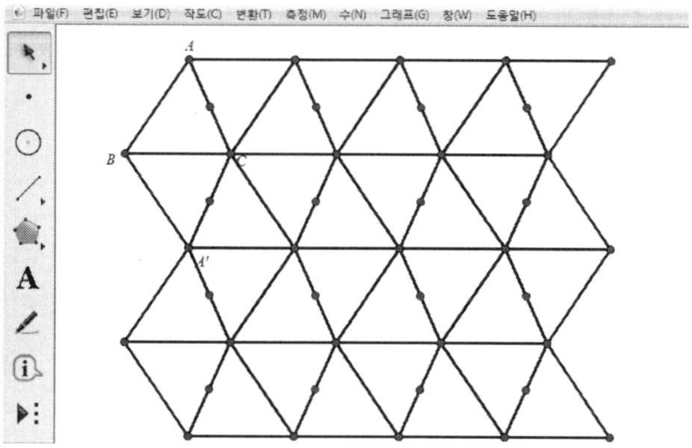

화살표 도구로 도형을 모두 선택한다. 변환(T) 변환 메뉴의 평행이동(R) 평행 이동을 선택하고 지정된 벡터를 실행한다.

STEP 14

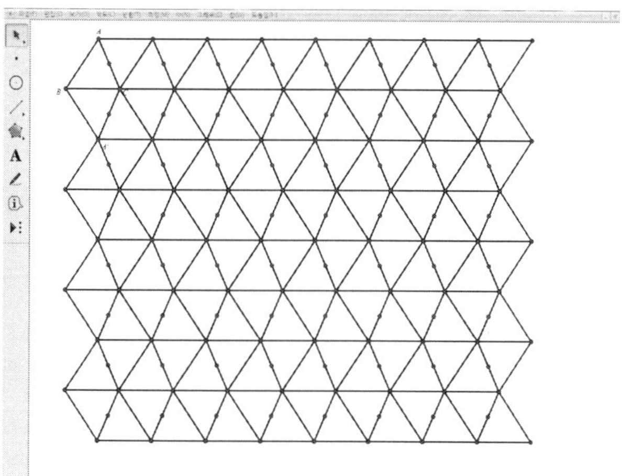

같은 과정을 반복하여 삼각형으로 바닥 덮기를 완성한다.

❷ 물고기 모양으로 바닥 덮기

STEP 01

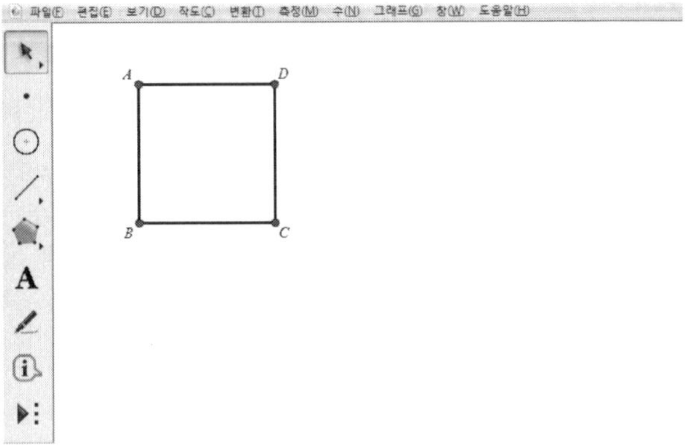

정사각형을 그린다.

STEP 02

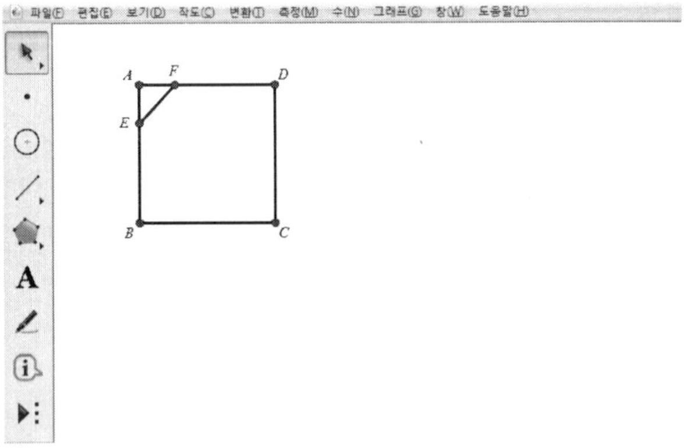

선분 도구로 선분 EF를 그린다.

STEP 03

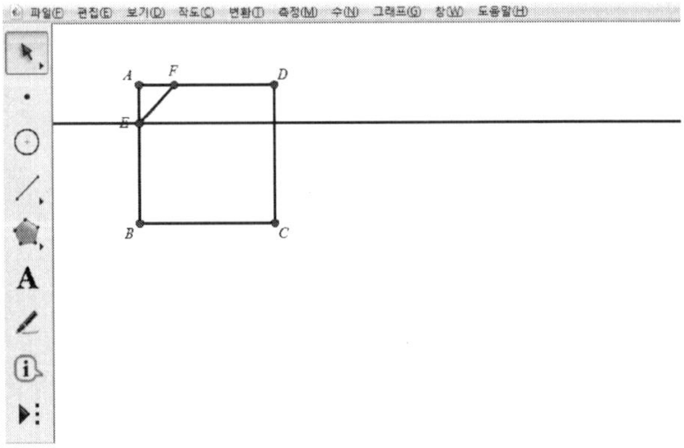

화살표 도구로 선분 AD와 점 E를 선택한다. 작도(C) 작도 메뉴의 평행선(E) 평행선을 선택한다.

STEP 04

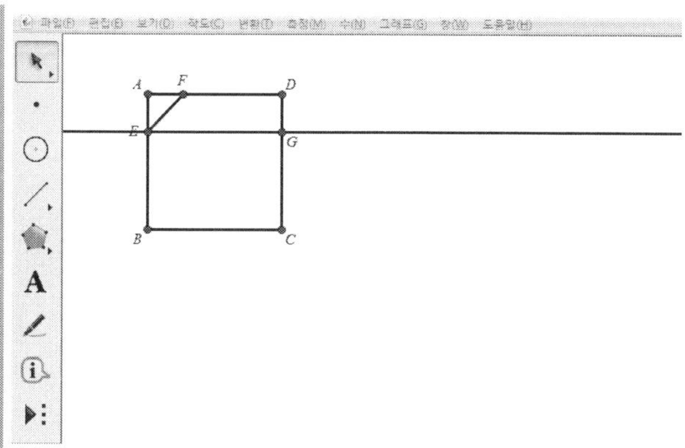

점 도구로 평행선과 선분 CD가 만나는 위치에 점을 그린다. 글 도구를 이용하여 G의 이름표를 붙인다.

STEP 05

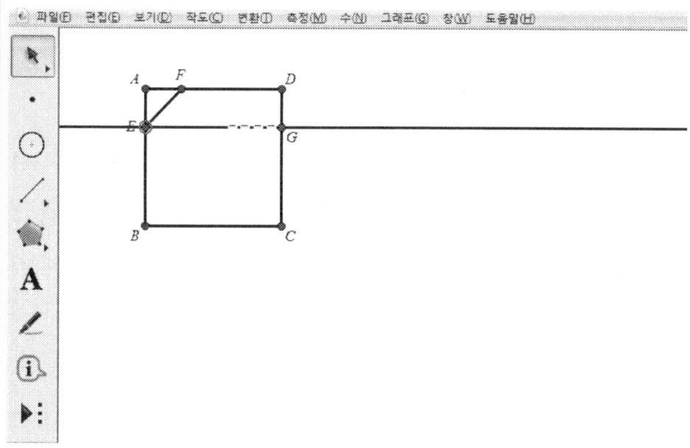

화살표 도구로 점 E와 점 G를 순서대로 선택한다. **변환(T)** 변환 메뉴의 **벡터 지정(V)** 벡터 지정을 선택한다.

STEP 06

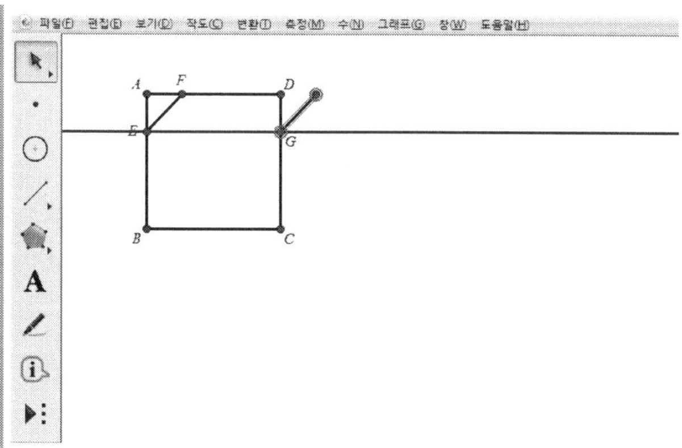

화살표 도구로 선분 EF를 선택한다. **변환(T)** 변환 메뉴의 **평행이동(R)** 평행 이동을 선택하고 지정된 벡터를 실행한다.

STEP 07

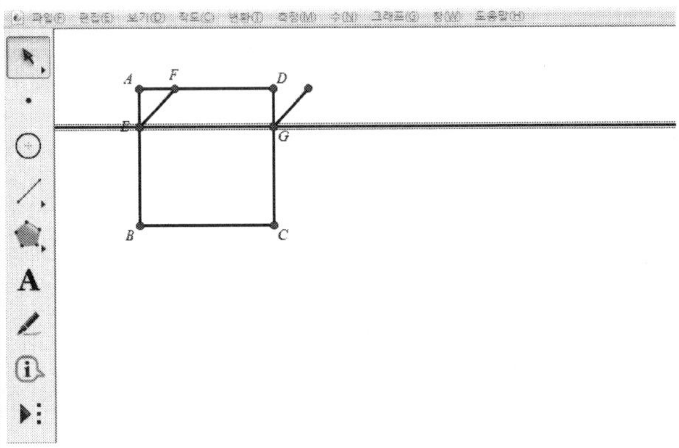

화살표 도구로 평행선을 선택한다.

STEP 08

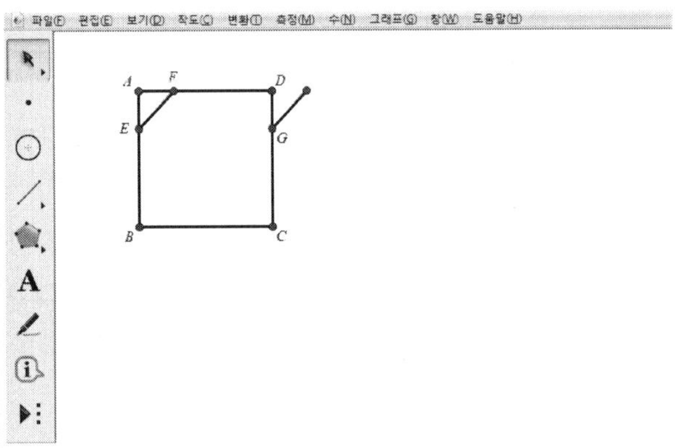

보기(D) 보기 메뉴의 **평행선 숨기기(H)** 평행선 숨기기를 선택하여 평행선을 숨긴다.

STEP 09

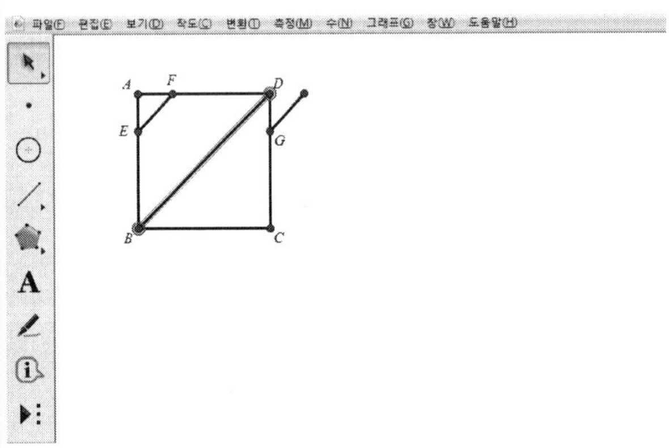

선분 도구로 선분 BD를 그린다.

STEP 10

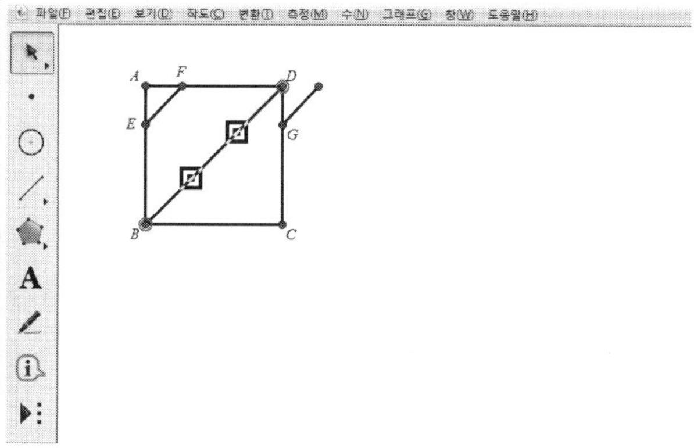

화살표 도구로 선분 BD 더블클릭하여 대칭축으로 지정한다.

STEP 11

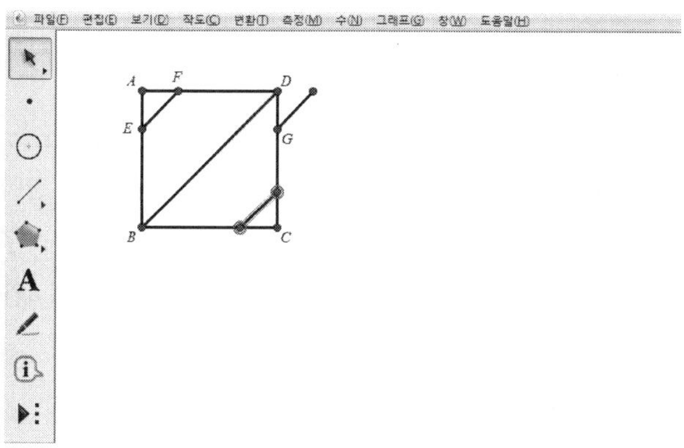

화살표 도구로 선분 EF를 선택한다. **변환(T)** 변환 메뉴의 **선대칭이동(F)** 선대칭이동을 선택한다.

STEP 12

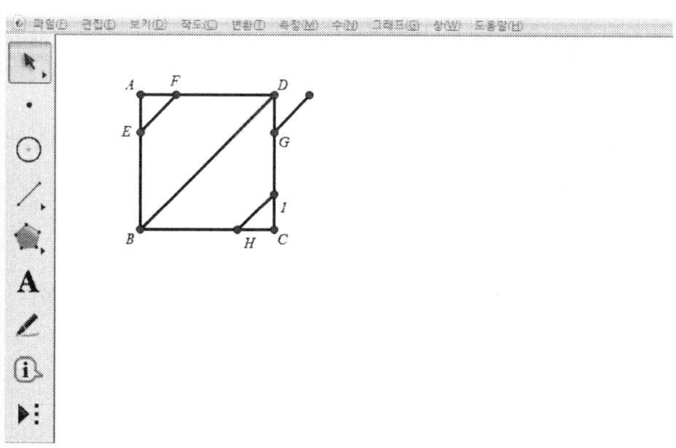

A 글 도구를 이용하여 선분 HI의 이름표를 붙인다.

STEP 13

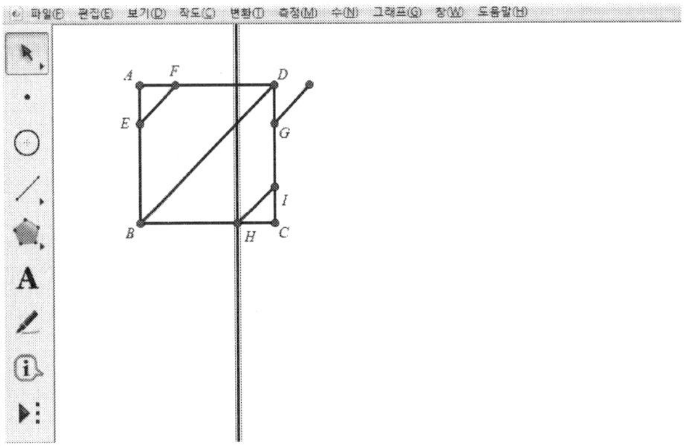

화살표 도구로 선분 BC와 점 H를 선택한다. 작도(C) 작도 메뉴의 수선(D) 수선을 선택한다.

STEP 14

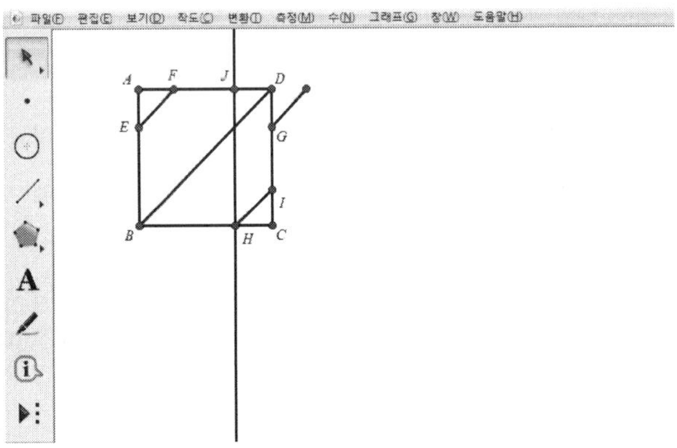

점 도구로 수선과 선분 AD가 만나는 위치에 점을 그린다. A 글 도구를 이용하여 J의 이름표를 붙인다.

STEP 15

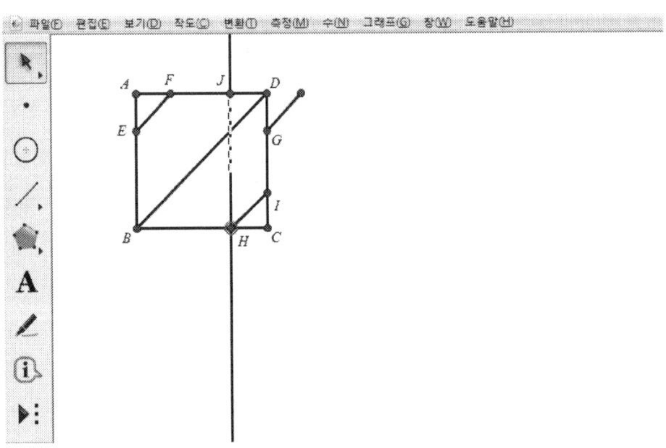

화살표 도구로 점 H와 점 J를 순서대로 선택한다. 변환(T) 변환 메뉴의 벡터 지정(V) 벡터 지정을 선택한다.

STEP 16

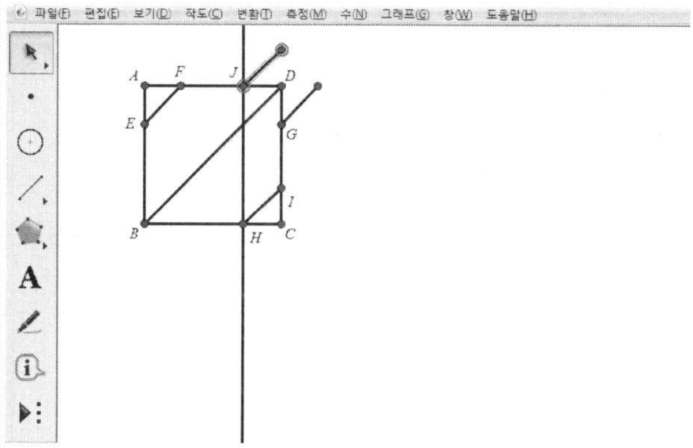

[화살표 도구] 화살표 도구로 선분 HI를 선택한다. **변환(T)** 변환 메뉴의 **평행이동(R)** 평행 이동을 선택하고 지정된 벡터를 실행한다.

STEP 17

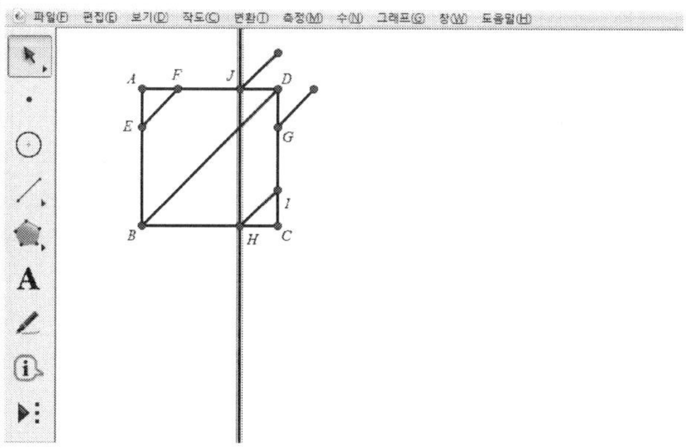

[화살표 도구] 화살표 도구로 수선을 선택한다.

STEP 18

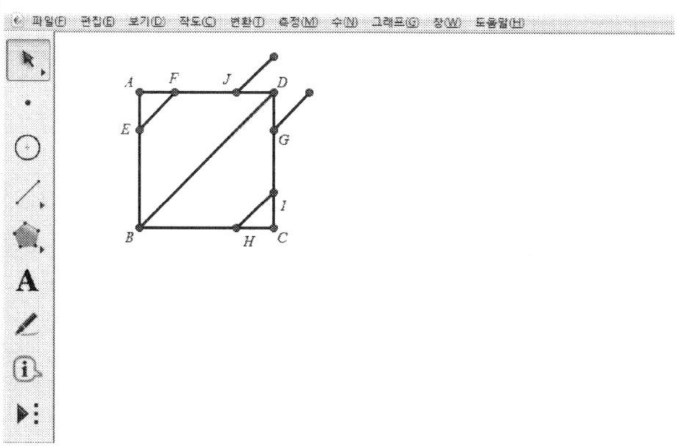

보기(D) 보기 메뉴의 **평행선 숨기기(H)** 평행선 숨기기를 선택하여 평행선을 숨긴다.

STEP 19

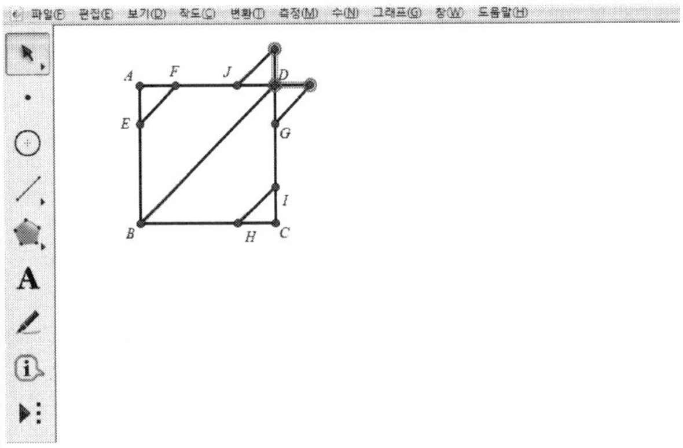

선분 도구로 물고기의 꼬리 부분을 있는 두 선분을 그린다.

STEP 20

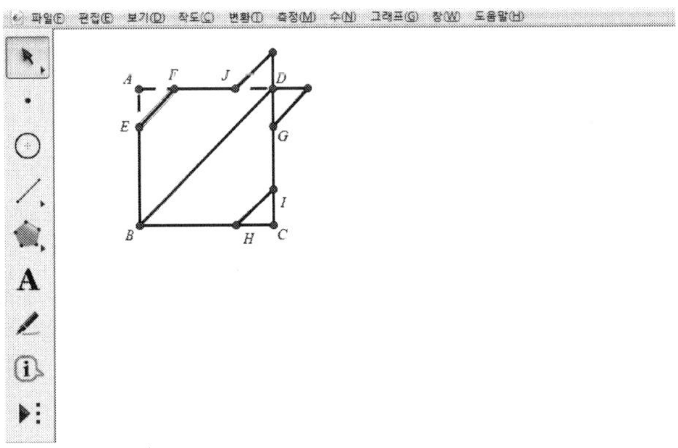

선분 도구로 물고기의 테두리 부분을 따라 그린다.

STEP 21

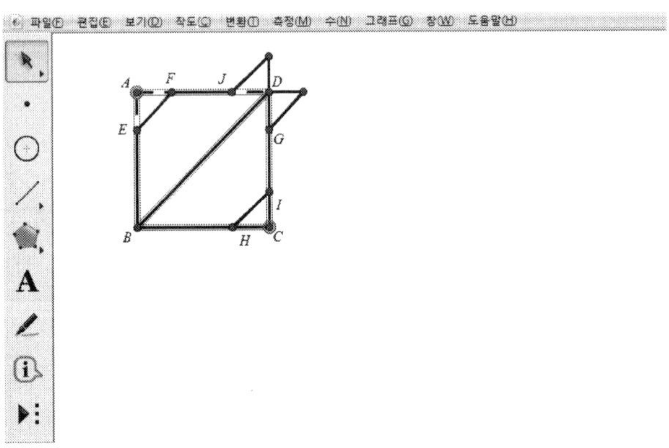

화살표 도구로 물고기의 테두리를 제외한 나머지 개체를 모두 선택한다.

STEP 22

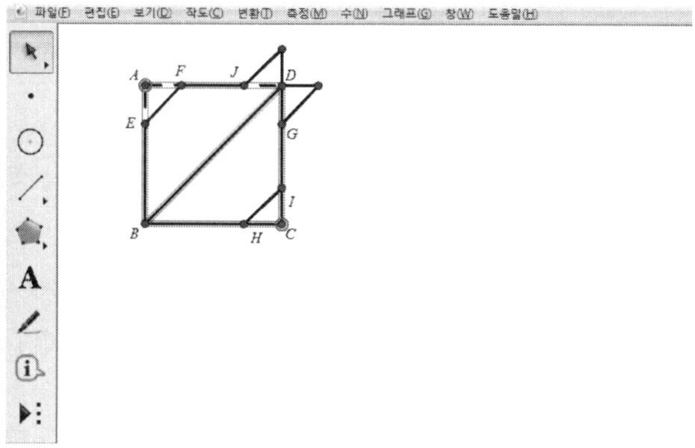

화살표 도구로 물고기의 테두리를 제외한 나머지 개체를 모두 선택한다.

STEP 23

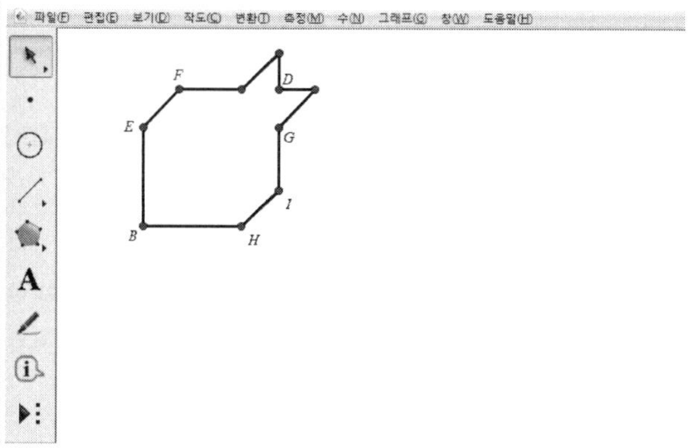

보기(D) 보기 메뉴의 개체 숨기기(H) 개체 숨기기를 클릭하여 숨긴다.

STEP 24

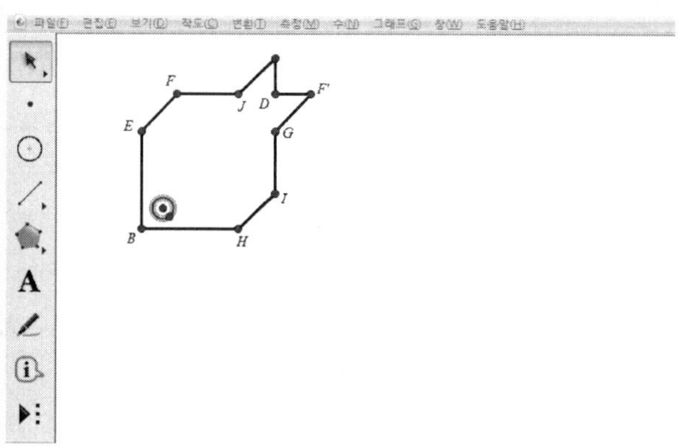

원 도구를 이용하여 물고기의 눈 위치에 원을 그린다.

STEP 25

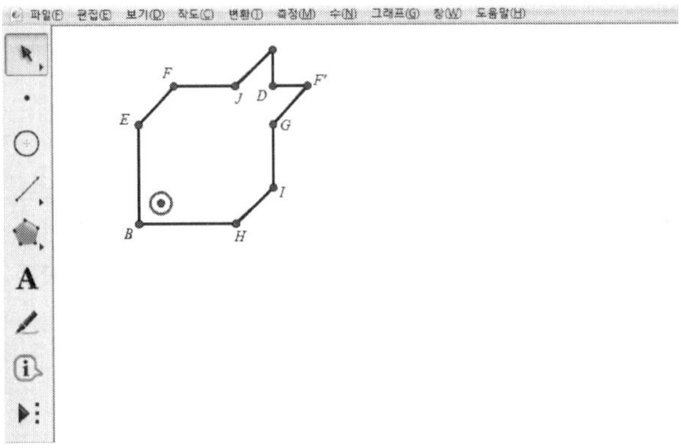

화살표 도구로 원 위의 점을 선택한다.
보기(D) 보기 메뉴의 점 숨기기(H) 점 숨기기를 클릭하여 숨긴다.

STEP 26

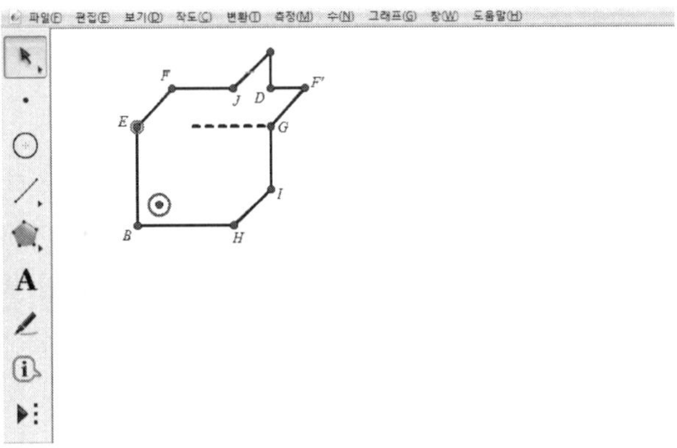

화살표 도구로 점 E와 점 G를 차례로 선택하고 변환(T) 변환 메뉴의 벡터 지정(V) 벡터 지정을 선택한다.

STEP 27

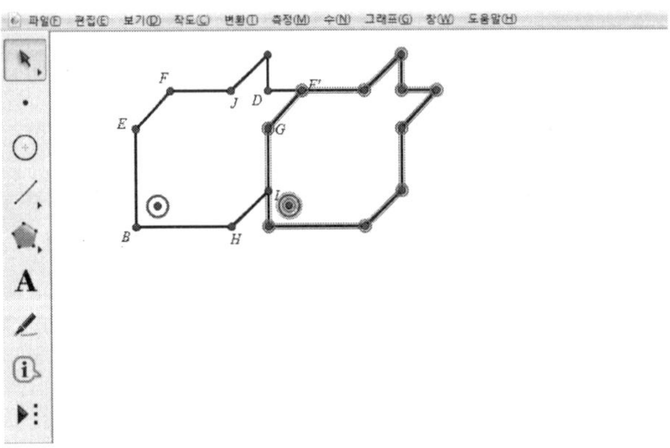

화살표 도구로 물고기 모양을 모두 선택한다.
변환(T) 변환 메뉴의 평행이동(R) 평행 이동을 선택하고 지정된 벡터를 실행한다.

STEP 28

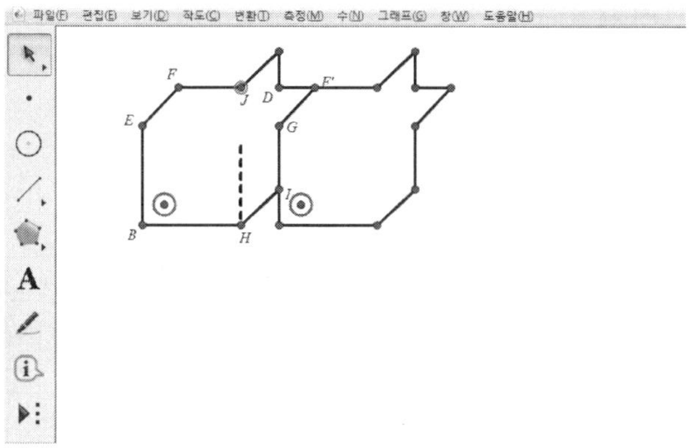

화살표 도구로 점 J와 점 H를 차례로 선택하고 변환(T) 변환 메뉴의 벡터 지정(V) 벡터 지정을 선택한다.

STEP 29

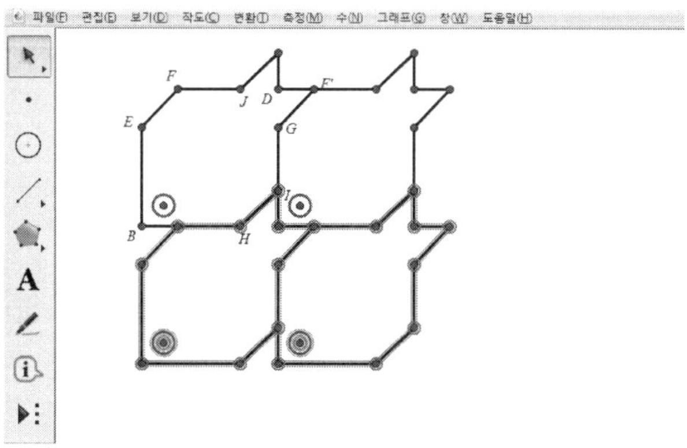

화살표 도구로 물고기 모양을 모두 선택한다. 변환(T) 변환 메뉴의 평행이동(R) 평행 이동을 선택하고 지정된 벡터를 실행한다.

STEP 30

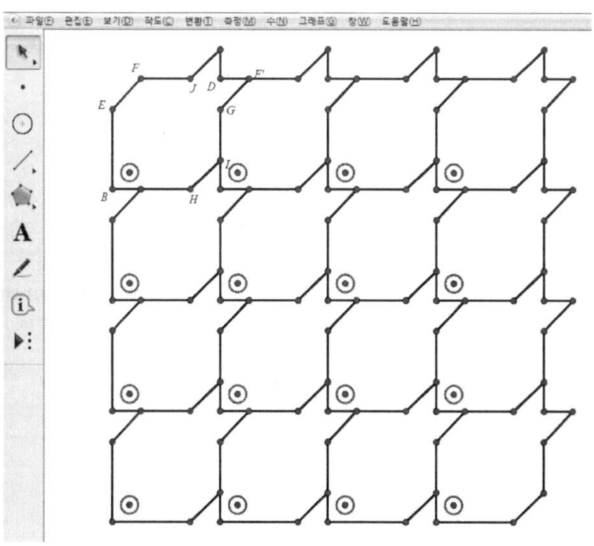

같은 과정을 반복하여 물고기 모양으로 바닥 덮기를 완성한다.

❸ 반복되는 사각형 그리기

STEP 01

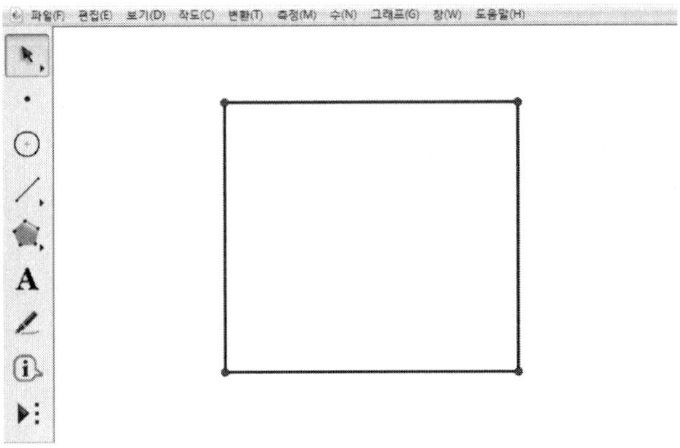

선분 도구를 활용하여 사각형을 그린다.

STEP 02

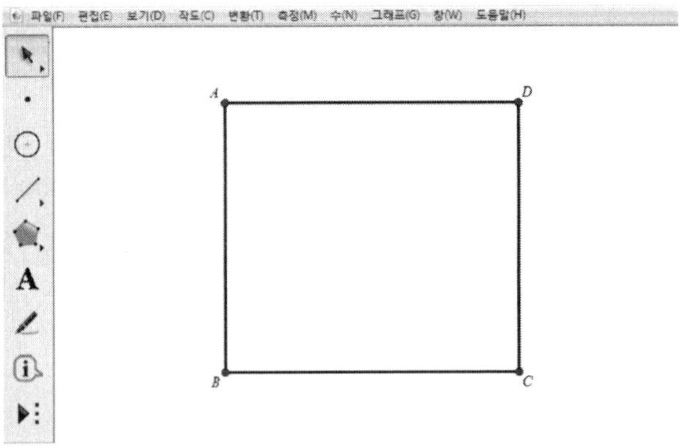

A 글 도구를 이용하여 사각형의 꼭짓점 이름표를 붙인다.

STEP 03

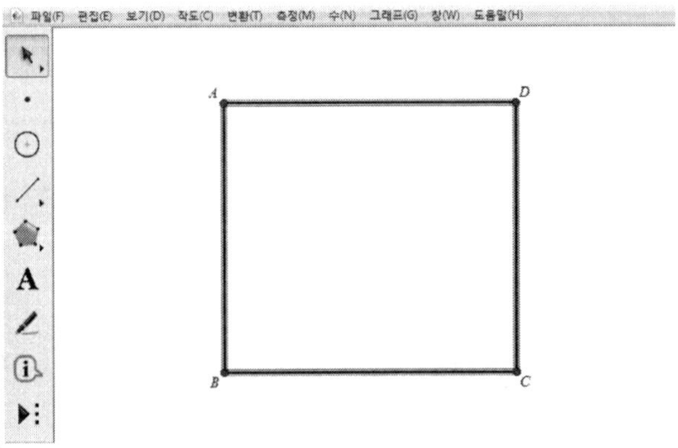

화살표 도구로 사각형의 네 개의 변을 선택한다.

STEP 04

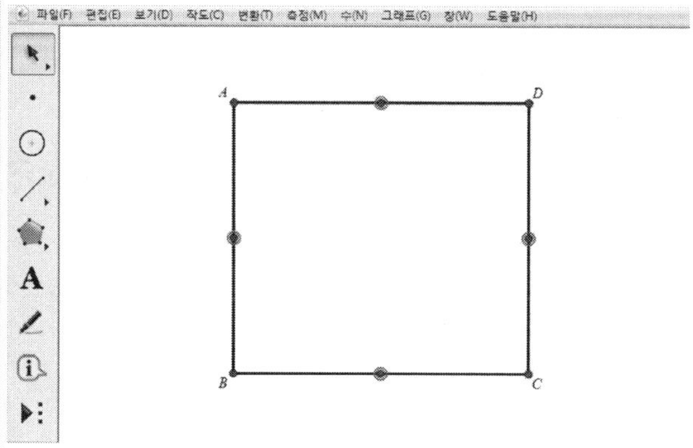

작도(C) 작도 메뉴의 중점(M) 중점을 선택하여 중점을 그린다.

STEP 05

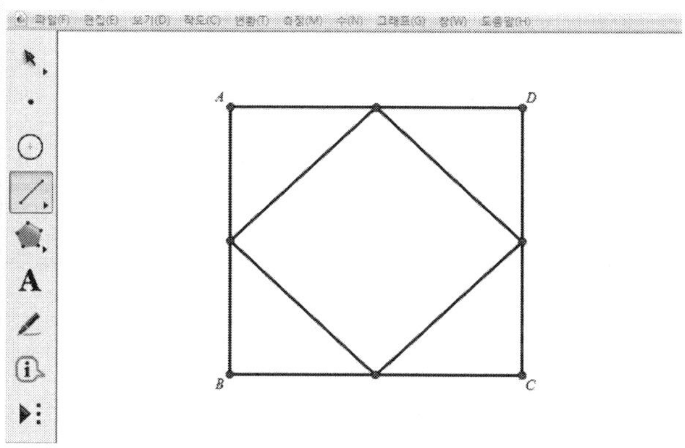

선분 도구를 활용하여 중점들을 선분으로 연결한다.

STEP 06

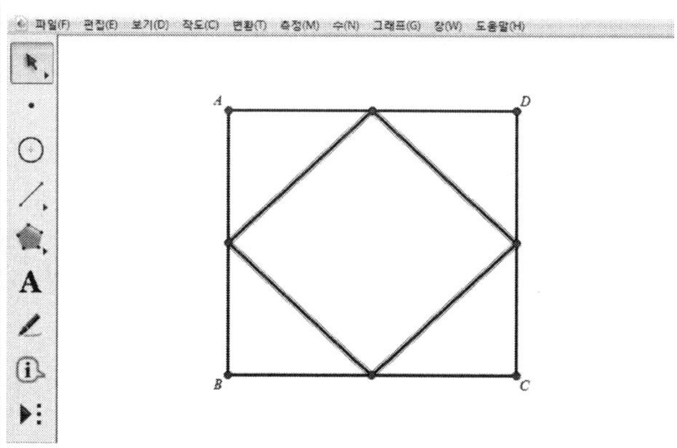

화살표 도구로 내부에 그려진 사각형의 네 개의 변을 선택한다.

STEP 07

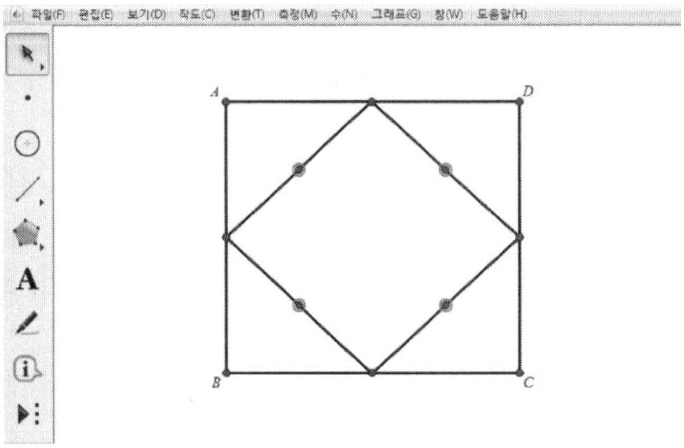

작도(C) 작도 메뉴의 중점(M) 중점을 선택하여 중점을 그린다.

STEP 08

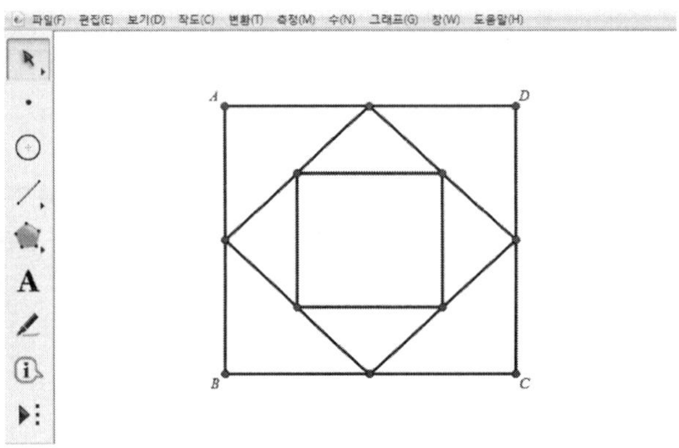

선분 도구를 활용하여 중점들을 선분으로 연결한다.

STEP 09

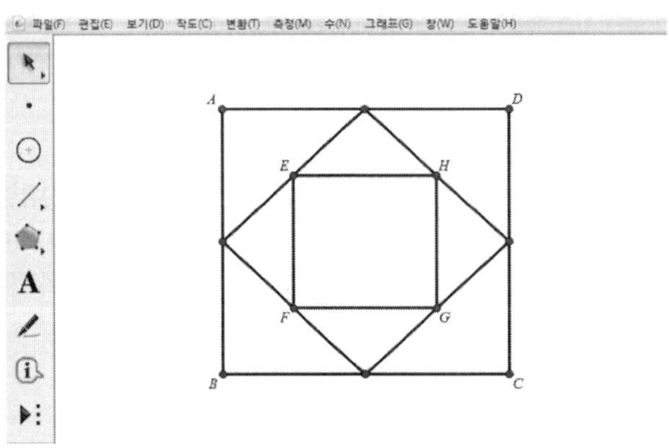

A 글 도구를 이용하여 그려진 사각형의 꼭짓점 이름표를 붙인다.

STEP 10

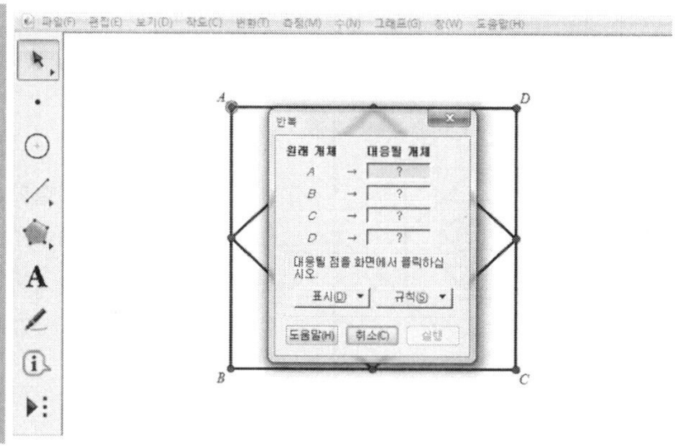

화살표 도구로 점 A, 점 B, 점 C, 점 D를 순서대로 선택하고 **변환(T)** 변환 메뉴의 **반복(I)** 반복을 클릭한다.

STEP 11

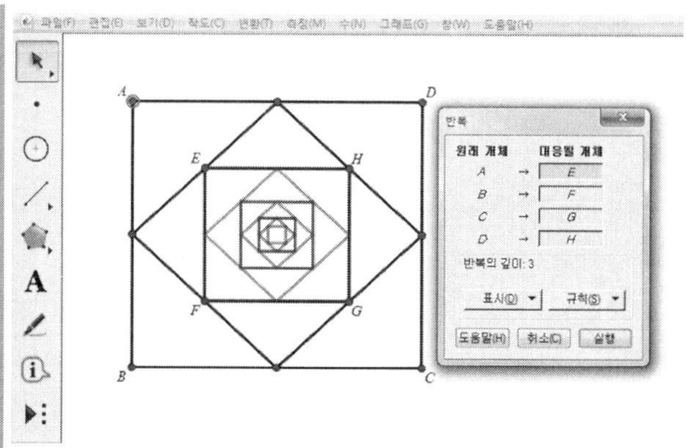

각 개체에 대응될 개체에 선택한다. 점 E, 점 F, 점 G, 점 H를 순서대로 선택한다.

STEP 12

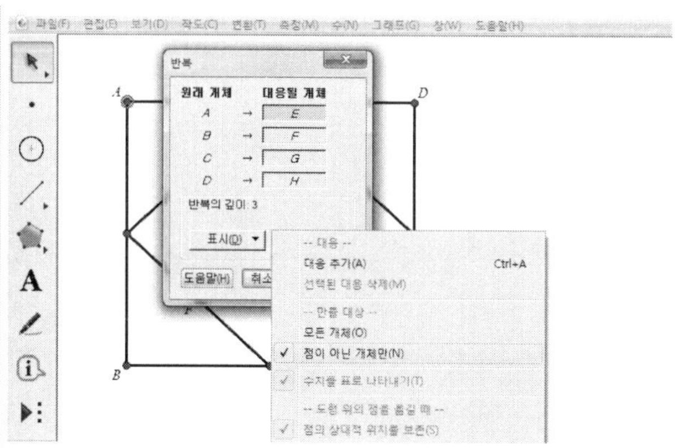

규칙(S) 규칙을 클릭하여 **점이 아닌 개체만(N)** 점이 아닌 개체만을 선택하여 점을 제외한 사각형만 반복되도록할 수 있다.

STEP 13

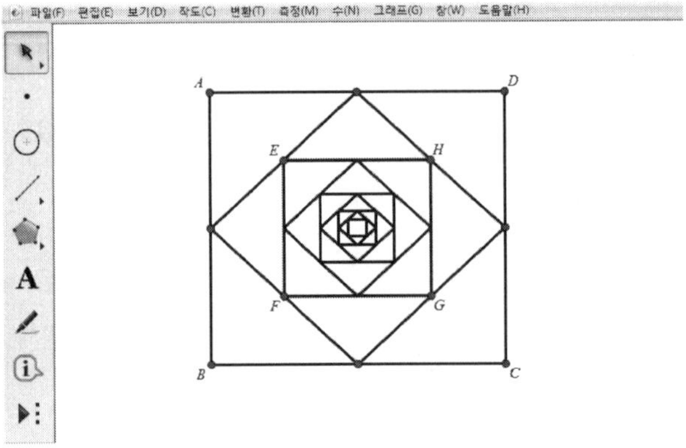

실행 실행을 클릭하여 반복되는 사각형을 완성한다.

참고문헌

- http://www.mathlove.kr/

Challenge

■ 수학영재 핵심 용어 해설 2 : 도형 영역

1) GSP를 활용하여 사각형 모양으로 바닥을 덮어봅시다.

2) GSP를 활용하여 시어핀스키 삼각형을 그려봅시다.

답안지

1) 사각형으로 바닥 덮기

STEP 01

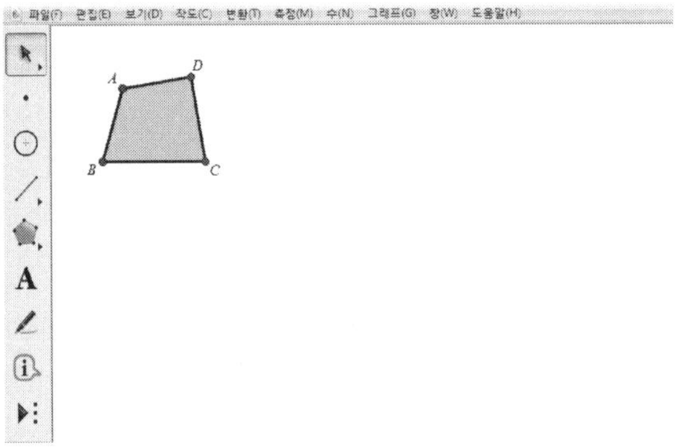

선분 도구를 활용하여 사각형을 그린다.

STEP 02

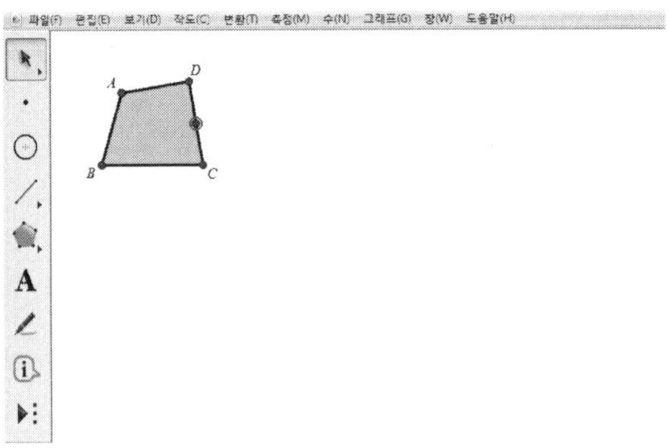

화살표 도구로 선분 CD를 선택한다. 작도(C) 작도 메뉴를 눌러 활성화된 중점(M) 중점을 클릭한다.

STEP 03

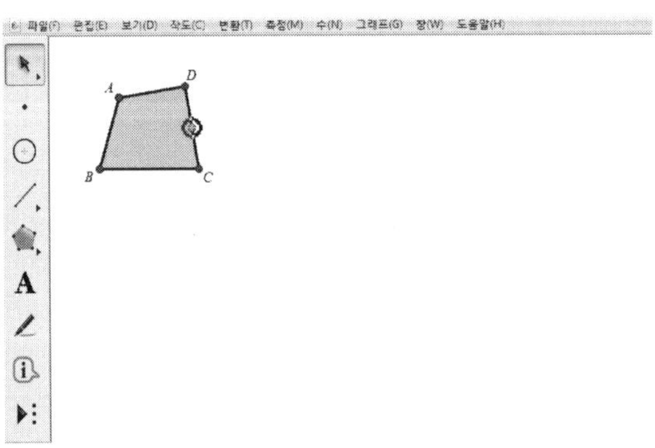

중점을 더블클릭하여 회전의 중심으로 지정한다.

STEP 04

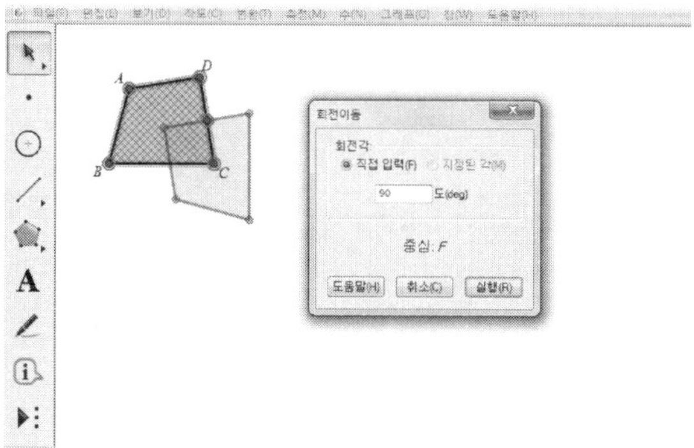

화살표 도구로 사각형을 모두 선택한다. **변환(T)** 변환 메뉴의 **회전이동(R)** 회전 이동을 실행한다.

STEP 05

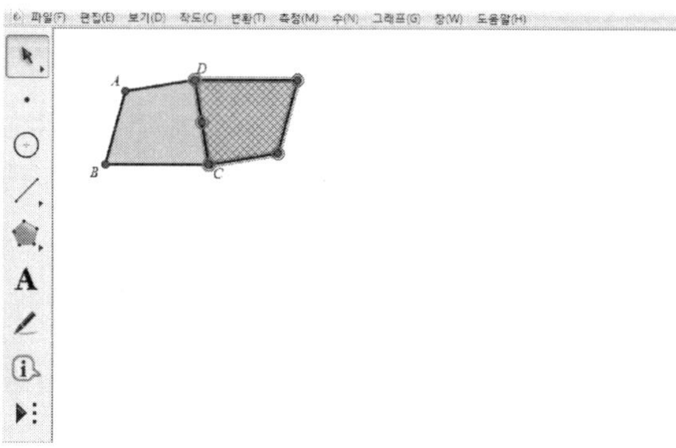

180도 회전하도록 입력하고 **실행(R)** 실행을 선택하여 삼각형을 회전 이동한다.

STEP 06

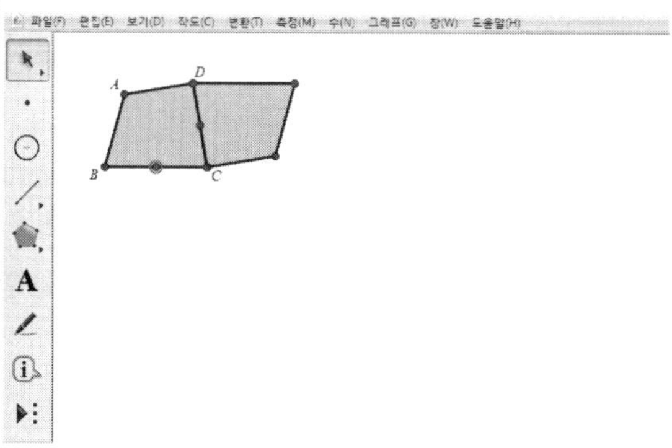

화살표 도구로 선분 BC를 선택한다. **작도(C)** 작도 메뉴를 눌러 활성화된 **중점(M)** 중점을 클릭한다.

STEP 07

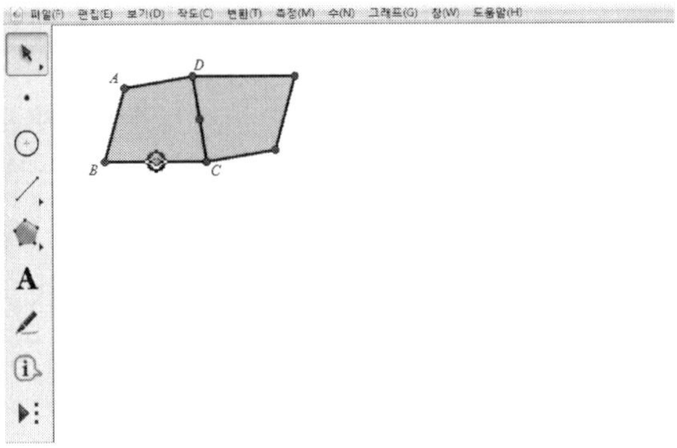

중점을 더블클릭하여 회전의 중심으로 지정한다.

STEP 08

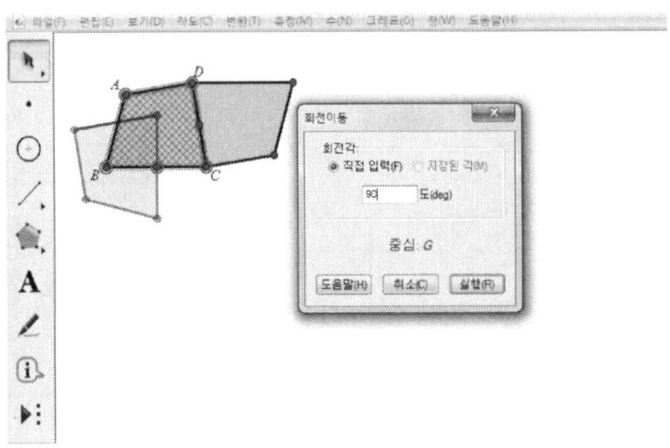

화살표 도구로 사각형 ABCD를 모두 선택한다. **변환(T)** 변환 메뉴의 **회전이동(R)** 회전 이동을 실행한다.

STEP 09

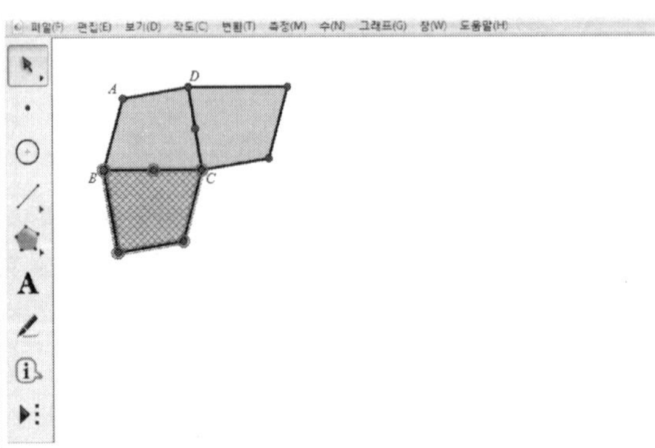

180도 회전하도록 입력하고 **실행(R)** 실행을 선택하여 삼각형을 회전 이동한다.

STEP 10

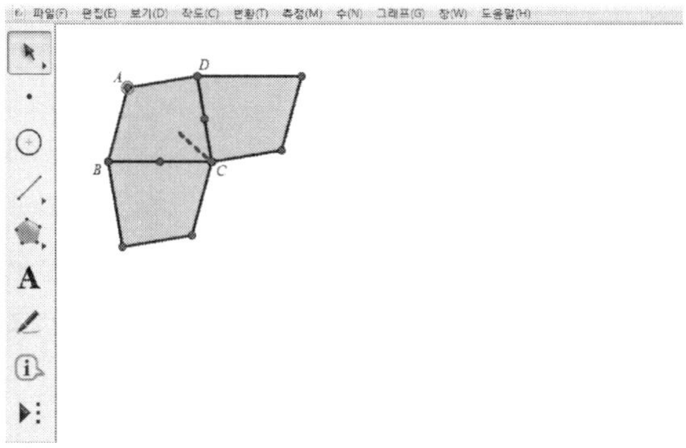

화살표 도구로 점 A와 점 C를 차례로 선택하고 **변환(T)** 변환 메뉴의 **벡터 지정(V)** 벡터 지정을 선택한다.

STEP 11

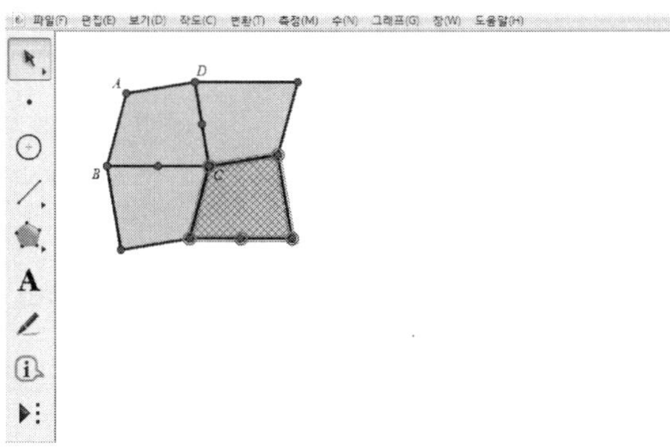

화살표 도구로 사각형 ABCD를 모두 선택한다. **변환(T)** 변환 메뉴의 **평행이동(R)** 평행 이동을 선택하고 지정된 벡터를 실행한다.

STEP 12

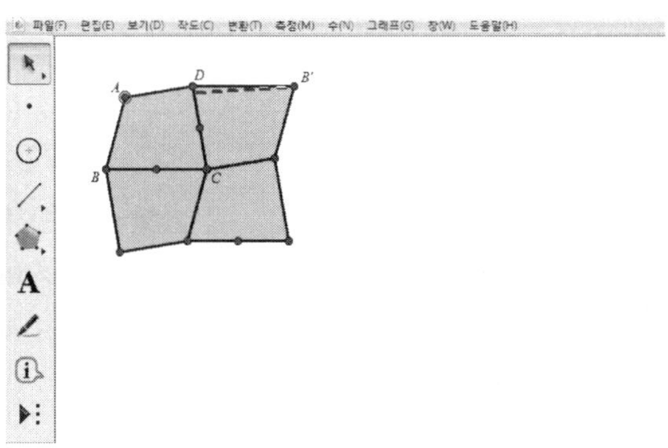

화살표 도구로 점 A와 점 B′를 차례로 선택하고 **변환(T)** 변환 메뉴의 **벡터 지정(V)** 벡터 지정을 선택한다.

STEP 13

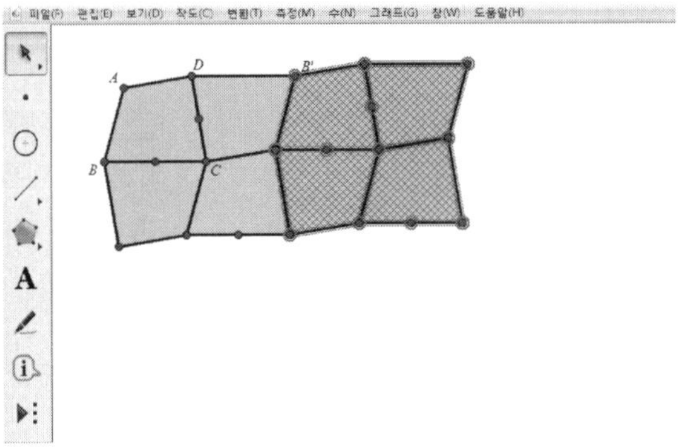

화살표 도구로 지금까지 만든 도형을 모두 선택한다. **변환(T)** 변환 메뉴의 **평행이동(R)** 평행 이동을 선택하고 지정된 벡터를 실행한다.

STEP 14

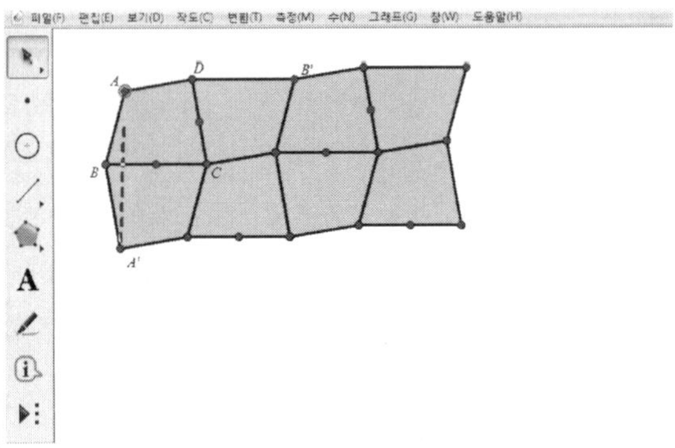

화살표 도구로 점 A와 점 A′를 차례로 선택하고 **변환(T)** 변환 메뉴의 **벡터 지정(V)** 벡터 지정을 선택한다.

STEP 15

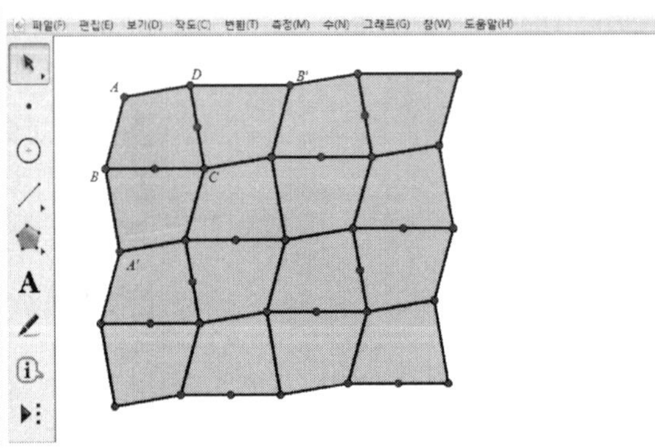

화살표 도구로 지금까지 만든 도형을 모두 선택한다. **변환(T)** 변환 메뉴의 **평행이동(R)** 평행 이동을 선택하고 지정된 벡터를 실행한다.

STEP 16

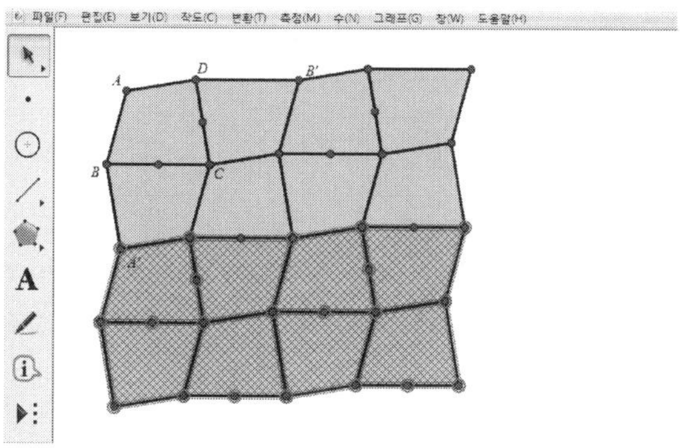

화살표 도구로 점 A와 점 A′를 차례로 선택하고 **변환(T)** 변환 메뉴의 **벡터 지정(V)** 벡터 지정을 선택한다.

STEP 17

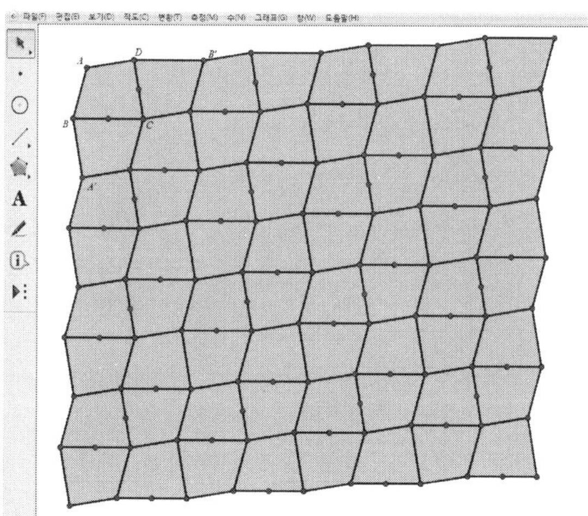

같은 과정을 반복하여 사각형으로 바닥 덮기를 완성한다.

2) 시어핀스키 삼각형 그리기

STEP 01

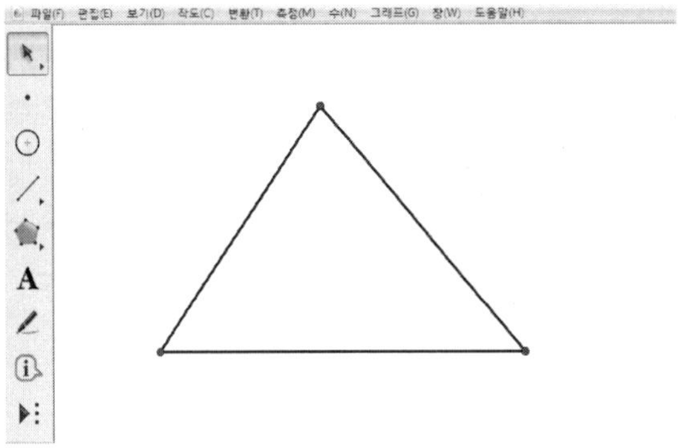

선분 도구를 활용하여 삼각형을 그린다.

STEP 02

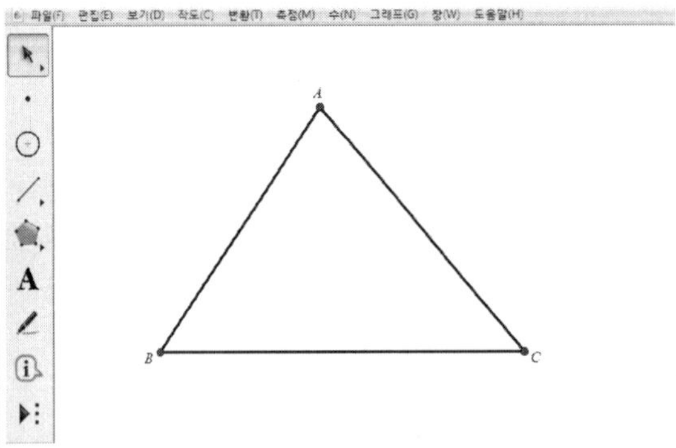

글 도구를 이용하여 사각형의 꼭짓점 이름표를 붙인다.

STEP 03

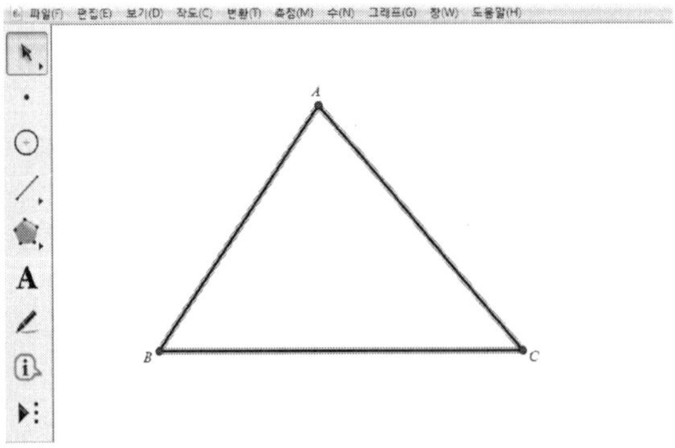

화살표 도구로 삼각형의 세 개의 변을 선택한다.

STEP 04

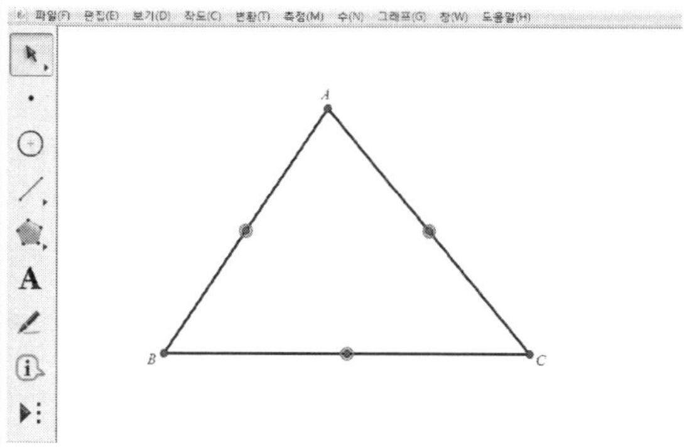

작도(C) 작도 메뉴의
중점(M) 중점을 선택하여
중점을 그린다.

STEP 05

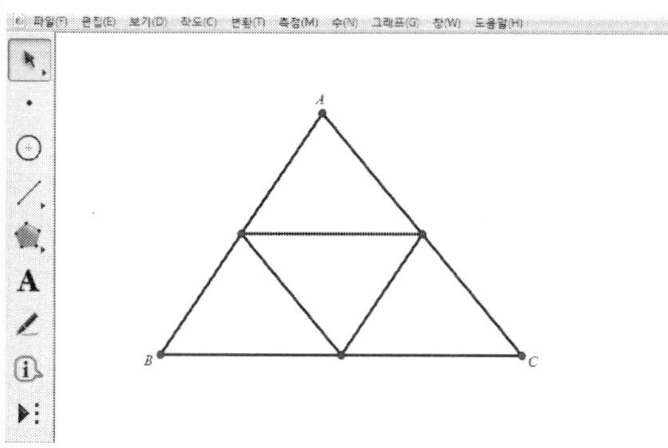

선분 도구를 활용하여
중점들을 선분으로 연결한
다.

STEP 06

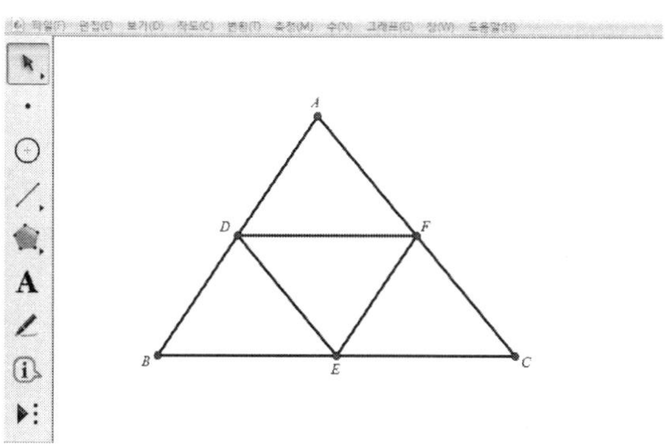

A 글 도구를 이용하여
그려진 삼각형의 꼭짓점에
이름표를 붙인다.

STEP 07

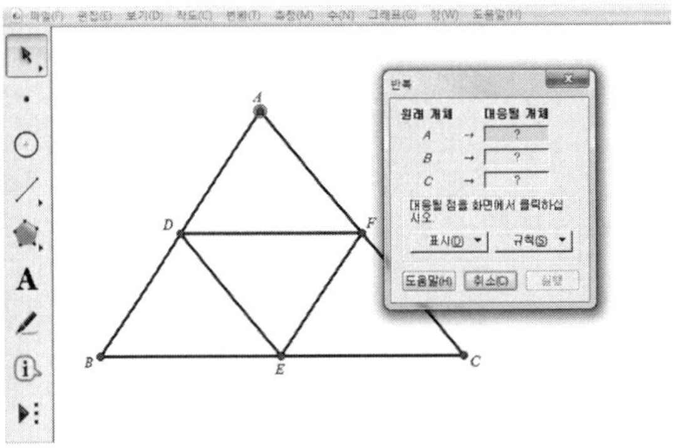

화살표 도구로 점 A, 점 B, 점 C를 선택하고 **변환(T)** 변환 메뉴의 **반복(I)** 반복을 클릭한다.

STEP 08

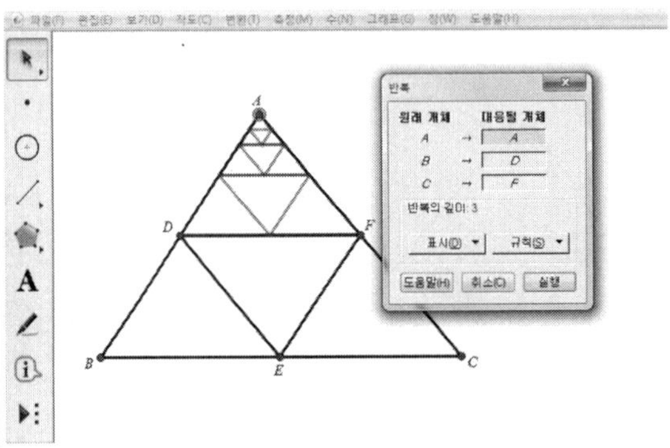

각 개체에 대응될 개체에 선택한다. 점 A, 점 D, 점 F를 순서대로 선택한다.

STEP 09

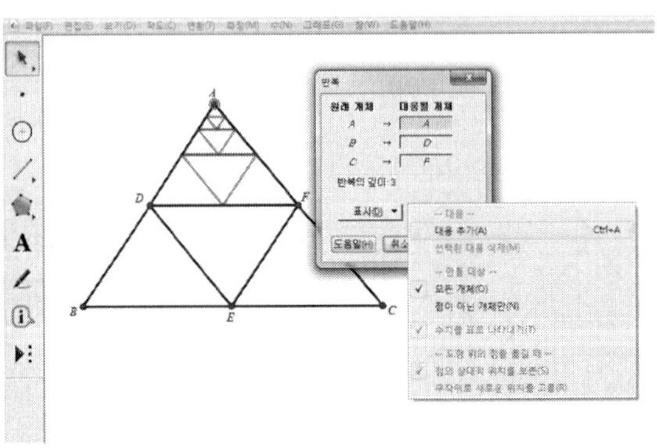

규칙(S) 규칙을 클릭하여 **대응 추가(A)** 대응 추가를 선택한다.

STEP 10

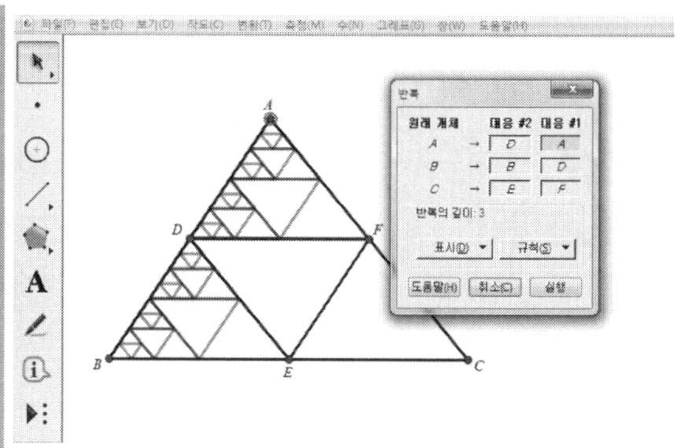

화살표 도구로 점 D, 점 B, 점 E를 순서대로 클릭한다.

STEP 11

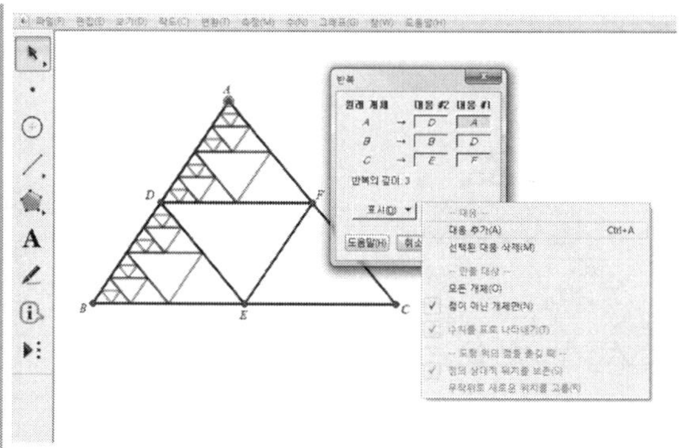

규칙(S) 규칙을 클릭하여 대응 추가(A) 대응 추가를 선택한다.

STEP 12

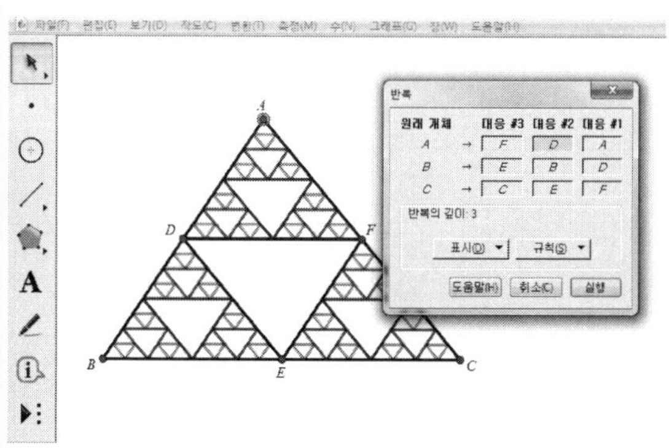

화살표 도구로 점 D, 점 B, 점 E를 순서대로 클릭한다.

STEP 13

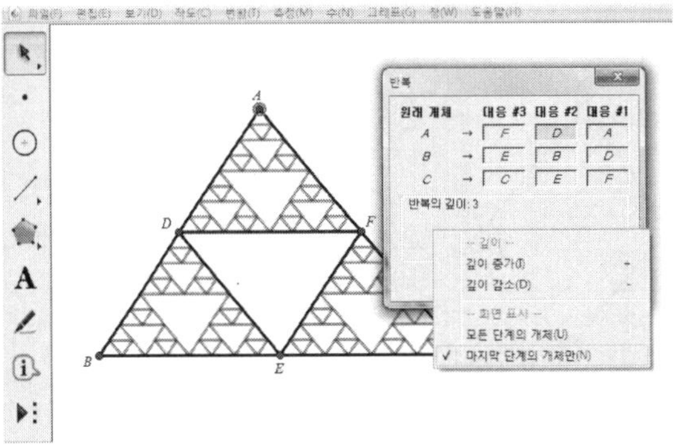

표시(D) 표시를 클릭하여 마지막 단계의 개체만(N) 마지막 단계의 개체만을 선택한다.

STEP 14

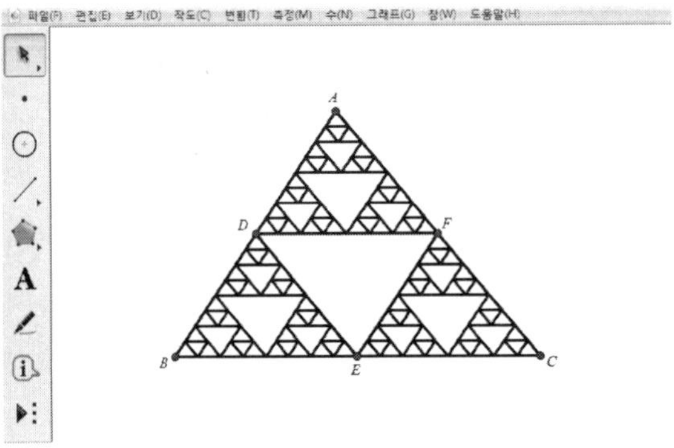

실행 실행을 클릭하여 시어핀스키 삼각형을 완성한다.

수학영재 핵심 용어 해설 ②
- 도형 영역

지은이 류성림 · 이종학 · 이학로 · 김민정
펴낸이 조경희
펴낸곳 경문사
펴낸날 2019년 7월 10일 1판 1쇄
등 록 1979년 11월 9일 제313-1979-23호
주 소 04057, 서울특별시 마포구 와우산로 174
전 화 (02)332-2004 팩스 (02)336-5193
이메일 kyungmoon@kyungmoon.com
facebook facebook.com/kyungmoonsa

값 13,000원

ISBN 979-11-6073-164-4

★ 경문사 홈페이지에 오시면 즐거운 일이 생깁니다.
http://www.kyungmoon.com

한국과학기술출판협회 회원사